U0218632

普通高等教育"十二五"计算机类规划教材

网络基础与信息安全

主　编　王建刚　钱宗峰

副主编　李　俊

参　编　余大波　冯晓洁　曹海丽

　　　　何小锋　辛广辉　满　达

主　审　梁书建

机械工业出版社

本教材按照高等院校、高职院校计算机课程基本要求组织内容。本书共分为10章，主要内容包括计算机网络概述、计算机网络体系结构、计算机局域网、计算机广域网、Internet概述及应用、信息安全概述、物理安全、网络安全、病毒与黑客防范技术、系统及应用安全。内容安排合理、层次清楚、通俗易懂、图文并茂，采用循序渐进的方式，有利于初学者学习使用。

　　"网络基础"与"信息安全"交叉知识较多，本书把两部分内容融合在一起，有利于学生系统学习相关知识。本书可作为各类高等院校、高职高专、中专院校及培训机构的教材，也可作为信息安全爱好者的自学参考书。

图书在版编目（CIP）数据

网络基础与信息安全/王建刚，钱宗峰主编 . —北京：机械工业出版社，2013.8（2024.1重印）

普通高等教育"十二五"计算机类规划教材

ISBN 978-7-111-43444-3

Ⅰ.①网… Ⅱ.①王… ②钱… Ⅲ.①计算机网络—安全技术—高等学校—教材 Ⅳ.①TP393.08

中国版本图书馆 CIP 数据核字（2013）第 168538 号

机械工业出版社（北京市百万庄大街22号　邮政编码100037）
策划编辑：刘丽敏　责任编辑：刘丽敏　任正一
版式设计：常天培　责任校对：王晓婷
封面设计：张　静　责任印制：郜　敏
北京富资园科技发展有限公司印刷
2024 年 1 月第 1 版第 4 次印刷
184mm×260mm · 15.5 印张 · 381 千字
标准书号：ISBN 978-7-111-43444-3
定价：32.00 元

凡购本书，如有缺页、倒页、脱页，由本社发行部调换
电话服务　　　　　　　　　　　网络服务
社服务中心：（010）88361066　教材网：http://www.cmpedu.com
销售一部：（010）68326294　机工官网：http://www.cmpbook.com
销售二部：（010）88379649　机工官博：http://weibo.com/cmp1952
读者购书热线：（010）88379203　**封面无防伪标均为盗版**

前　言

当前我国 IT 产业和信息化应用已经步入了深化、整合、转型和创新的关键时期，信息系统的安全、管理、风险与控制成为日益突出的问题。

在计算机网络迅速普及与发展的今天，计算机网络技术与信息安全基础知识是每个公民都应该了解和掌握的基本知识，各类院校无论何种专业都有开设本课程的需求，所以学习本课程对所有在校学生都非常重要。

本书是编写人员在总结了多年计算机网络与信息安全教学经验的基础之上，针对专业技术学员在学习计算机网络基础知识时应该掌握和了解的内容而编写的。同时，本书也可作为高职院校的专业教材和计算机初学人员的参考书。

本书共分 10 章。第 1 章为计算机网络概述，介绍了计算机网络的基本概念、分类与组成；第 2 章为计算机网络体系结构，介绍了分层设计思想、ISO/OSI 体系结构和 TCP/IP 体系结构；第 3 章为计算机局域网，介绍了局域网的概念、主要技术及常用网络互联设备；第 4 章为计算机广域网，介绍了广域网的概念、主要技术及常用网络互联设备；第 5 章为 Internet 概述及应用，介绍了 Internet 基础知识、Internet 的基本服务功能和 IP 地址等内容；第 6 章为信息安全概述，介绍了信息安全的基本概念、网络面临的威胁、信息安全防御等内容；第 7 章为物理安全，介绍了环境安全、设备安全、媒体安全；第 8 章为网络安全，介绍了身份认证、访问控制、运行安全及内网安全等知识；第 9 章为病毒与黑客防范技术，介绍了病毒与黑客的防范与检测技术；第 10 章为系统及应用安全，介绍了安全漏洞概念、操作系统安全及应用安全。

本书由王建刚、钱宗峰任主编，梁书建任主审。

各章编写分工如下：第 1、2、3 章由曹海丽、余大波、辛广辉编写，第 4、5 章由冯晓洁、满达编写，第 6、7、8、9 章由钱宗峰、李俊编写，第 10 章由何小锋编写，全书由王建刚统稿。总参通信训练基地有关业务部门和领导对本书的编写也给予了大力支持与帮助指导。

由于网络技术发展日新月异，软件版本更新频繁，加之编者水平有限，编写时间仓促，书中的错误和不妥之处在所难免，敬请专家、读者不吝批评指正。

本书编写过程中曾参考和引用了许多专家和学者的论文和论著，在此一并表示衷心的感谢。

编　者

目　　录

第1章 计算机网络概述

计算机网络把一个个分散的计算机连接起来，使它们可以互相交换数据和信息，实现资源的共享，从而极大地加快了信息的传递速度并提高了信息的利用水平。计算机网络的出现是计算机发展历史中的革命性进步。计算机网络已经成为现代信息社会的重要标志之一。

1.1 计算机网络的基本概念

1.1.1 计算机网络的定义

计算机网络，是指将地理位置不同的具有独立功能的多台计算机及其外部设备，通过通信线路连接起来，在网络操作系统、网络管理软件及网络通信协议的管理和协调下，实现资源共享和信息传递的计算机系统。

计算机网络的基本组成包括计算机、网络操作系统、传输介质（可以是有形的，也可以是无形的，如无线网络的传输介质就是看不见的电磁波）以及相应的应用软件四部分。

1.1.2 计算机网络的功能

计算机网络的功能和目的是实现计算机之间的资源共享、网络通信和对计算机的集中管理。除此之外，它还具有负荷均衡、分布处理和提高系统安全与可靠性等功能。

1. 资源共享

（1）硬件资源 包括各种类型的计算机、大容量存储设备以及计算机外部设备（如彩色打印机、静电绘图仪等）。

（2）软件资源 包括各种应用软件、工具软件、系统开发所用的支撑软件、语言处理程序、数据库管理系统等。

（3）数据资源 包括数据库文件、数据库、办公文档资料、企业生产报表等。

（4）信道资源 通信信道可以理解为电信号的传输介质。通信信道是计算机网络中最重要的共享资源之一。

2. 网络通信

通信通道可以传输各种类型的信息，包括数据信息和图形、图像、声音、视频流等各种多媒体信息。

3. 分布处理

把要处理的任务分散到各个计算机上运行，而不是集中在一台大型计算机上。这样，不仅可以降低软件设计的复杂性，而且还可以大大提高工作效率和降低成本。

4. 集中管理

计算机在没有联网的条件下，每台计算机都是一个"信息孤岛"。在管理这些计算机时，必须分别管理。而计算机联网后，可以在某个中心位置实现对整个网络的管理。如数据库情报检索系统、交通运输部门的订票系统、军事指挥系统等。

5. 均衡负荷

当网络中某台计算机的任务负荷太重时，通过网络和应用程序的控制和管理，将任务分散到网络中的其他计算机中，由多台计算机共同完成。

1.2 计算机网络的产生与发展

计算机网络的发展经历了一个从简单到复杂，从低级到高级的过程。该过程大致可以分为三个阶段，即：面向终端的计算机网络阶段、以通信子网为中心的计算机网络阶段和网络体系结构的标准化阶段。

1.2.1 面向终端的计算机网络阶段

第一代计算机网络实际上是以单个计算机为主的远程通信系统。该系统中除了一台中心计算机外，其余终端没有自主处理能力，系统的主要功能只是完成中心计算机和各终端之间的通信，各终端之间的通信只有通过中心计算机才能进行，所以这种系统也称为面向终端的计算机网络，它的结构配置大致有：计算机、前端处理机（Front End Processor，FEP）、远程高速通信线、调制解调器和终端等。

早期的计算机系统十分庞大而且价格昂贵，为了保证网络的正常运行，需要技术人员昼夜值班。当时，计算机技术的发展和应用建立在分时的基础上，一个分时系统允许多个用户同时使用一台主机，用户可以通过终端与计算机进行通信，运行用户程序。典型的终端包括一台显示器、一个键盘和串行接口，但不包括中央处理器。终端的功能只是接收用户的键盘输入，将输入的信息传递给主机处理，然后把处理结果显示在终端的屏幕上。这种单机分时多路系统具有传输数据与通信功能，能让多个用户共享昂贵的计算机资源。但其明显的缺点是：首先，主机负担过重，既要承担其本身的数据处理任务，又要承担各终端传输过来的数据处理任务；其次，线路利用率低，尤其是在终端和主机距离较远的时候。这种联机系统其实并不是严格意义上的计算机网络，因为它只有一台主机，但这种系统可以被看做是计算机网络的萌芽。

20 世纪 60~70 年代，这种面向终端的计算机通信网络得到较快发展，有许多商业机构和大学安装了计算机系统，有些系统甚至现在还在使用。比较著名的有美国的半自动化地面防空系统（SAGE）、美国的 SABRE1 系统、美国通用电气公司的信息服务网站（GE Information Services）和美国 Tymshare 公司的 TYMNET 商用分时计算机网络系统等。

1.2.2 以通信子网为中心的计算机网络阶段

第二代计算机网络是由多个主计算机通过通信线路互联起来的系统。第二代计算机网络系统从 20 世纪 60 年代后期开始兴起，该系统中的每台计算机都有自主处理能力，它们之间不存在主从关系。这种系统的典型代表是美国的 ARPA 网络，它是 20 世纪 60 年代后期美国国防部高级研究计划局 ARPA 研制的，由主机（Host）和接口报文处理机（Interface Message Processor，IMP）装置互联起来，主机就是指 ARPA 网中互联的运行用户应用程序的主计算机，主机之间不能直接通信，而是通过接口报文装置互联的。

联机系统的发展为计算机的应用开拓了新的领域。随着计算机软、硬件的发展，一个公司或部门常拥有多台主机系统。这些主机可能分布在不同的地理区域，于是技术人员通过一定的方式将它们连接在一起，使它们之间可以进行信息交流、业务联系等。这种以传输信息为主要目的、用通信线路将各主机系统连接起来的计算机的集合，称为计算机通信网络。这可以说是计算机网络的雏形或低级形式。美国 ARPA 网就是最早的计算机网络之一。

ARPA 网的成功使计算机网络的概念发生了根本的变化。早期的面向终端的计算机网络是以单个主机为中心的星形网，各终端通过通信线路共享主机的硬件和资源，但 ARPA 网则是以通信子网为中心，主机和终端都处在网络的外围，这些主机和终端构成了用户资源子网。用户不仅可以共享通信子网的资源，还可以共享用户资源子网的硬件和软件资源。

除了 ARPA 网，一些工业发达国家还开始建造公用分组交换网。英国于 1973 年开始建造分组交换网 EPSS，1977 年试验成功后，将其更名为 PSS；美国则建造了 TELNET、TYMNET 和 COMPAC 等网络；欧洲共同体有 9 个国家联合建造的 EURONET 公用分组交换网；法国建造了 TRANSPAC 网；加拿大建造了 DATAPAC 网；日本的 NTT 先后建造了电路交换网与分组交换网的综合交换系统 DDX1 以及将电路交换、分组交换分别建网的交换系统 DDX2。据统计，截至 1987 年底，全球共有 87 个国家和地区的 214 个公用分组交换网在运行，而其中多数国家都在大力发展公用分组交换网。

1.2.3　网络体系结构的标准化阶段

第三代计算机网络是遵循国际标准化协议，具有统一网络体系结构的网络。

计算机网络的研制相继在科研单位、高等院校及公司展开，但各自的标准都不一样。1974 年美国 IBM 公司推出了网络体系结构（System Network Architecture，SNA），首先提出了计算机网络体系结构标准化的概念。后来，DEC、UNIVAC 等公司也相继推出各自的网络标准。但是这些标准各成体系，给网络互联带来很大困难。1977 年，国际标准化组织（International Standards Organization，ISO）成立了计算机与信息处理标准化委员会（TC97）及其下属的开放系统互联技术委员会（SC97），开始着手研究计算机网络的国际标准。在各网络标准的基础上，于 1981 年制定了开放系统互联参考模型（OSI/RM），并相继制定了 OSI/RM 各层协议标准，该标准目前已经成为各国公认的计算机网络标准。1980 年 2 月，美国电子电气工程师协会（IEEE）成立了 802 局域网标准委员会。几年之后制定了 IEEE802 局域网络标准，该标准现在已被 ISO 批准为国际局域网络标准，并得到广泛使用。

国际标准化组织制定并在 1984 年颁布了开放系统互联模型（Open System Interconnection Basic Reference Model，OSI），该模型是一个能使世界范围内各种计算机互联成网的标准，从此，开始了第三代计算机网络的新纪元，而 OSI 模型是这一代网络体系结构的基础。

1.3　计算机网络的分类

由于计算机网络自身的特点，其分类方法有多种。根据不同的分类原则，可以得到不同类型的计算机网络。

1.3.1 按照网络覆盖的地理范围分类

按网络所覆盖的地理范围的不同，计算机网络可分为局域网（LAN）、城域网（MAN）和广域网（WAN）。

1. 局域网

局域网（Local Area Network，LAN）是将较小地理区域内的计算机或数据终端设备连接在一起的通信网络。局域网覆盖的地理范围比较小，一般在几十米到几千米之间。它常用于组建一个办公室、一栋楼、一个楼群、一个校园或一个企业的计算机网络。局域网主要用于实现短距离的资源共享。如图 1-1 所示的是一个由几台计算机和打印机组成的典型局域网连接示意图。

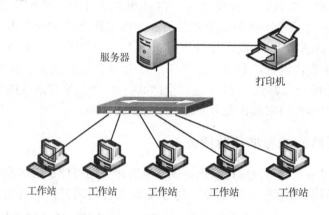

图 1-1　局域网连接示意图

局域网的特点是分布距离近、传输速率高、数据传输可靠等。

2. 城域网

城域网（Metropolitan Area Network，MAN）是一种大型的 LAN，它的覆盖范围介于局域网和广域网之间，一般为几千米至几万米。城域网的覆盖范围在一个城市内，它将位于一个城市之内不同地点的多个计算机局域网连接起来实现资源共享。城域网所使用的通信设备和网络设备的功能要求比局域网高，以便有效地覆盖整个城市的地理范围。一般在一个大型城市中，城域网可以将多个学校、企事业单位、公司和医院的局域网连接起来共享资源。如图 1-2 所示的是不同建筑物内的局域网组成的城域网。

3. 广域网

广域网（Wide Area Network，WAN）是在一个广阔的地理区域内进行数据、语音、图像信息传输的计算机网络。由于远距离数据传输的带宽有限，因此广域网的数据传输速率比局域网要慢得多。广域网可以覆盖一个城市、一个国家甚至于全球。因特网（Internet）是广域网的一种，但它不是一种具有独立性的网络，它将同类或不同类的物理网络（局域网、广域网与城域网）互联，并通过高层协议实现不同类网络间的通信。如图 1-3 所示的是一个简单的广域网。

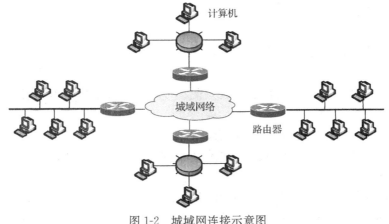

图 1-2 城域网连接示意图

图 1-3 广域网连接示意图

1.3.2 按照网络的拓扑结构分类

按照网络的拓扑结构可以划分为环形网、星形网和总线型网等。

1.3.3 按照物理结构和传输技术分类

网络所采用的传输技术决定了网络的主要技术特点,因此,根据网络所采取的传输技术对网络进行划分是一种很重要的方法。

在通信技术中,通信信道的类型有两类:广播通信信道与点到点通信信道。

1. 按传播方式分类

按照传播方式分类,可将计算机网络分为"广播网络"和"点-点网络"两大类。

(1)广播式网络 广播式网络是指网络中的计算机或者设备使用一个共享的通信介质进行数据传播,网络中的所有节点都能收到任一节点发出的数据信息。

目前,在广播式网络中的传输方式有 3 种:

单播:采用一对一的发送形式将数据发送给网络目的节点。

组播:采用一对一组的发送形式,将数据发送给网络中的某一组主机。

广播:采用一对所有的发送形式,将数据发送给网络中的所有目的节点。

(2)点-点网络 点-点网络(Point-to-point Network)中两个节点之间的通信方式是点对点的。如果两台计算机之间没有直接连接的线路,那么它们之间的分组传输就要依次通过中间节点的接收、存储、转发,直至目的节点。

点-点传播方式主要应用于 WAN 中,通常采用的拓扑结构有:星形、环形、树形、网状形。

2. 按传输介质分类

按照传输介质分类，可分为如下两类：

（1）有线网（Wired Network）

1）双绞线：其特点是比较经济、安装方便、传输率和抗干扰能力一般，广泛应用于局域网中。

2）同轴电缆：俗称细缆，现在已逐渐淘汰。

3）光纤电缆：特点是传输距离长、传输效率高、抗干扰性强，是高安全性网络的理想选择。

（2）无线网（Wireless Network）

1）无线电话网：是一种很有发展前途的联网方式。

2）语音广播网：价格低廉、使用方便，但安全性差。

3）无线电视网：普及率高，但无法在一个频道上和用户进行实时交互。

4）微波通信网：通信保密性和安全性较好。

5）卫星通信网：能进行远距离通信，但价格昂贵。

3. 按传输技术分类

在计算机网络中，数据依靠各种通信技术进行传输。根据网络传输技术分类，计算机网络可分为以下 5 种类型：

（1）普通电信网　普通电话线网，综合数字电话网，综合业务数字网。

（2）数字数据网　利用数字信道提供的永久或半永久性电路以传输数据信号为主的数字传输网络。

（3）虚拟专用网　指客户基于 DDN 智能化的特点，利用 DDN 的部分网络资源所形成的一种虚拟网络。

（4）微波扩频通信网　是电视传播和企事业单位组建企业内部网和接入 Internet 的一种方法，在移动通信中十分重要。

（5）卫星通信网　是近年发展起来的空中通信网络。与地面通信网络相比，卫星通信网具有许多独特的优点。

事实上，网络类型的划分在实际组网中并不重要，重要的是组建的网络系统从功能、速度、操作系统、应用软件等方面能否满足实际工作的需要；是否能在较长时间内保持相对的先进性；能否为该部门（系统）带来全新的管理理念、管理方法、社会效益和经济效益等。

1.4　计算机网络的组成与结构

计算机网络首先是一个通信网络，各计算机之间通过通信媒体、通信设备进行数字通信，在此基础上各计算机可以通过网络软件共享其他计算机上的硬件资源、软件资源和数据资源。从计算机网络各组成部件的功能来看，各部件主要完成两种功能，即网络通信和资源共享。计算机网络中实现网络通信功能的设备及其软件的集合称为网络的通信子网，而网络中实现资源共享功能的设备及其软件的集合称为资源子网。资源子网与通信子网的关系如图 1-4 所示。

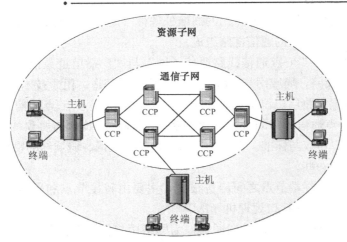

图 1-4　计算机网络的资源子网与通信子网的关系

1.4.1　资源子网的概念

资源子网是指网络中实现资源共享功能的设备及其软件的集合。

资源子网由计算机系统、终端、终端控制器、联网外设、各种软件资源与信息资源组成。资源子网主要负责全网的数据处理业务，向网络用户提供各种网络资源和网络服务。资源子网拥有所有的共享资源及所有的数据。

在局域网中，资源子网主要由网络的服务器、工作站、共享的打印机和其他设备及相关软件组成。在广域网中资源子网由上网的所有主机及其外部设备组成。资源子网的主体为网络资源设备，包括：

- 用户计算机（也称工作站）
- 网络存储系统
- 网络打印机
- 独立运行的网络数据设备
- 网络终端
- 服务器
- 网络上运行的各种软件资源
- 数据资源等

资源子网主要负责全网的信息处理，为网络用户提供网络服务和资源共享功能等。它主要包括网络中所有的主计算机、I/O 设备和终端，各种网络协议、网络软件和数据库等。

1.4.2　通信子网的概念

通信子网是指网络中实现网络通信功能的设备及其软件的集合。通信设备、网络通信协议、通信控制软件等属于通信子网，是网络的内层，负责信息的传输。通信子网主要为用户提供数据的传输、转接、加工、变换等。

在局域网中，通信子网由网卡、线缆、集线器、中继器、网桥、路由器、交换机等设备和相关软件组成。

在广域网中，通信子网由一些专用的通信处理机（即节点交换机）及其运行的软件、集中器等设备和连接这些节点的通信链路组成。

通信子网又可分为"点-点通信线路通信子网"与"广播信道通信子网"两类。广域网主要采用点-点通信线路，局域网与城域网一般采用广播信道。由于技术上存在较大的差异，因此在物理层和数据链路层协议上出现了两个分支：一类基于点-点通信线路，另一类基于广播信道。基于点-点通信线路的广域物理层和数据链路层技术与协议的研究开展比较早，形成了自己的体系、协议与标准。而基于广播信道的局域网、城域网的物理层和数据链路层协议研究相对比较晚一些。

通信子网的任务是在端节点之间传送报文，主要由转接节点和通信链路组成。在 AR-PA 网中，转接节点通称为接口处理机（IMP）。

"通信子网"主要负责全网的数据通信，为网络用户提供数据传输、转接、加工和转换等通信处理工作。它主要包括通信线路（即传输介质）、网络连接设备（如网络接口设备、通信控制处理机、网桥、路由器、交换机、网关、调制解调器和卫星地面接收站等）、网络通信协议和通信控制软件等。

没有通信子网，网络不能工作，而没有资源子网，通信子网的传输也失去了意义，两者合起来组成了统一的资源共享的两层网络。将通信子网的规模进一步扩大，即可变成社会公有的数据通信网。

1.4.3　现代网络结构的特点

1. 可靠性

在一个网络系统中，当一台计算机出现故障时，可立即由系统中的另一台计算机来代替其完成所承担的任务。同样，当网络的一条链路出故障时可选择其他的通信链路进行连接。

2. 高效性

计算机网络系统摆脱了中心计算机控制结构数据传输的局限性，并且信息传递迅速，系统实时性强。网络系统中各相连的计算机能够相互传送数据信息，使相距很远的用户之间能够即时、快速、高效、直接地交换数据。

3. 独立性

网络系统中各相连的计算机是相对独立的，它们之间的关系是既互相联系，又相互独立。

4. 扩充性

在计算机网络系统中，人们能够很方便、灵活地接入新的计算机，从而达到扩充网络系统功能的目的。

5. 廉价性

计算机网络使微型计算机用户也能够分享到大型机的功能特性，充分体现了网络系统的"群体"优势，能节省投资和降低成本。

6. 分布性

计算机网络能将分布在不同地理位置的计算机进行互连，可将大型、复杂的综合性问题实行分布式处理。

7. 易操作性

对计算机网络用户而言，掌握网络使用技术比掌握大型机使用技术简单，实用性也很强。

第 2 章　计算机网络体系结构

2.1　网络体系结构概述

建立计算机网络的根本目的就是实现数据通信和资源共享，而通信则是实现所有网络功能的基础和关键。由于信息的类型不同，作用不同，使用的场合和方式也不同，因此对于通信子网的服务要求也就不同，必须采用不同的技术手段来满足这些不同的要求。那么，怎样构建计算机网络的通信功能，才能实现这些不同系统之间，尤其是异构计算机系统之间的相互通信呢？这就是网络体系结构要解决的问题。网络体系结构通常采用层次化结构定义计算机网络的协议、功能及提供的服务。

2.1.1　计算机网络分层设计思想

人与人在日常生活中相互交流时，都不知不觉地遵守了一定的约定，几个人聊天会围绕一个共同的话题，如果某个人对这个话题不了解或是听不懂别人所说的语言，那他便不能参与交流。计算机网络中计算机与计算机之间的交流，各计算机也必须遵守一些事先约定好的规则，如果网络中某台计算机不遵守这一规则，则该计算机就不能与其他计算机进行交流，用网络术语来说就是不能进行数据交换。为了使计算机之间能够顺利地进行交流，人们为其制定了相应的规则，设计了计算机网络的体系结构。

1. 分层概念举例

例如，人与人的"通信"可简单地分为 3 个相关的层次：认识层、语言层、传输层。表 2-1 为一讲方言的家庭主妇与一不懂方言的大学教授进行"通信"的例子；表 2-2 为讲南方方言的家庭主妇与当地的大学教授进行"通信"的例子。

表 2-1　分层概念举例 1

	家 庭 主 妇	大 学 教 授	结　　果	用网络术语表达结果
话题	菜价	计算机网络技术	不可理喻	认识层"协议"不兼容
语言	方言	英语	不知所云	语言层"协议"不兼容
通信方式	电话	计算机	不可沟通	传输层"协议"不兼容

表 2-2　分层概念举例 2

	家 庭 主 妇	大 学 教 授	结　　果	用网络术语表达结果
话题	股票行情	股票行情	可以交流	认识层"协议"兼容
语言	方言	方言	可以理解	语言层"协议"兼容
通信方式	电话	电话	可以沟通	传输层"协议"兼容

所以，人们为了能够彼此交流思想，需借助一个分层次的通信结构；其次，层次之间不是相互孤立的，而是密切相关的，上层的功能是建立在下层功能的基础上的，下层为上层提

供某些服务，而且每层还应有一定的规则。网络通信情况同样如此，只是区分更细一些。

2. 网络通信的分层设计

网络体系通常采用层次化结构，每一层都建立在其下层之上，每一层的目的是向其上一层提供一定的服务，并把服务的具体实现细节对上层屏蔽，如图 2-1 所示。在分层体系结构中，下层通信实体（服务提供者）为上层实体（服务用户）提供通信的功能。

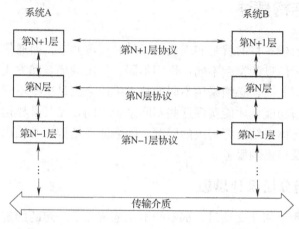

图 2-1　网络分层体系结构

计算机网络体系结构的概念及内容比较抽象，为便于理解，先以两个公司之间进行通信的过程为例进行说明。有甲乙两个公司的两位总经理进行通信，一般大公司都会有一位经理助理，负责起草公函，与贸易伙伴进行沟通的事务性工作。由于公司较大，业务繁忙，经理助理下边又有秘书负责打字、传真、接听电话等一般性工作。这样，每个公司都形成了 3 个层次的机构。

甲方经理要与乙方经理进行通信，于是他让自己的经理助理起草一份文件，这位经理助理根据总经理的意图，按照业界的惯例写了一份正式公函，然后把它交给秘书让其发送出去。秘书拿到公函，按照公司通信录查到乙公司的传真号码，整理好后发给了乙公司。乙公司的秘书接到传真后将有用的公函部分呈交给本公司的经理助理，而经理助理经过分析后，将关键内容汇报给经理，乙公司经理阅读信函的内容。当然乙公司经理只关心甲公司经理发来的信函的内容，而对信函的公文格式以及最初收到的信函是通过传真、电子邮件还是邮寄来的并不关心。这里，甲乙公司可以看做是网络节点，而经理、经理助理和秘书是一个个通信的实体。处于相同层次的不同节点的实体叫做对等实体，而协议实际上是对等实体之间的通信规则的约定。比如两个公司的秘书之间就有收发传真和普通信函的协议，经理助理之间都遵照标准公函的协议，经理之间，必须采用双方都理解的语言、文体和格式，这样在对方收到信函后才能看懂内容。

网络采用层次化结构的优点有如下 3 点：

1）各层之间相互独立。高层不必关心低层的实现细节，只要知道低层所提供的服务以及本层向上层所提供的服务即可，能真正做到各司其职。由于每一层只实现一种相对独立的功能，因而可将一个复杂的问题分解为若干个较容易处理的小问题。

2）系统的灵活性好。某个层次实现细节的变化，只要保持它和上、下层的接口不变，则不会对其他层产生影响。

3）易于实现标准化。每层的功能及其所提供的服务都有明确的说明，就像一个被标准化的部件，只要符合要求就可以拿来使用。

2.1.2 网络体系结构的基本概念

1. 网络体系结构的概念

网络体系结构是为了完成网络中计算机间的通信合作，将计算机互联的功能划分成有明确定义的层次，规定同层次实体通信的协议及相邻层之间的接口服务。将这些同层实体通信协议及相邻层接口统称为网络体系结构。

2. 网络协议

网络传输是个很复杂的过程，为了实现计算机之间可靠的数据交换，许多工作需要协调，如发送信号的数据格式、通信协议与出错处理、信号编码与电平参数以及传输速度匹配等。

假定一个与网络相连的设备正向另一个与网络相连的设备发送数据，由于各个厂家有其各自的实现方法，这些设备可能不完全兼容，则它们相互之间不可能进行识别和通信。解决方法之一是在同一个网络中全部使用同一厂家的专有技术和设备，但在网络互联的今天已不可行；另一种方法就是制定一套实现互联的规范（标准），即所谓"协议"，该标准允许每个厂家以不同的方式完成互联产品的开发、设计与制造，当按同一协议制造的设备联入同一网络时，它们就完全兼容，仿佛是由同一厂家生产的一样，这就是网络中使用协议的原因。

通过通信设备和线路连接起来的计算机要做到有条不紊地交换数据，必须具有同样的语言，交流什么、怎样交流及何时交流都必须遵循事先的约定或都能接受的一组规则，这些为进行网络中的数据交换而建立的规则、标准或约定的集合称为网络协议。

网络协议有3个组成要素：语法、语义和同步。语法，即数据与控制信息的结构和形式；语义，即需要发出何种控制信息，完成何种动作以及做出何种应答；同步，即事件实现顺序的详细说明。

语义规定通信双方彼此"讲什么"（含义），语法规定"如何讲"（格式），同步规定了信息交流的次序（顺序）。

2.2 ISO/OSI 体系结构概述

为了解决不同厂家生产的计算机互通的问题，国际标准化组织（International Standardization Organization，ISO）于1978年提出了一个网络体系结构模型，称为开放系统互联参考模型（OSI）。

2.2.1 分层的作用和含义

网络中的计算机类型不同，使用的操作系统也不尽相同，由几百台乃至几千台计算机连成的计算机网络是一个大的系统。在这个庞大的计算机网络系统中进行数据的通信是件很复杂的事情。而分层的目的正是为了解决这个问题。

分层的好处是，每层完成一种相对的独立功能，将复杂的系统问题分层为若干易处理的小问题。把计算机网络系统分成复杂性较低的单元，可以实现以下优势：

1）结构清晰，易于实现和维护。

2）接口易于标准化。

3）设计开发人员的专业化。

4）独立性强，通过层间接口提供的服务，只要服务和接口不变，各层内容实现方法可任意改变。

5）一个区域网络的变化不会影响另外的区域网络，区域网络可单独升级或改造。

进行通信的两个系统应具有相同的层次结构，如图 2-2 所示，两个不同系统的相同的层次称为同等层或对等层。通信在对等层上的实体之间进行（实体泛指任何发送或接受信息的软件或设备），双方实现第 n 层功能所遵守的规则，就称为第 n 层的协议。计算机网络按功能进行分层并且给各层规定了相应的协议，就形成了网络的体系结构。

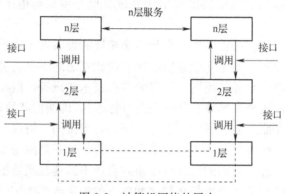

图 2-2　计算机网络的层次

2.2.2　开放系统互联参考模型

开放系统互联参考模型（Open System Interconnect，OSI）是国际标准化组织（ISO）和国际电报电话咨询委员会（CCITT）联合制定的，为开放式互联信息系统提供了一种功能结构的框架。OSI 共有 7 层，它从低到高分别是：物理层、数据链路层、网络层、传输层、会话层、表示层和应用层，如图 2-3 所示。

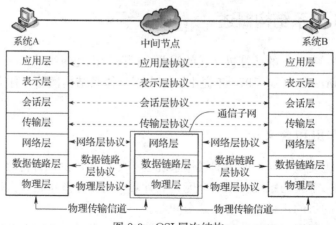

图 2-3　OSI 层次结构

1. OSI 参考模型的特性

1) 是一种异构系统互联的分层结构。

2) 提供了控制互联系统交互规则的标准骨架。

3) 定义一种抽象结构，而并非具体实现的描述。

4) 不同系统中相同层的实体为同等层实体。

5) 同等层实体之间通信由该层的协议管理。

6) 相邻层间的接口定义了原语操作和低层向上层提供的服务。

7) 所提供的公共服务是面向连接的或无连接的数据服务。

8) 直接的数据传送仅在最低层实现。

9) 每层完成所定义的功能，修改本层的功能并不影响其他层。

计算机网络体系结构模型将计算机网络划分为 7 个层次，自下而上分别称为：物理层、数据链路层、网络层、传输层、会话层、表示层和应用层。用数字排序自下而上分别为第 1 层、第 2 层、…、第 7 层。应用层由 OSI 环境下的应用实体组成，其下面较低的层提供有关应用实体协同操作的服务。

2. 开放系统互联参考模型的特点

1) 每层的对应实体之间都通过各自的协议进行通信。

2) 各个计算机系统都有相同的层次结构。

3) 不同系统的相应层次具有相同的功能。

4) 同一系统的各层次之间通过接口联系。

5) 相邻的两层之间，下层为上层提供服务，上层使用下层提供的服务。

2.2.3 物理层

1. 物理层概述

物理层是 OSI 参考模型的最底层，也是最基础的一层，它并不是指连接计算机的具体的物理设备或具体的传输媒体，它向下是物理设备之间的接口，直接与传输介质相连接，使二进制数据流通过该接口从一台设备传给相邻的另一台设备，向上为数据链路层提供数据流传输服务。

物理层主要考虑的是怎样才能在连接各种计算机的传输媒体上传输数据的比特流。由于传输媒体又可以叫做物理媒体，因此容易使人误以为传输媒体就是物理层的东西。但实际上具体的传输媒体不在物理层内，而是在它的下面，如双绞线、同轴电缆、光缆等，不属于物理层，物理层直接面向实际承担数据传输任务的物理媒体。为什么物理层不包括具体的连接计算机的物理设备或传输媒体呢？这是因为现有计算机网络中的物理设备和传输媒体的种类非常繁多，而通信手段也有许多不同方式，物理层的作用正是要尽可能地屏蔽掉这些差异，使物理层上面的数据链路层感觉不到这些差异，这样就可使数据链路层只需要考虑如何完成本层的协议和服务，而不需要考虑具体的传输媒体是什么。

大家知道，计算机网络中传输的是由 "0" 和 "1" 构成的二进制数据，但是在实际的电路中，铜缆（指双绞线等铜质电缆）网线中传递的是脉冲电流，这就是物理层传输的东西。通俗地讲，这一层主要负责实际的信号传输。物理层的数据传输单位为比特（bit），即一个二进制位（ "0" 或 "1" ）。实际的比特传输必须依赖于传输设备和物理媒体，物理层是在物理媒体之上的、为数据链路层提供一个传输比特流的物理连接。

物理层上的协议有时也称为接口。物理层协议主要规定物理信道的建立、保持及释放的特性，这些特性包括机械的、电气的、功能的和规程的 4 个方面特性。这些特性保证物理层能通过物理信道在相邻网络节点之间正确接收、发送比特流，即保证能将比特流送上物理信道，并且能在另一端取下它。物理层只关心比特流如何传输，而不关心比特流中各比特具有什么含义，而且对传输差错也不做任何控制，就像投递员只管投递信件，但并不关心信件中是什么内容一样。

OSI 参考模型对物理层所作的定义为：在物理信道实体之间合理地通过中间系统，为比特传输所需的物理连接的建立、保持和释放提供机械的、电气的、功能的和规程的手段。比特流传输可以采用异步传输，也可以采用同步传输来完成。

在这里引入两个名词：DTE（Data Terminal Equipment）和 DCE（Data Circuit-terminating Equipment）。DTE 叫做数据终端设备，是具有一定的数据处理能力以及发送和接收数据能力的设备，是数据的源或目的。DTE 具有根据协议控制数据通信的功能，但大多数的数据终端设备的数据传输能力是很有限的。直接将相隔很远的两个数据终端设备连接起来，是不现实的，必须在数据终端设备和传输线路之间加上一个中间设备，这个中间设备就是数据电路终接设备。DCE 的作用就是在 DTE 和传输线路之间提供信号变换和编码功能，并且负责建立、保持和释放物理信道的连接。DTE 与 DCE 之间的接口如图 2-4 所示。

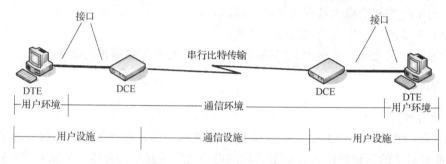

图 2-4　DTE 与 DCE 之间的接口

DTE 可以是一台计算机或一个终端，而典型的 DCE 就是一个与模拟线路相连的调制解调器。DTE 与 DCE 之间的接口一般都有许多条并行线，包括多种信号线和控制线。DCE 将 DTE 传过来的数据，按比特流顺序逐个发往传输线路，或反过来从传输线路接收串行的数据比特流，然后再交给 DTE。所以这就需要高度协调的工作，就必须对 DTE 和 DCE 的接口进行标准化，这种接口标准就是物理层协议。网络中经常使用的集线器（Hub）和已经不使用的中继器（Repeater）就是典型的物理层设备。对于物理层设备来讲，它只认识电流，至于什么是 MAC 地址、IP 地址，它什么也不知道。

2. 物理接口的 4 个特性

物理层的主要任务就是确定与传输媒体相连的接口的机械特性、电气特性、功能特性和规程特性。

（1）机械特性　物理层的机械特性规定了物理连接时所使用可接插连接器的形状和尺寸，连接器中引脚的数量与排列情况等。

（2）电气特性　物理层的电气特性规定了在物理信道上传输比特流时信号电平的大小、

数据的编码方式、阻抗匹配、传输速率和传输距离限制等。

（3）功能特性　物理层的功能特性规定了物理接口上各条信号线的功能分配和确切定义。物理接口信号线一般分为：数据线、控制线、定时线和地线。

（4）规程特性　物理层的规程特性规定了信号线进行二进制比特流传输的一组操作过程，包括各信号线的工作规则和时序。

3. 物理接口标准举例（以 RS-232D 接口标准为例）

RS-232D 是美国电子工业联合会（EIA）制定的物理接口标准，也是目前数据通信与网络中应用较为广泛的一种标准，它的前身是美国电子工业联合会在 1969 年制定的 RS-232C 标准，经 1987 年 1 月修改后，定名为 RS-232D，由于相差不大，人们常简称它们为"RS-232 标准"。RS-232D 连接器的接口图如图 2-5 所示。

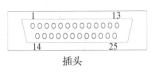

插头

插座

图 2-5　RS-232D 连接器的接口图

机械方面的技术指标是：RS-232D 规定使用一个 25 根插针的标准连接器，每个插座（孔是插座，针是插头）有 25 针插头，RS-232D 规定在 DCE 一侧采用针式结构，上面一排针（从左到右）分别编号为 1～13，下面一排针（从左到右）编号为 14～25；RS-232D 规定在 DTE 一侧采用孔式结构，上面一排孔（从右到左）分别编号为 1～13，下面一排孔（从右到左）编号为 14～25。

电气特性方面，RS-232D 采用负逻辑，即逻辑 0 用＋5～＋15V 表示，逻辑 1 用－5～－15V 表示，允许的最大数据传输率为 20kbit/s，最长可驱动电缆为 15m。

功能特性方面，RS-232D 定义了连接器中 25 根引脚与哪些电路连接以及每个引脚的功能。实际上有些引脚可以空着不用，图 2-6 给出的是最常用的 10 根引脚的作用，括号中的数目为引脚的编号。引脚 1 是保护地（屏蔽地），有时不用，只用到图中的 9 个引脚，所以我们会看到一根线上会有两个分支，一个是 25 芯插头座，另一个是 9 芯插头座，供计算机与调制解调器进行连接，这里提到的"发送"和"接收"都是对 DCE 而言的。

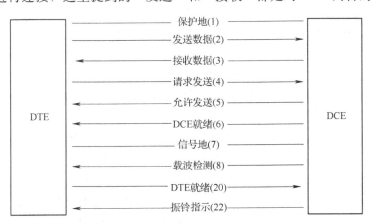

图 2-6　RS-232D 连接器常用的 10 根引脚的作用

规程特性方面，RS-232D 规定了在 DTE 和 DCE 之间发生的事件的合法顺序。下面给出两个 DTE 进行通信所经过的 5 个主要步骤，如图 2-7 所示。

	计算机A	MODEM_A	MODEM-B	计算机B
	DTE-A	DCE-A	DCE-B	DTE-B
步骤1	20号线 DTE-A准备好 2号线发送电话号码			
步骤2			22号线 振铃指示 ON 产生载波检测信号 6号线DCE-B准备好	20号线DTE-B准备好
步骤3	8号线接收载波检测信 号产生载波检测信号6 号线DCE-A准备好		8号线接收载波检测信号	
步骤4	4号线请求发送 2号线发送数据	5号线允许发送		
步骤5			3号线接收数据	

图 2-7　RS-232D 的规程特性（两个 DTE 通信实例）

2.2.4　数据链路层

数据链路层是 OSI 参考模型的第二层，它把物理层传来的"0"、"1"信号组成帧的格式，即把物理层传来的原始数据打包成帧，并负责帧在计算机之间进行无差错的传输。数据链路层的作用就是负责数据链路信息从源点传输到目的点的数据传输与控制，如连接的建立、维护和拆除，异常情况处理，差错控制与恢复等，检测和校正物理层可能出现的差错，使两个系统之间构成一条无差错的链路，在不太可靠的物理链路上，通过数据链路层协议实现可靠的数据传输。数据链路层传输的基本单位是帧。

1. 数据链路层的基本概念

（1）什么是帧　在以太网中，网络设备将"位"组成一个个的字节，然后将这些字节"封装"成"帧"，而交换机交换的就是这些"帧"。帧只对能够识别它的设备才有意义，就像汉字只对认识汉字的人来说才有意义。对于集线器来说，帧是没有意义的，因为它属于物理层设备，只认识脉冲电流。帧是数据链路层传输的基本单位，而交换机正是第二层设备，所以它能够识别帧。有许多人对帧所存在的层次不清楚，所以不能很好地理解交换机与集线器的区别。

（2）帧是如何产生的　帧是当计算机发送数据时由发送数据的计算机产生的。具体来说，是由计算机上安装的网卡产生的。网卡把对用户有意义的信息（如文字）分割成网络上可以传输的大小，然后封装到帧里面，再按照一定的次序发送出去。为什么要把数据封装成帧呢？因为用户数据一般都比较大，比如 Word 文件可以达到十几兆字节，一下发送出去十分困难，于是就需要分成许多份，依次发送。就像邮寄大的包裹，没有合适的包装怎么办，把东西分成小份，分别装进一定规格的包裹中，并做上标记，这样问题就解决了。

（3）帧的内容　如果把脉冲电流看成是轨道，那么帧就是运行在轨道上的火车。火车有车头和车尾，帧也有一个起点，称之为"帧头"，同时帧也有一个终点，称之为"帧尾"。帧结构如图 2-8 所示。

帧头和帧尾之间的部分是这个帧负载的数据，相当于火车车头和车尾之间的车厢，但并不全是有效数据。因为帧里面还有其他的各种信息，就像车厢本身也有重量一样。帧中还有其他各种复杂的信息，这里就不再一一叙述了。

图 2-8　帧结构示意图

以太网帧的大小总是在一定的范围内浮动，最大的帧大小是 1518B，最小的帧大小是 64B。在实际应用中，帧大小是由设备的 MTU（最大传输单位）即设备每次能够传输的最大字节数自动来确定的。

（4）帧的传输方式　帧在网络中传输的时候，具有 3 种传输方式：单播、多播和广播，这 3 个术语都是用来描述网络节点之间通信方式的术语，正确理解它们对掌握网络技术具有非常重要的意义。

1）单播（点对点通信）：网络节点之间的通信就好像是人们之间的对话一样，如果一个人对另外一个人说话，那么用网络技术的术语来描述就是"单播"，也称为"点对点通信"。这时帧的接收和传递只在两个节点之间进行。单播在网络中得到了广泛的应用，网络上绝大部分的数据都是以单播的形式传输的，只是一般网络用户不知道而已。例如，在收发电子邮件、浏览网页时，必须与邮件服务器、Web 服务器建立连接，此时使用的就是单播数据传输方式。但是通常使用"点对点"通信代替"单播"，因为"单播"一般与"多播"和"广播"相对应使用。单播如图 2-9 所示。

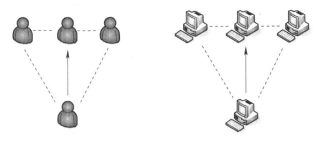

图 2-9　单播（一对一）

2）多播："多播"可以理解为一个人向多个人（但不是在场的所有人）说话，这样能够提高通话的效率。如果要通知特定的某些人同一件事情，但是又不想让其他人知道，使用电话一个一个通知就非常麻烦，而使用日常生活中的大喇叭进行广播通知，就达不到只通知个别人的目的了，此时使用"多播"来实现就会非常方便，但是现实生活中多播设备非常少。

"多播"也可以称为"组播"，在网络技术的应用中并不是很多，网上视频会议、网上视频点播特别适合采用多播方式。因为如果采用单播方式，每个节点传输，有多少个目标节点，就会有多少次传送过程，这种方式显然效率很低，是不可取的；如果采用不区分目标、全部发送的广播方式，虽然一次可以传送完数据，但是达不到区分特定数据接收对象的目的。采用多播方式，既可以实现一次传送所有目标节点的数据，又可以达到只对特定对象传送数据的目的。多播如图 2-10 所示。

3）广播："广播"可以理解为一个通过广播喇叭对在场的全体人员说话，这样做的好处

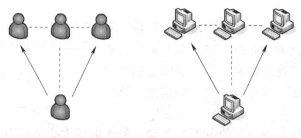

图 2-10　多播（一对多）

是通话效率高，信息一下子就可以传送到全体人员，如图 2-11 所示。在广播帧中，帧头中的目标 MAC 地址是"FF. FF. FF. FF. FF. FF"，代表网络上所有的主机。每台主机上的网卡收到广播帧后就认为是发送给自己的帧，就进行处理。"广播"在网络中的应用较多，如客户机通过 DHCP 自动获得 IP 地址的过程就是通过广播帧来实现的。但是同单播和多播相比，广播几乎占用了子网内网络的所有带宽。就像我们开大会，在会场上，只能有一个人发言，想象一下，如果所有的人都发言，那会场上就会乱成一片。

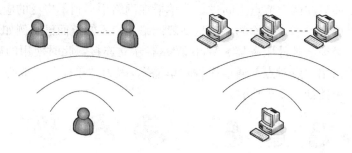

图 2-11　广播（一对全体）

　　在网络中，即使没有用户人为地发送广播帧，网络上也会出现一定数量的广播帧，因为即使没有人工干预，连在网络上的网络设备也会发送广播帧，因为设备之间也需要相互通信。在不了解对方地址的情况下，只有发送广播帧才能与其他设备进行通信。

　　在网络中不能很长时间出现广播帧，否则就会出现所谓的"广播风暴"。广播风暴就是网络长时间被大量的广播数据包所占用，使点对点通信无法正常进行，外在表现为网络速度奇慢无比。出现广播风暴的原因有很多，一块有故障的网卡就可能长时间向网络上发送广播包而导致广播风暴。

　　广播风暴不能完全杜绝，但是只能在同一子网内传播，就好像喇叭的声音只能在同一会场里传播一样。因此，在由几百台甚至上千台计算机构成的大中型局域网中，一般要进行子网划分，就像将一个大厅用墙壁隔离成许多小厅一样，以达到隔离广播风暴的目的。另外，使用路由器或三层交换机也能达到隔离广播的作用。当路由器或三层交换机收到广播帧时它并不转发这个帧，而仅仅是抛弃这个帧，也就是不处理广播帧，本来广播帧可以扩散至整个网络中，但是，当遇到路由器时，广播帧就无法再传递至与路由器其他端口连接的网络，从而达到隔离广播风暴的作用。

2. 数据链路层的主要功能

（1）链路管理　链路管理就是进行数据链路的建立、维护和拆除。在链路两端的节点进行通信前，必须首先确认对方已处于就绪状态，并交换一些必要的信息以对帧序列进行初始化，然后再建立链路连接。在传输过程中，还要能维持这种连接，传输完毕后要拆除该连接。

（2）帧同步　为了使传输中发生差错后只将有错的有限数据进行重发，数据链路层将比特流封装成帧进行传送。每个帧除了要传送的数据外，还包括校验码以使接收方能发现传输中的差错。帧的组织结构必须设计成接收方能够明确地从物理层收到的比特流中对其进行识别，即能从比特流中区分出一帧的开始和结束在什么地方。

（3）流量控制　为防止双方速度不匹配或接收方没有足够的接收缓存而导致数据拥塞或溢出，数据链路层必须采取一定的措施使通信网络中的链路或节点上的信息流量不超过某一限制值，即发送端发送的数据要能使接收端来得及接收。当接收方来不及接收时，必须及时控制发送方发送数据的速率，同时使帧的接收顺序与发送顺序一致。

（4）差错控制　为了保证数据传输的正确性，在计算机通信中，通常采用的是检错反馈重发方式，即接收方每收到一帧便检查帧中是否有错，一旦有错，就让发送方重发该帧，直至接收方正确接收为止。

（5）透明传输　当所传输的数据中的比特组合恰巧与某一个控制信息完全一样时，必须采取适当的措施，使接收方不会将这样的数据误认为是某种控制信息。

上述功能中，差错控制和流量控制是数据链路层的两个重要功能。数据链路层常用于差错控制和流量控制的协议有停止等待协议（自动请求重传协议）、连续 ARQ 协议和选择重传 ARQ 协议等。

3. 数据链路层协议

数据链路层的协议主要分为两类：面向字符型和面向比特型。

面向字符是指在链路上所传送的数据及控制信息必须是由规定的字符集中的字符所组成。面向字符型的数据链路控制协议传输效率比较低。随着通信量的增加及计算机网络应用范围的不断扩大，面向字符的链路控制协议使用率越来越低，在 20 世纪 60 年代末人们提出了面向比特的数据链路控制协议，它具有更大的灵活性和更高的效率，逐渐成为数据链路层的主要协议。

下面以典型的 HDLC 协议为例，介绍协议的特点及有关的命令和响应，并举例说明HDLC 的传输控制过程。HDLC 定义了 3 种类型的站、两种链路配置以及 3 种数据传输模式。

（1）3 种类型的站

主站：负责控制链路的操作和运行，主站发出命令帧，接收响应帧。

从站：从站在主站的控制下进行工作，对链路无控制权，从站间不能直接通信，从站接收主站的命令帧，发出响应帧。

复合站：具有主站和从站的双重功能，既能发送又能接收命令帧和响应帧，并负责整个链路的控制。

（2）两种链路配置

非平衡配置：是由一个主站与一个或多个从站构成，既可以用于点对点链路，也可用于点对多点链路，主站控制从站并实现链路管理，如图 2-12a 所示。

平衡配置：由两个复合站构成，只适用于点对点的链路，如图 2-12b 所示。

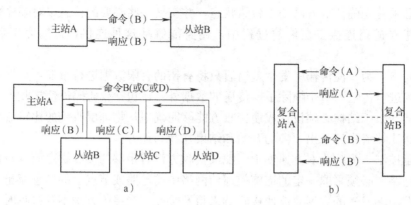

图 2-12 两种链路配置
a）非平衡配置 b）平衡配置

（3）3 种数据传输模式

正常响应模式（NRM）：用于非平衡配置的传输模式，只有主站才能启动数据传输，从站只有在收到主站的询问命令后才能向主站传送数据。

异步响应模式（ARM）：用于非平衡配置的传输模式，从站不必确切地接收到来自主站的允许传输的命令就可开始传输数据，主站仍然负责控制和管理链路。

异步平衡模式（ABM）：用于平衡配置的传输模式，传输是在复合站之间进行的，任何一个复合站不必事先得到对方的许可就可以开始传输数据。

数据链路层对等实体间的通信一般要经过数据链路的建立、数据传输和数据链路的释放 3 个阶段。

2.2.5 网络层

数据链路层协议是两个直接连接节点间的通信协议，它不能解决数据经过通信子网中多个转接节点的通信问题。设置网络层的主要目的就是要为报文分组以最佳路径通过通信子网到达目的主机提供服务，而网络用户不必关心网络的拓扑结构与所使用的通信介质。

1. 网络层的主要功能

网络层是 OSI 参考模型中的第三层，介于传输层和数据链路层之间。网络层也许是 OSI 参考模型中最复杂的一层，部分原因在于现有的各种通信子网事实上并不遵循 OSI 网络层服务定义。同时，网络互联问题也为网络层协议的制定增加了的难度。

通信子网的最高层就是网络层，因此网络层的主要作用是控制通信子网正常运行以及解决通信子网中的路由选择问题，它为整个网络中的计算机进行编址，并自动根据地址找出两台计算机之间进行数据传输的通路，也称为路由选择。网络层所传输信息的基本单位是分组或包。

OSI 参考模型规定网络层的功能主要有以下 4 点：

1）建立、维护和拆除网络连接：两个终端用户之间的通路是由一个或多个通信子网的多条链路串接而成，在网络层的一种称为虚电路的服务中，涉及这种虚电路连接的建立、维护和拆除过程。

2）组包/拆包：在网络层，数据的传输单位是分组（或包）。在网络发送方系统中，数据从高层向低层流动到达网络层时，传输层的报文要分为多个数据块，在这些数据块的头/尾部加上一些相关控制信息（即分组头/尾）后，就构成了分组，即组成了包。在接收方系统中，数据从低层向高层流动到达网络层时，要将各分组原来加上的分组头/尾等控制信息拆掉（即拆包），组合成报文，传送给传输层。

3）路由选择：路由选择也叫路径选择，它是根据一定的原则和路由选择算法在多节点的通信子网中选择一条从源节点到目的节点的最佳路径。当然，最佳路径是相对于几条路径中较好的路径而言的，一般是选择时延小、路径短、中间节点少的路径作为最佳路径。通过路由选择，可使网络中的信息流量合理分配，减轻拥挤，提高传输效率。

4）拥塞控制：数据链路层的流量控制是针对相邻两个节点之间的数据链路进行的，而网络层的拥塞控制是对整个通信子网内的流量进行控制的，是对进入分组交换网的流量进行控制。

2. 网络服务

网络层所提供的服务有两大类，即无连接的网络服务和面向连接的网络服务，这两种服务的具体实现就是数据报服务和虚电路服务。

无连接服务是指在通信之前不需要建立连接，将要传送的分组直接发送到网络进行传输，但每个分组都要携带目的地址信息，以便在网络中找到路由。无连接服务的优点是灵活方便和比较迅速。

面向连接服务是指在数据传输之前，必须先建立连接，当数据传输结束后，就拆除这个连接。所以，面向连接服务具有连接建立、数据传输和连接拆除三个阶段，数据是按序传输的。面向连接服务比较适合于在一定时期内要向同一目的地发送大量数据的情况。

（1）数据报服务 数据报服务类似于邮政系统的信件投递。每个分组都携带完整的源、目的节点的地址信息，独立地进行传输，每当经过一个中间节点时，都要根据目标地址和网络当前的状态，按一定的路由选择算法选择一条最佳的输出线，直至传输到目的节点。图 2-13 所示为数据报服务方式。

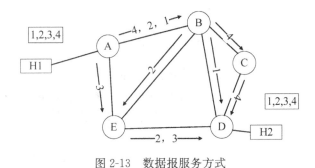

图 2-13　数据报服务方式

在数据报服务方式中，每个分组被称为一个数据报，即在数据报服务中，分组、包和数据报是同一个概念。网络随时都可接收主机发送的数据报。每个数据报自身携带足够的信息，它的传输是被单独处理的，网络为每个数据报独立地选择路由。当源主机要发送一个报文时，将报文拆成若干个带有序号和地址信息的数据报，依次发送到网络上。此后各个数据报所经过的路径有可能不同，因为网络中的各个节点在随时根据网络的流量、故障等情况为数据报选择路径。数据报采用的服务只是尽最大努力地将数据报交付给目的主机，因此网络并不能保证做到以下几点：所传送的数据报不丢失；按源主机发送数据报的先后顺序交付给目的主机；所传送的数据报不重复和不损失；在某个时限内必须交付给目的主机。这样，当网络发生拥塞时，网络中的某个节点可能将一些数据报丢失。所以，数据报提供的服务是不可靠的，它不能保证服务质量。"尽最大努力交付"的服务就是没有质量保证的服务，如果网络从来都不向目的主机交付数据报，则这种网络仍然满足"尽最大努力交付"的定义。

图 2-13 所示的就是主机 H1 向主机 H2 发送 4 个分组，分组 1 经过节点 A-B-D，分组 2 经过节点 A-B-E-D，分组 3 经过节点 A-E-D，分组 4 经过节点 A-B-C-D，最后它们都到达目的主机 H2。另外，在一个网络中可以有多个主机同时发送数据报，也就是说还可以有其他主机间进行通信。

（2）虚电路服务 在虚电路服务方式中，为了进行数据的传输，网络的源主机和目的主机之间先要建立一条逻辑通道，如图 2-14 所示。假设主机 H1 有分组要发送到主机 H2，则它首先发送一个呼叫分组，请求进行通信，同时寻找一条合适的路径，设寻找到的路径是 A-B-C。若主机 H2 同意通信就发回响应，然后双方就建立了虚电路 H1-A-B-C-H2，并可开始在这条虚电路上传输数据了。每个分组除了包含数据之外还要包含虚电路标识符，虚电路所经过的各个节点都知道把这些分组转发到哪里去，不需要再进行路由选择。所以主机 H1 向 H2 发送的所有分组都沿着节点 A-B-C 走，主机 H2 发送到 H1 的分组都沿着节点 C-B-A 走。在传输完毕后，还要将这条虚电路释放。

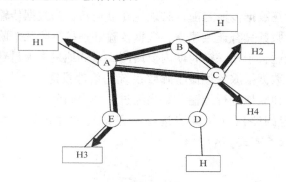

图 2-14 虚电路服务方式

虚电路服务方式是网络层向传输层提供的一种使所有分组按顺序到达目的主机的可靠的数据传送方式。进行数据交换的两端主机之间存在着一条为它们服务的虚电路。之所以称为"虚电路"，是因为采用了存储-转发技术，使得它和电路交换的连接有很大的不同。在电路交换的电话网上打电话时，两个用户在通话期间是自始至终地占用一条端到端的物理信道。但是当占用一条虚电路进行计算机通信时，由于采用的是存储-转发的分组交换，所以只是断断续续地占用一段又一段的通信线路，虽然用户感觉到好像占用了一条端到端的物理线路，但实际上并没有真正地占用，即这一条线路不是专用的，所以称之为"虚电路"。

建立虚电路的好处是可以在相关的交换节点预先保留一定数量的缓存，作为对分组的存储转发之用。每个节点到其他任一节点之间可能有若干条虚电路，以支持特定的两端主机之间的数据通信。如图 2-14 所示，这时假定还有主机 H3 和主机 H4 进行通信，所建立的虚电路经过节点 E-A-C。

在虚电路建立后，网络向用户提供的服务就好像在两个主机之间建立了一对穿过网络的通信通道，所有发送的分组都按发送的前后顺序进入该通道，然后按照先进先出的原则沿着该通道传送到目的站主机。这样，到达目的站的分组不会因为网络出现拥塞而丢失，因为在节点交换机中预留了缓存，而且这些分组到达目的站的顺序与发送时的顺序一致。当两个用户需要经常进行频繁的通信时，还可以建立永久虚电路，这样可以免去每次通信时进行连接建立和连接释放这两个阶段，因此利用永久虚电路进行数据传输时只包含数据传输阶段。

（3）两种网络服务的特点　虚电路服务和数据报服务的本质差别表现在是将顺序控制、差错控制和流量控制等通信功能交给通信子网完成，还是由用户终端系统自己来完成。

虚电路服务的思路来源于传统的电信网。电信网将它的用户终端（电话机）做得非常简单，而电信网负责保证可靠通信的一切措施，因此电信网的节点交换机复杂而昂贵，所以采用虚电路时由网络系统提供无差错的数据传输以及流量控制。

数据报服务使用另一种完全不同的新思路，它要求可靠通信由用户终端中的软件来保证，而对网络只要求提供"尽最大努力"的服务，使得对网络的控制功能分散。但这种网络要求使用较复杂且有相当智能的计算机作为用户终端。

那么网络层究竟应该采用数据报服务还是虚电路服务，这在网络界一直是有争论的。OSI在一开始就按照电信网的思路来对待计算机网络，坚持网络提供的服务必须是非常可靠的观点，因此OSI在网络层采用了虚电路服务。而制定TCP/IP体系结构的专家认为，不管用什么方法设计网络，计算机网络提供的服务不可能做得非常可靠，端系统的用户主机仍然要负责端到端的可靠性，所以让网络只提供数据报服务就可大大简化网络层的结构。随着技术的进步使网络出错的概率越来越小，因而让主机负责端到端的可靠性不会给主机增加更多的负担，而且可以使更多的应用在这种简单的网络上运行。因特网发展到今天的规模，充分说明了在网络层提供数据报服务是非常成功的。

虚电路服务适用于两端之间长时间的数据交换，尤其是在频繁的而每次传送的数据又很短的情况下，免去了每个分组中地址信息的额外开销。数据报服务不需要连接建立和释放的过程，在分组传输数量不多的情况下要比虚电路迅速又经济。为了传送一个分组而建立虚电路和释放虚电路就显得太浪费网络资源了。

为了在交换节点进行存储转发，在使用数据报时，每个分组必须携带完整的地址信息。但在使用虚电路的情况下，每个分组不需要携带完整的目的地址信息，仅需要有个虚电路号的标识符就可以，因而减少了额外的开销。

对待差错处理和流量处理，这两种服务也是有差别的。在使用数据报时，主机承担端到端的差错控制和流量控制。在使用虚电路时，网络应保证分组按顺序交付，而且不丢失、不重复，并维护虚电路的流量控制。

3. 路由选择

通信子网为网络源节点和目的节点提供了多条传输路径，每个中间节点在收到一个数据分组后，就要确定向下一节点的传输。路由选择就是决定进入节点的分组应从哪条输出线输出，也就是生成节点的输出线选择表。当采用数据报服务时，每个分组经过各个节点时都有一个路由选择问题；而采用虚电路服务时，仅需在每次呼叫建立连接时做一次路由选择即可。

路由选择算法是网络层软件的一部分，它在路由选择中起重要作用。设计路由选择算法时要考虑诸多技术因素。首先要考虑路由选择算法所基于的性能指标，例如，是选择最短路由，还是选择最优路由；第二要考虑通信子网是采用虚电路方式，还是数据报方式；第三要考虑是采用分布式路由选择算法（每节点均为到达的分组选择下一步的路由），还是采用集中式路由选择算法，是采用动态路由选择方法，还是采用静态路由选择算法；第四要考虑网络拓扑、流量、延迟等因素。

路由选择算法可分为静态路由选择和动态路由选择两大类。静态路由选择是根据某种固定的规则进行，路由选择一旦完成就不再变化，不会对网络的信息流量和拓扑变化作出响应，因此也叫非自适应路由选择算法；动态路由选择是根据网络拓扑结构和信息流量的变化而改变的路由选择，因此也叫自适应路由选择算法。

（1）静态路由选择算法　静态路由选择算法通常有最短路由法、扩散法、基于流量法等。

1）最短路由选择算法：这是一种简单且使用较多的算法，该算法在每个网络节点中都存储一张表格，表格中记录着对应某个目的节点的下一节点和链路。当一个分组到达节点时，该节点只要根据分组的地址信息，就可从固定的路由表中查出对应的目的节点及所应选择的下一节点。网络中一般都有一个网络控制中心，由它按照最短路由算法求出每对源节点与目的节点的最佳路由，然后为每一节点构造一个固定路由表，并发给每个节点。

2）扩散式路由选择算法：它是一种最简单的路由算法，该算法是基于这样的简单事实：当网络上某节点从某线路收到一个分组后，就将其向除了收到分组的那条线路外的所有其他线路转发该分组，并不考虑分组的目的节点方向。这样，最先到达目的节点的一个或多个分组走过的路径，就是最短路径。显然，该算法会产生大量的重复分组，如果不采取一定的措施来抑制这样的过程，将会像雪崩似地产生无穷个分组。其中一种比较实际的措施是采用选择式扩散法。在选择式扩散法中，收到信息分组的节点并不是将分组都从每条线上发出，而是只将分组送到那些与正确目的方向接近的那些输出线路上。

3）基于流量的路由选择算法：上述的路由选择算法只考虑了网络的拓扑结构，而没有考虑到网络的负载。而在实际应用中，有时路径不是最短，但可能是最佳。基于流量的路由选择算法是既考虑拓扑结构又考虑网络负载的算法。一些网络的负载和流量相对稳定且可以预测，如校园网中实验网络的用户和操作都是事前可知的，因此其流量也可预测。如果对这些网络的流量进行分析，就可以优化路由选择。

对于给定的线路，如果已知负载的平均流量，则可以根据排队论计算出该线路上的平均分组延迟，由此就可能计算出流量的加权平均值，从而得到整个网络的平均分组延迟。因此，路由选择问题就归结为找出使网络产生最小平均延迟的路径问题。

（2）动态路由选择算法　静态路由选择算法只有在网络业务量或拓扑结构变化不大的情况下，才能获得较好的网络性能。在现代网络中，广泛采用的是动态路由选择算法。动态路由选择算法能使路由器根据网络当前状态信息（如网络拓扑和流量的变化等），做出相应的路由选择。

根据网络状态信息，可简单地将动态路由选择算法分为3类：孤立式路由选择、集中式路由选择和分布式路由选择，它们分别对应着网络状态信息的3种来源：本地、所有节点和相邻节点。

1）孤立式路由选择算法。在孤立式路由选择算法中，节点只根据自己所收集到的有关信息（如节点和线路当前运行变化情况）动态地做出路由选择决定，而不与其他节点交换路由选择信息。如选择将报文分组排列在最短输出队列节点上或排列在信息量最大、延迟小的队列节点上。

2）集中式路由选择算法。在集中式路由选择算法中，每个节点上存储一张路由表，该路由表由路由控制中心（RCC）定时根据网络状态，计算、生成并分送到各相应节点。由于RCC 利用了整个网络的信息，所以得到的路由选择是比较完美的，同时也减轻了各节点计算路由选择的负担。

3）分布式路由选择算法。孤立式和集中式路由选择算法都不是非常完善的，在采用分布式路由选择算法的网络中，所有节点定期地与每个相邻节点交换路由选择信息。每个节点保留一个以网络中其他节点为索引的路由选择表，通过相邻节点信息交换来不断修改本节点中的路由选择表，以反映相邻节点的变化，找出到达目的地的最佳路径。

在动态路由选择算法中，相比之下分布式路由选择算法是优秀的，因此得到了广泛的应用，在该类算法中，最常用的是距离向量分布式路由选择（Distance Vector Routing，DVR）算法和链路状态路由选择（Link State Routing，LSR）算法。前者经过改进，成为目前广泛应用的路由信息协议（Routing Information Protocol，RIP），后者则发展成为开放式最短路径优先（Open Shortest Path First，OSPF）协议。

4. 拥塞控制

（1）拥塞控制与流量控制　　拥塞是指到达通信子网的信息量过大，超出了网络所能承受的能力，导致网络性能下降的现象。当端用户注入通信子网的信息量未超过网络正常允许的容量时，各信息分组都能被正常传输；当注入的信息量继续增大，由于通信子网资源的限制，网络的信息吞吐量将随输入分组的增加而下降，中间节点可能会丢掉一些分组，使网络性能变差，严重时会出现信息的拥塞。通信子网内某处发生拥塞，会丢失分组，从而导致发送端重发这些分组，这又引起因节点缓冲区不能得到正常释放而使分组再次丢失，这种连锁反应很快波及到网络中各节点，引起全局性拥塞。严重的拥塞会使网络瘫痪，不能工作。

引起网络拥塞的原因是多方面的。如果突然之间，分组流同时从多个输入线到达某节点，并且要求输出到同一线路，这就要建立起队列，该节点如果没有足够的缓冲空间来保存这些分组，有些分组就可能会丢失；即使缓冲区的容量很大，到达该节点的分组均可在缓冲区的队列里排队，但由于输出线路的容量小，排队时间长，会使输出延迟增加；节点的处理速度慢也会导致拥塞，如某路由器的处理速度太慢，使得缓冲区中的队列变长，不能及时地执行队列处理和更新路由表等任务，此时即使有多余的线路容量，也可能使队列饱和。

由此可见，引起网络拥塞的原因主要是由于网络各部分的速率、带宽、容量、分组数量等不匹配所造成的。如果一个中间节点（路由器）没有足够的缓冲区，它就会丢失新到的分组。但当分组被丢失后，相应输入点就会因超时得不到确认而重传丢失的分组，或许要重传多次，发送端在未收到确认之前必须保留所发送分组的副本以便重发。可见，在接收端产生的拥塞反过来将引起发送端的拥塞，这样便形成了恶性循环，使拥塞加重。

为了使通信子网中的数据分组能够畅通无阻地传输，要进行拥塞控制与流量控制。拥塞控制与流量控制不完全相同。拥塞控制主要用于保证网络能够承受现有的网络负荷，正常传输待传输的数据，它涉及网络中所有与之相关的主机、路由器及路由器的存储转发处理行为，是一种全局性的控制措施。而流量控制则是指给定在发送端和接收端之间的点到点的信息流量的控制，主要解决一条线路上各接收点接收能力不足的问题。但是流量控制问题解决了，并不等于网络的拥塞问题就解决了。例如，当网络上有瓶颈或其节点出现故障时，也可能发生拥塞。

简单来说，流量控制是对一条通路上的通信量进行控制，以解决"线"的问题；而拥塞现象的发生和通信子网内传送的分组总量有关，即拥塞控制解决通信子网这个"面"的问题。流量控制是基于平均值的控制，拥塞多是由于某处峰值流量过高而发生。在网络中信息的突发现象经常发生。当然，各线路上的流量控制得好，网络发生拥塞的概率就小；反之，网络拥塞概率就增大。因此可以说，流量控制属"局部"问题，拥塞控制属"全局"问题。但有时在不严格的情况下，也将拥塞控制说成是流量控制。

（2）网络死锁 当通信子网的输入分组数不断增加，达到一定值（饱和）时，通信子网的输出量反而下降，此时，网络进入拥塞状态。若输入量继续增大，拥塞会进一步加重，输出量继续下降；当输入量达到某一值时，输出量下降到零，此时网络无法工作，进入"死锁"状态。死锁是网络拥塞的极端情况，其直接后果就是网络"瘫痪"。常见的死锁现象有直接死锁、间接死锁和重装死锁。

1）直接死锁是指相邻两节点互相占用对方资源而造成的死锁。如 A 和 B 两节点都有大量分组要发往对方，但各自的缓冲区在发送前都已被全部占满。这样，当每个分组到达对方时，都因没地方存放而被丢失。发送分组的一方因收不到对方的确认信息，还要将发送过的分组继续保存在自己的缓冲区内，该节点也无空间接收对方分组，这样两节点就形成了直接死锁。

2）间接死锁一般发生在一组节点之间。一组节点中，每个节点都企图向相邻节点发送分组，但因每个节点都因无空缓冲区而不能接收新的分组，这就会形成一个闭环死锁，无法解脱僵持的局面。

3）重装死锁是一种比较严重的死锁，它是由于目的节点缓冲区已满，而又无法将缺少的分组同时接收进来，以便重装成报文送交主机而造成的死锁。这种死锁一般发生在目的节点同时接收多个报文的场合，此时每个报文的分组都没有到齐，目的节点缓冲区均已满而无法再接收其他分组，各报文由于缺少分组而又无法重装送交主机，因而就不能腾出空间接收其他分组，形成僵局，造成重装死锁。目的节点的重装死锁会引起周围区域发生拥塞或死锁，如不及时消除，拥塞和死锁区域还将扩大。

（3）拥塞控制方法 下面简单介绍常用的 4 种网络拥塞控制方法。

1）滑动窗口法。滑动窗口技术定义了一个窗口宽度 W，表示从接收端发出确认前，发送端可以传输的信息帧数目。例如，在 W=3 的情况下，在连续发送 0 号、1 号和 2 号 3 个帧后，发送端就得停下来，发送端在收到确认信息 ACK 后才能发第 3 号帧，接下来再发送第 4 号帧和第 5 号帧，发送完第 5 号帧后，它仍要停下来，因为这时已有 3 个未被确认的帧了。X. 25 分组交换网主要采用滑动窗口算法进行拥塞控制。

2）预约缓冲法。预约缓冲法适用于采用虚电路的分组交换网，在建立虚电路时，让呼叫请求分组途径的节点为虚电路预先分配一个或多个数据缓冲区，这样通过途径的各节点为每条虚电路开设缓冲区，在虚电路拆除前，就总能有空间来接收并转发经过的分组。

3）许可证法。许可证法的原理是：开始时，为网络中各节点分配若干张许可证，主机要向网内发送分组时，必须使每一分组都能得到一张许可证；于是每向网络中发送一个分组，网内的许可证总数就减 1；一旦许可证用完，就不允许新的分组再进入网络；当分组送交目的主机后，便可释放此证以供新的分组入网使用。经研究表明，当网络中的许可证总数是节点数的 3 倍时，可获得最佳的流量控制效果。

4）丢弃分组法。该方法是在缓冲区已被占满的情况下，又有分组到达，此时只好将到达的分组丢弃。在数据报方式下，被丢弃的报文分组可以重发，它对整个报文的传输影响不大；但若是虚电路方式，则必须在丢弃分组前，先将其副本保存在某处，待拥塞解除后重发此报文分组。

5. 网络层协议

网络层协议规定了网络节点和虚电路的一种标准接口，完成虚电路的建立、维护和拆除。网络层有代表性的协议有 ITU-T（国际电信联盟电信标准化部）的 X.25 协议、3X（X.28，X.3，X.29）协议和 X.75 协议（网络互联协议）等。X.25 协议适用于包交换（分组交换）通信，3X 协议适用于非分组终端入网及组包拆包器（PAD）。典型的网络层协议是 ITU-T 的 X.25 协议中的分组级协议。

X.25 协议是 ITU-T 于 1976 年公布的国际标准，它是在公用数据网络上以分组形式进行操作的 DTE 与 DCE 之间的接口协议，以此协议构成的网络称为 X.25 网或公用报文分组交换网。

X.25 协议中包括以下 3 个级别的内容：

（1）物理级协议　此协议规定机械、电气、功能和规程这 4 个方面的特性，其接口使用 X.21 建议或 X.21bis 建议，该建议规定在 DTE 和 DCE 之间提供同步的、全双工的、点到点的串行比特传输。

（2）链路级协议　其规定以帧的形式传输报文分组，所以也称为帧级，在该级使用平衡型数据链路控制规程，实现点到点的信息帧的可靠传输。链路级协议是 HDLC 协议的一个子集。

（3）分组级协议　进入网络层的用户数据形成报文分组，分组在源节点和目的节点之间建立起的网络连接上进行传输。分组级的功能主要是建立虚电路和管理虚电路，包括呼叫的建立和拆除、数据传输和信息流的控制、差错的恢复等。分组级协议规定了报文分组的格式、信息流的控制及差错的恢复等方法。在 X.25 分组级上，采用统计多路复用技术，将 DTE 和 DCE 之间的数据链路复用成多条逻辑链路，从而实现一个 DTE 可以和多个远程 DTE 的通信。

2.2.6　传输层

传输层是用户资源子网与通信子网的界面和桥梁，它是 OSI 参考模型 7 层中比较特殊的一层，同时也是整个网络体系结构中十分关键的一层。设置传输层的主要目的是在源主机和目的主机进程之间提供可靠的端-端通信。

在 OSI 参考模型的讨论中，人们经常将 7 层分为高层和低层。如果从面向通信与面向信息处理角度进行分类，传输层一般划在低层；如果从网络功能与用户功能角度进行分类，传输层又被划在高层，如图 2-15 所示，这种差异

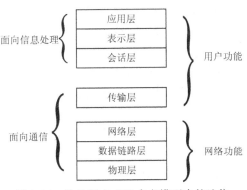

图 2-15　传输层在 OSI 参考模型中的地位

正好反映出传输层在 OSI 参考模型中的特殊地位。

1. 传输层的主要功能

传输层是为了可靠地把信息传送给对方而进行的搬运、输送，通常被解释成"补充各种通信子网的质量差异，保证在相互通信的两处终端进程之间进行透明数据传输的层"，是 OSI 的整个协议层次的核心。

传输层在 7 层模型中起到了对高层屏蔽低层，对低层屏蔽高层的作用，其主要功能如下：

1) 连接管理。负责传输连接的建立、维护与释放。传输连接的建立过程称为"握手"。

2) 流量控制。传输层在发送本层数据分组时，还要确保数据的完整性，流量控制是完成这项任务的方法之一。流量控制避免了接收主机缓冲溢出的问题，溢出会造成数据丢失。这里的流量控制是指端到端的流量控制，即在一个主机没有收到确认之前最多能够向另一个主机发送多少信息量。在数据链路层也讨论过这个问题，只是数据链路层执行的是点到点的流量控制（两个节点之间），而传输层进行的是端到端的流量控制（两个用户主机之间），可用于网络拥塞的控制。

3) 差错检测与恢复。这个功能似乎与低层的功能重复，但这是必须的。有些错误能逃避较低层的差错检测，虽然分组的传输可以由数据链路层的 CRC 校验保证，但是无法确保中间节点（如路由器）处理分组时不出错。另外，如果一个中间节点在收完分组并确认后，在转发之前却将它丢失了，这时也只有通过端到端的差错检测来控制。

4) 提供用户要求的服务质量。一个用户在通信时会要求特定的网络服务质量，例如，高吞吐量、低延迟、低费用和高可靠性服务等。传输层可根据需要提供相应的网络服务。

5) 提供端到端的可靠通信。面向连接的传输协议能够提供用户间的可靠通信，这对于用户来说是重要的功能。

2. 传输层协议的分类

为了能在不同的通信子网中进行不同类型的数据传送，OSI 定义了 5 类传输协议，它们分别是：

TP0：简单类。

TP1：基本差错恢复类。

TP2：复用类。

TP3：差错恢复与复用类。

TP4：差错检测与复用类。

在讨论 5 类传输协议前，首先要讨论网络服务质量的 3 种类型。

A 型：A 型网络是一种完善的、理想的和可靠的网络服务，网络连接具有可接受的低差错率和可接受的低故障通知率。

B 型：B 型网络的网络连接具有可接受的低差错率和不可接受的高故障通知率，传输协议必须提供差错恢复功能。

C 型：C 型网络的服务质量最差，网络连接具有不可接受的高差错率，传输协议应能检测出网络差错，同时具有差错恢复能力。

X.25 分组交换网很少能达到 A 型网络服务水平，多数处于 B 型网络服务水平，某些具有移动节点的城域网与具有衰落信道的无线分组交换网都属于 C 型网络。（美国的

TELENET、加拿大的 DATAPAC、法国的 TRANSPAC 等公用分组交换网对通信子网的发展产生了重要的影响。CCITT 在 DATAPAC 有关标准的基础上提出了 X.25 建议书。X.25 建议书只讨论了一个 DTE 如何连接到有关的公用分组交换网，它只是一个对公共交换网的接口规范，并不涉及通信子网的内部结构。因此人们常说的 X.25 网只是说 DTE 与通信子网的接口遵循的是 X.25 标准。)

TP0 提供最简单的传输协议，以支持 A 型网络，它的流量控制仅依靠网络层的流量控制，它的连接、释放仅依靠网络的连接与释放；它只提供最简单的端-端连接。

TP1 是能在 X.25 网上运行的传输协议，它提供基本的差错恢复功能，以支持 B 型网络。基本差错控制是指出现网络连接断开或网络连接失败，或收到未被确认的传输连接的数据服务单元时，传输层可建立的另一条网络连接。

TP2 面向 A 型网络，传输协议具有复用功能，没有对网络连接故障的恢复功能，但具有对传输复用的流量控制功能。

TP3 面向 B 型网络，它具有 TP1、TP2 的差错恢复功能与复用功能。

TP4 面向 C 型网络，是最复杂的传输协议，它具有差错检测、差错恢复与复用等功能，能在网络质量较差时保证可靠的数据传送。

3. 传输层服务

传输层的主要任务就是向会话层提供服务，服务内容包括传输连接服务和数据传输服务。前者是指能在两个传输层用户之间负责建立、维护及在传输结束后拆除传输连接；后者则是要求在一对用户之间提供相互交换数据的方法。传输层的服务，使高层的用户可以完全不考虑信息在物理层、数据链路层和网络层通信的详细情况，方便了用户使用。

（1）传输连接服务　数据传输服务可提供面向连接和无连接的数据传输，为了实现这些数据传输，必须在两个传输用户之间建立传输连接。这种两个传输用户之间的关系及它们之间的数据传输，都具有从端点到端点的含义。一般情况下，会话层要求的每个传输连接，传输层相应地都要在网络层上建立连接，传输层的这种连接总是以通信子网提供的服务为基础的。当传输吞吐量大、需要建立多条网络连接时，为减少费用，传输层可把几条传输连接复合在一条网络连接上，实行多路复用。传输层建立的多路复用对会话层是透明的。

传输层的协议都具有端到端性质，其中，端被定义为对接传输实体。通过传输层提供的服务，实现了从一个传输实体到另一个传输实体的网络连接，所以传输层不关心路由选择和中断问题。传输层包括一个供选择服务类别的选择参数，当建立传输连接时，允许在时延、吞吐量和可靠性之间进行选择。

（2）数据传输服务　网络层的服务包括虚电路服务和数据报服务。若网络层提供的是虚电路服务，则传输层能保证对报文的正确接收，传输层协议同通信子网能够构成可靠的计算机网络。若网络层提供的是数据报服务，传输层协议则必须包括差错检测和差错恢复，因为此时网络层没能提供进行差错控制和分组丢失、报文重复等处理工作的服务，可靠性较差。

4. 传输控制协议

传输控制协议是实现端到端计算机之间的通信、网络系统资源共享所必不可少的协议。虽然物理层和数据链路层协议具有把数据从一台计算机系统送到另一台计算机系统的功能，但它们所实现的数据通信是不可靠的数据通信。对不同的计算机系统、不同的局域网络来说，物理层和数据链路层协议所具有的通信功能远远达不到通信的实际要求。

传输控制协议所实现的功能不仅仅是弥补物理层和数据链路层协议的通信功能的缺陷，保证相同计算机系统之间、相同计算机网络系统之间的信息的可靠传输，还可实现不同计算机系统之间、不同计算机网络系统之间信息的可靠传输。目前传输控制协议的种类很多，如国际标准化组织提出的 ISO 8073 协议、Internet 的 TCP、UDP 等，但最典型的传输控制协议是 TCP。这部分内容将在后面章节详细介绍。

2.2.7 OSI 模型中的高三层

在 OSI 七层模型中，会话层、表示层和应用层属于高层，它们与低层不同，低层涉及提供可靠的端到端的通信，而高层主要考虑的是面向用户的服务，高层协议中所涉及的许多内容，目前还正处在研究阶段，还未形成一套完整的标准。

1. 会话层

所谓会话，是指在两个会话用户之间为交换信息而按照某种规则建立的一次暂时联系。会话可以使一个远程终端登录到远程的计算机，进行文件传输或进行其他的应用。会话层位于 OSI 模型面向信息处理的高三层中的最下层，它利用传输层提供的端到端数据传输服务，实施具体的服务请求者与服务提供者之间的通信，属于进程间通信的范畴。会话层还为会话活动提供组织和同步所必需的手段，为数据传输提供控制和管理。

会话层的功能主要包括以下 3 个方面：

1）提供远程会话地址。会话地址供用户或用户程序使用。要传送信息，必须把会话地址转换为相应的传送站地址，以实现正确的传输连接。会话地址到传送地址的变换工作是由会话层完成的。

2）会话建立后的管理。通常，建立一次会话需要有一个过程。首先，会话的双方都必须经过批准，以保证双方都有权参加会话；其次，会话双方要确定通信方式，即单工、半双工或全双工等。一旦建立连接，会话层的任务就是管理会话了。

3）提供把报文分组重新组成报文的功能。只有当报文分组全部到达后，才能把整个报文传送给远方的用户。当传输层不对报文进行编号时，会话层应完成报文编号和排序任务；当子网发生硬件或软件故障时，会话层应保证正常的事务处理不会中途失效。

2. 表示层

表示层为应用层提供服务，该层处理的是通信双方之间的数据表示问题。网络中，对通信双方的计算机来说，一般有其自己的内部数据表示方法，其数据形式常具有复杂的数据结构，它们可能采用不同的代码、不同的文件格式。为使通信的双方能相互理解所传送信息的含义，表示层就需要把发送方具有的内部格式编码为适于传输的位流，接收方再将其解码为所需要的表示形式。

数据传送包括语义和语法两个方面的问题。语义即与数据内容、意义有关的方面；语法则是与数据表示形式有关的方面，如文字、声音、图形的表示，数据格式的转换、数据的压缩、数据的加密等。在 OSI 参考模型中，有关语义的处理由应用层负责，表示层仅完成语法的处理。

表示层的功能主要包括以下 3 个方面：

1）语法转换。当用户要从发送方向接收方传送数据时，应用层实体就需将数据按一定的表示形式交给其表示层实体，这一定的表示形式为抽象语法。语法变换就是实现抽象语法与传送语法间的转换，如代码转换、字符集的转换及数据格式的转换等。

2）传送语法的选择。应用层中存在多种应用协议，这样，表示层中就可能存在多种传送语法，即使一种应用协议，也可能有多种传送语法与其对应。所以表示层需对传送语法进行选择，并提供选择和修改的手段。

3）常规功能。指表示层内对等实体间的建立连接、传送、释放等。

3. 应用层

应用层是 OSI 参考模型的最高层，它为用户的应用进程访问 OSI 环境提供服务。OSI 关心的主要是进程之间的通信行为，因而对应用进程所进行的抽象只保留了应用进程与应用进程间交互行为的有关部分，这种现象实际上是对应用进程某种程度上的简化。经过抽象后的应用进程就是应用实体（Application Entity，AE）。对等应用实体间的通信使用应用协议。应用协议的复杂性相关很大，有的仅涉及两个实体，有的涉及多个实体，而有的则涉及两个或多个系统。与其他 6 层不同，所有的应用协议都使用了一个或多个信息模型来描述信息结构的组织。低层协议实际上没有信息模型，因为低层没有涉及表示数据结构的数据流。应用层要提供许多低层不支持的功能，这就使得应用层变成 OSI 参考模型中最复杂的层次之一。

应用层是 OSI 参考模型的最高层，它是计算机网络与最终用户间的接口，它包含了系统管理员管理网络服务所涉及的所有的问题和基本功能。

常用的网络服务包括文件服务（FTP）、电子邮件（E-mail）服务、集成通信服务、目录服务、网络管理服务、安全服务、多协议路由与路由互连服务、分布式数据库服务以及虚拟终端服务等。

2.3 TCP/IP 体系结构

TCP/IP 是全世界计算机赖以相互通信的基础，它就有点儿像是人类交流用的语法规则，为不同操作系统和不同硬件体系结构的互联网络提供通信支持。TCP/IP 实际上就是指一个完整的数据通信协议集（大概 100 多个，包括 telnet 和 ftp 等）。所谓协议（Protocol）就是一组规则，其技术术语描述如何完成某件事情。

2.3.1 TCP/IP 简介

TCP/IP 是英文 Transmission Control Protocol/Internet Protocol 的缩写，中文译为传输控制协议/因特网协议。它除了代表 TCP 与 IP 这两种通信协议外，更包含了与 TCP/IP 相关的数十种通信协议，例如：SMTP、DNS、ICMP、POP、FTP、Telnet 等。其实我们平常口语所谓的 TCP/IP 通信协议，其背后真正的意义就是指 TCP/IP 协议组合，而非单指 TCP 和 IP 两种通信协议。只因最具代表性的协议是 TCP 和 IP，所以用 TCP/IP 来代替。

在 Internet 网上，不是将一组完整的信息流连续地从一台主机传送到另一台主机，而是将信息分割成小包，TCP 就是将数据分割成若干小包，每个小包标有序列号和接收方的地址，同时还插入了错误控制信息，然后将这些小包通过网络发送。IP 的工作就是将这些小包送到远程主机，而在另一端，TCP 接收这些包并检查有无错误发生，如果发生错误，TCP 就会请求重发特定的包，一旦所有的包都被正确地接收，TCP 就将根据序列号重新构造原来的信息。所以，简单而言，TCP/IP 是一系列协议，用于组织网络中计算机和通信设备上的信息传输，其在 Internet 中的工作就是将数据从一台计算机送至另一台计算机。

2.3.2　TCP/IP 层次结构

TCP/IP 参考模型可以分为 4 个层次，如图 2-16 所示。

图 2-16　TCP/IP 层次结构

- 应用层（Application Layer）
- 传输层（Transport Layer）
- 互联网络层（Internet Layer）
- 主机-网络层（Host to Network Layer）

其中，TCP/IP 参考模型的应用层与 OSI 参考模型的应用层相对应，TCP/IP 参考模型的传输层与 OSI 参考模型的传输层相对应，TCP/IP 参考模型的互联网络层与 OSI 参考模型的网络层相对应，TCP/IP 参考模型的主机-网络层与 OSI 参考模型的数据链路层和物理层相对应。在 TCP/IP 参考模型中，对 OSI 参考模型的表示层、会话层没有对应的协议。

1. 主机-网络层

在 TCP/IP 参考模型中，主机-网络层是参考模型的最底层，它负责通过网络发送和接收 IP 数据报。TCP/IP 参考模型允许主机连入网络时使用多种现成的与流行的协议，例如局域网协议或其他一些协议。

在 TCP/IP 的主机-网络层中，它包括各种物理网协议，例如局域网的 Ethernet、局域网的 Token Ring、分组交换网的 X.25 等。当这种物理网被用做传送 IP 数据包的通道时，就可以认为是这一层的内容。这体现了 TCP/IP 的兼容性与适应性，它也为 TCP/IP 的成功奠定了基础。

2. 互联网络层

在 TCP/IP 参考模型中，互联网络层是参考模型的第二层，它相当于 OSI 参考模型网络层的无连接网络服务。互联网络层负责将源主机的报文分组发送到目的主机，源主机与目的主机可以在一个网上，也可以在不同的网上。

互联网络层的主要功能包括以下 3 点：

1）处理来自传输层的分组发送请求。在收到分组发送请求之后，将分组装入 IP 数据报，填充报头，选择发送路径，然后将数据报发送到相应的网络输出线。

2）处理接收的数据报。在接收到其他主机发送的数据报之后，检查目的地址，如需要转发，则选择发送路径，转发出去；如目的地址为本节点 IP 地址，则除去报头，将分组交送传输层处理。

3）处理互联的路径、流程与拥塞问题。

TCP/IP 参考模型中网络层协议是 IP（Internet Protocol）。IP 是一种不可靠、无连接的数据报传送服务的协议，它提供的是一种"尽力而为（Best-effort）"的服务，IP 的协议数据单元是 IP 分组。

3. 传输层

在 TCP/IP 参考模型中，传输层是参考模型的第 3 层，它负责在应用进程之间的端到端通信。传输层的主要目的是在互联网中源主机与目的主机的对等实体间建立用于会话的端到端连接。从这点上来说，TCP/IP 参考模型与 OSI 参考模型的传输层功能是相似的。

在 TCP/IP 参考模型中的传输层，定义了以下这两种协议：

1）传输控制协议（Transmission Control Protocol，TCP）。TCP 是一种可靠的面向连接的协议，它允许将一台主机的字节流（Byte Stream）无差错地传送到目的主机。TCP 将应用层的字节流分成多个字节段（Byte Segment），然后将一个个的字节段传送到互联网络层，发送到目的主机。当互联网络层将接收到的字节段传送给传输层时，传输层再将多个字节段还原成字节流传送到应用层。TCP 同时要完成流量控制功能，协调收发双方的发送与接收速度，达到正确传输的目的。

2）用户数据报协议（User Datagram Protocol，UDP）。UDP 是一种不可靠的无连接协议，它主要用于不要求分组顺序到达的传输中，分组传输顺序检查与排序由应用层完成。

4. 应用层

在 TCP/IP 参考模型中，应用层是参考模型的最高层。应用层包括了所有的高层协议，并且总是不断有新的协议加入。目前，应用层协议主要有以下 6 种：

1）远程登录协议（Telnet）

2）文件传送协议（File Transfer Protocol，FTP）

3）简单邮件传送协议（Simple Mail Transfer Protocol，SMTP）

4）域名系统（Domain Name System，DNS）

5）简单网络管理协议（Simple Network Management Protocol，SNMP）

6）超文本传送协议（Hyper Text Transfer Protocol，HTTP）

2.4 OSI 与 TCP/IP 参考模型的比较

OSI 参考模型与 TCP/IP 是两个为了完成相同任务的协议体系结构，二者有比较紧密的关系。OSI 参考模型和 TCP/IP 模型都是分层的模型，不过它们所分的层次有所不同，下面从以下几个方面逐一比较它们之间的联系与区别。

2.4.1 分层结构

OSI 参考模型与 TCP/IP 模型都采用了分层结构，都是基于独立的协议概念。OSI 参考模型有 7 层，而 TCP/IP 协议只有 4 层，即 TCP/IP 没有表示层和会话层，并且把数据链路层和物理层合并为网络接口层。不过，二者的分层之间有一定的对应关系，见表 2-3。

表 2-3 OSI 参考模型与 TCP/IP 模型对比

OSI 参考模型	TCP/IP 模型
应用层	应用层
表示层	不存在
会话层	
传输层	传输层
网络层	互联网络层
数据链路层	网络接口层
物理层	

2.4.2 标准的特色

OSI 参考模型的标准最早是由 ISO 和 CCITT（ITU）制定的，由于通信的技术背景，因此具有了深厚的通信系统特色，通常会考虑到面向连接的服务。它首先定义了一套功能完整的构架，然后根据构架来发展相应的协议与系统。

TCP/IP 产生于对 Internet 网络的研究与实践中，是根据实际需求产生的，再由 IAB、IETF 等组织标准化，之前并没有一个严谨的框架；而且 TCP/IP 最早是在 UNIX 系统中实现的，考虑了计算机网络的特点，比较适合计算机实现和使用。

2.4.3 连接服务

OSI 的网络层基本与 TCP/IP 的互联网络层是对应的，二者的功能基本相似，但是寻址方式有较大的区别。

OSI 的地址空间为不固定的可变长，由选定的地址命名方式决定，最长可达 160B，可以容纳非常大的网络，因而具有较大的成长空间。根据 OSI 的规定，网络上每个系统至多可以有 256 个通信地址。

TCP/IP 网络的地址空间为固定的 4B（在目前常用的 IPv4 中是这样，在 IPv6 中将扩展到 16B），网络上的每一个系统至少有一个唯一的地址与之对应。

2.4.4 传输服务

OSI 与 TCP/IP 的传输层都对不同的业务采取不同的传输策略。OSI 定义了 5 个不同层次的服务，即 TP0、TP1、TP2、TP3 和 TP4。TCP/IP 定义了 TCP 和 UPD 两种协议，分别具有面向连接和面向无连接的性质。其中 TCP 与 OSI 中的 TP4，UPD 与 OSI 中的 TP0 在构架和功能上大体相同，只是内部细节有一些差异。

2.4.5 应用范围

OSI 由于体系比较复杂，而且设计先于实现，有许多设计过于理想，不太方便计算机软件实现，因而完全实现 OSI 参考模型的系统并不多，应用的范围有限。但是 TCP/IP 最早在计算机系统中实现,在 UNIX、Windows 平台中都有稳定的表现,并且提供了简单方便的编程接口(API),可以在其上开发出丰富的应用程序,因此得到了广泛的应用。TCP/IP 已成为目前网际互联事实上的国际标准和工业标准。

从以上的比较可以看出,OSI 参考模型和 TCP/IP 大致相似,也各具特色。虽然 TCP/IP 在目前的应用中占了统治地位,在下一代网络(NGN)中也有强大的发展潜力,甚至有人提出了"Everything is IP"的预言。但是 OSI 作为一个完整、严谨的体系结构,也有它的生存空间,它的设计思想在许多系统中得以借鉴,同时随着它的逐步改进,必将得到更广泛的应用。

TCP/IP 目前面临的主要问题有地址空间问题、安全问题等。地址问题有望随着 IPv6 的引入而得到解决,安全保证也正在研究,并取得了不少的成果。因此,TCP/IP 在一段时期内还将保持它强大的生命力。

OSI 的缺点在于太理想化,不易适应变化与实现。因此,它在这些方面做出适当的调整,也将会迎来自己的发展机会。

第3章 计算机局域网

局域网是计算机网络的一种，它既具有一般计算机网络的特点，又有自己的特征。它的范围比较小，比如一个办公室或一栋楼。局域网通过通信线路将众多计算机及外设连接起来，以达到数据通信和资源共享的目的。

3.1 局域网概述

3.1.1 局域网的概念

局域网（LAN）是指在一个较小地理范围内的各种计算机网络设备互联在一起的通信网络，可以包含一个或多个子网，通常局限在几千米的范围之内。如在一个房间、一座大楼或一个校园内的网络就称为局域网。

3.1.2 局域网的特点

局域网的特点除了具备结构简单、数据传输率高、可行性高、实际投资少且技术更新发展迅速等基本特征外，还具有以下特点：

1）具有较高数据传输速率，有 1Mbit/s、10Mbit/s、155Mbit/s 和 622Mbit/s 之分，实际中最高可达 1Gbit/s，未来甚至可达 10Gbit/s。

2）具有优良的传输质量。

3）具有对不同速率的适应能力，低速或高速设备均能接入。

4）具有良好的兼容性和可操作性，不同厂商生产的不同型号的设备均能接入。

5）支持同轴电缆、双绞线、光纤和无线等多种传输介质。

6）网络覆盖范围有限，一般为 0.1～10km。

3.1.3 局域网层次结构及标准化模型

1. 局域网层次结构

由于 LAN 是在广域网的基础上发展起来的，所以 LAN 的研究机构、标准化组织和制造商一开始就注重 LAN 的标准化问题。LAN 的发展非常迅速，各种 LAN 产品和数量急剧增加，其传输形式、媒体访问方法和数据链路控制都各具特色。因此，国际上许多标准化组织都积极致力于 LAN 的标准化工作，以便使 LAN 的产品成本降低，适应各种型号和生产厂家不同的微型计算机组网的要求，并使得 LAN 产品之间有更好的兼容性。

开展 LAN 标准化工作的机构主要有：

• ISO、美国电气与电子工程师学会（Institute of Electrical and Electronics Engineers，IEEE）、802 委员会（该委员会于 1980 年 2 月成立，专门制定 LAN 标准，简称 IEEE 802 委员会）

- 欧洲计算机制造厂商协会（European Computer Manufacturers Association，ECMA）
- 美国国家标准局（National Bureau of Standards，NBS）
- 美国电子工业协会（EIA）
- 美国国家标准化协会（ANSI）

其中，IEEE 802 委员会和 ECMA 主要致力于办公自动化和轻工业 LAN 标准化。

LAN 是一个通信网，只涉及有关的通信功能，即主要涉及 ISO/OSI 参考模型中下三层（即物理层、数据链路层和网络层）的通信功能。同时，LAN 多采用共享信道的技术，所以常常不设立单独的网络层。因此，它仅相应于 ISO/OSI 参考模型的物理层和数据链路层。LAN 的高层尚待定义其标准，目前由具体的 LAN 操作系统实现。

OSI 参考模型与 IEEE 802 系统标准之间的关系如图 3-1 所示。

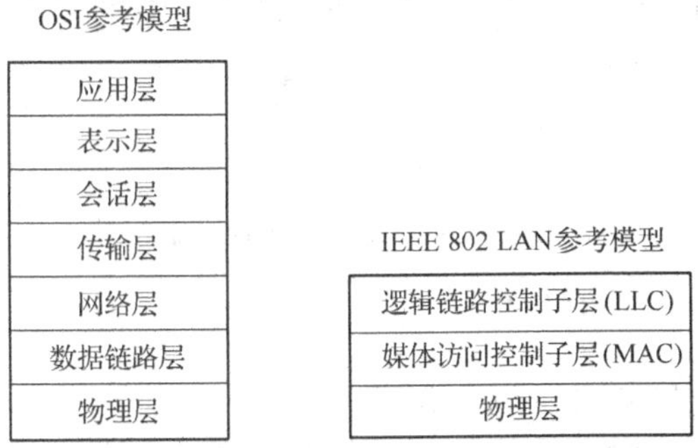

图 3-1 OSI 参考模型与 IEEE 802 LAN 参考模型

1）物理层和 ISO/OSI 参考模型中物理层的功能一样，主要处理物理链路上传输的比特流、实现 bits 的传输与接收、同步前序的产生和删除等，建立、维护、撤销物理连接，处理机械、电气和过程的特性。该层规定了所使用的信号、编码、传输媒体、拓扑结构和传输速率。例如，信号编码采用曼彻斯特编码；传输媒体多为双绞线、同轴电缆和光缆；拓扑结构多采用总线型、星形、树形和环形；传输速率主要为 10Mbit/s、100Mbit/s 等。目前正在推出千兆 Ethernet 的标准。

2）数据链路层分为逻辑链路控制（Logical Link Control，LLC）和媒体访问控制（Medium Access Control，MAC）两个功能子层。这种功能分解的目的主要是为了使数据链路功能中涉及硬件的部分和与硬件无关的部分分开，便于设计并使得 IEEE 802 标准具有可扩充性，有利于将来接纳新的媒体访问控制方法。

LAN 的 LLC 子层和 MAC 子层共同完成类似于 ISO/OSI 参考模型中数据链路层的功能。将数据组成帧进行传输，并对数据帧进行顺序控制、差错控制和流量控制，使不可靠的链路变为可靠的链路。但是 LAN 是共享信道，帧的传输没有中间交换节点，所以与传统链路的区别在于：LAN 链路支持多重访问，支持成组地址和广播式的帧传输；支持 MAC 层链路访问功能；提供某种网络层功能。

LLC 子层向高层提供一个或多个逻辑接口，或称为服务访问点（Service Access Point）逻辑接口，它具有帧接收和发送功能。发送时将要发送的数据加上地址和循环冗余校验（CRC）字段等构成 LLC 帧；接收时把帧拆封，执行地址识别和 CRC 校验功能，并具有帧顺序、差错控制和流量控制等功能。该子层还包括某种网络层功能，如数据报、虚电路和多路复用。LLC 子层提供了两种链路服务：一是无连接 LLC（类型 1），二是面向连接 LLC（类型 2）。无连接 LLC 是一种数据报服务，信息帧在 LLC 实体间进行交换时，无需在对等层之间事先建立逻辑链路，对这种 LLC 帧既不确认，也无任何流量控制和差错恢复，支持点对点、多点和广播通信。面向连接的 LLC 提供服务访问点之间的虚电路服务。在任何信息帧交换前，在一对 LLC 实体间必须建立逻辑链路，在数据传输过程中，信息帧依次发送，并提供差错恢复和流量控制功能。MAC 子层的主要功能是控制对传输媒体的访问，负责管理多个源链路和多个目的链路。IEEE 802 标准制定了几种媒体访问控制方法，同一个 LLC 子层能与其中任何一种媒体访问方法（如 CSMA/CD, Token Ring, Token Bus 等）接口。

2. 局域网的标准化模型

IEEE 在 1980 年 2 月成立 LAN 标准化委员会（IEEE 802 委员会），专门从事 LAN 的协议制定，形成了一系列的标准，成为 IEEE 802 标准。IEEE 802 标准系列包含以下部分：

- 802.1 基本介绍和接口原语定义
- 802.2 路基链路控制子层（LLC）
- 802.3 采用 CSMA/CD 技术的局域网
- 802.4 采用令牌总线（Tocken Bus）技术的局域网
- 802.5 采用令牌环（Tocken Ring）技术的局域网
- 802.11 无线局域网
- 802.12 优先级高速局域网（100Mbit/s）

IEEE 802 各个子标准之间的关系如图 3-2 所示。

图 3-2　IEEE 802 各个子标准之间的关系

3.2　局域网的主要技术

决定局域网特征的主要技术有拓扑结构、传输介质及访问方法。

3.2.1　拓扑结构

组建计算机网络时，要考虑网络的布线方式，也必然涉及网络拓扑结构的内容。网络拓扑结构指网路中计算机线缆以及其他组件的物理布局。

局域网常用的拓扑结构有：总线型结构、环形结构、星形结构、树形结构。拓扑结构影响着整个网络的设计、功能、可靠性和通信费用等许多方面，是决定局域网性能优劣的重要因素之一。

1. 总线型拓扑结构

总线型拓扑结构是指网络上的所有计算机都通过一条电缆相互连接起来，如图 3-3 所示。

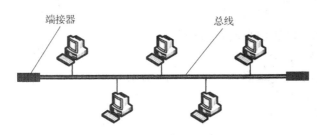

图 3-3　总线型拓扑结构

总线上的通信：在总线上，任何一台计算机在发送信息时，其他计算机必须等待。而且计算机发送的信息会沿着总线向两端扩散，从而使网络中所有计算机都会收到这个信息，但是否接收，还取决于信息的目标地址是否与网络主机地址相一致，若一致，则接受；若不一致，则不接收。

信号反射和终结器：在总线型网络中，信号会沿着网线发送到整个网络。当信号到达线缆的端点时，将产生反射信号，这种发射信号会与后续信号发送冲突，从而使通信中断。为了防止通信中断，必须在线缆的两端安装终结器，以吸收端点信号，防止信号反射。

特点：其中不需要插入任何其他的连接设备。网络中任何一台计算机发送的信号都沿一条共同的总线传播，而且能被其他所有计算机接收。有时又称这种网络结构为点对点拓扑结构。

优点：连接简单、易于安装、成本费用低。

缺点：传送数据的速度缓慢，共享一条电缆，只能有其中一台计算机发送信息，其他接收；维护困难；因为网络的总线一旦出现断点，整个网络将瘫痪，而且故障点很难查找。

2. 星形拓扑结构

每个节点都由一个单独的通信线路连接到中心节点上。中心节点控制全网的通信，任何两台计算机之间的通信都要通过中心节点来转接，如图 3-4 所示。中心节点是网络的瓶颈，这种拓扑结构又称为集中控制式网络结构，这种拓扑结构是目前最普遍使用的拓扑结构，处于中心的网络设备可以是集线器（Hub）也可以是交换机。

优点：结构简单、便于维护和管理。当某台计算机或某条线缆出现问题时，不会影响其他计算机的正

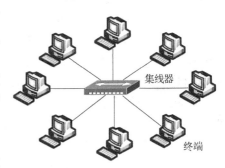

图 3-4　星形拓扑结构

常通信。

缺点：通信线路专用，电缆成本高；中心节点是全网络的瓶颈，一旦中心节点出现故障会导致网络的瘫痪。

3. 环形拓扑结构

环形拓扑结构是以一个共享的环形信道连接所有设备，称为令牌环，如图3-5所示。在环形拓扑中，信号会沿着环形信道按一个方向传播，并通过每台计算机。而且，每台计算机会对信号进行放大后，传给下一台计算机。同时，在网络中有一种特殊的信号称为令牌。令牌按顺时针方向传输。当某台计算机要发送信息时，必须先捕获令牌，再发送信息。发送信息后再释放令牌。

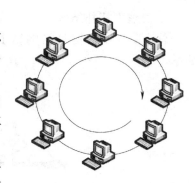

图 3-5　环形拓扑结构

环形结构有两种类型，即单环结构和双环结构。令牌环（Token Ring）是单环结构的典型代表，光纤分布式数据接口（FDDI）是双环结构的典型代表。

环形结构的显著特点是每个节点用户都与两个相邻节点用户相连。

优点：电缆长度短，环形拓扑网络所需的电缆长度和总线拓扑网络相似，比星形拓扑结构要短得多。增加或减少工作站时，仅需简单地连接；可使用光纤，它的传输速度很高，十分适用一环形拓扑的单向传输；传输信息的时间是固定的，从而便于实时控制。

缺点：节点过多时，影响传输效率。环中某处断开会导致整个系统的失效，节点的加入和撤出过程复杂。

检测故障困难：由于不是集中控制，故障检测需在网络的各个节点分别进行，因此故障的检测较难。

4. 树形拓扑结构

树形结构是星形结构的扩展，它由根节点和分支节点构成，如图3-6所示。

优点：结构比较简单，成本低。扩充节点方便灵活。

缺点：对根节点的依赖性大，一旦根节点出现故障，将导致全网不能工作；电缆成本高。

5. 网状结构与混合型结构

网状结构是指将各网络节点与通信线路连接成

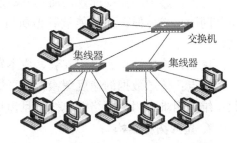

图 3-6　树形拓扑结构

不规则的形状，每个节点至少与其他两个节点相连，或者说每个节点至少有两条链路与其他节点相连。大型互联网一般都采用这种结构，如我国的教育科研网（Cernet）、Internet 的主干网都采用网状结构。

优点：可靠性高；因为有多条路径，所以可以选择最佳路径，减少时延，改善流量分配，提高网络性能，但路径选择比较复杂。

缺点：结构复杂，不易管理和维护；线路成本高；适用于大型广域网。

混合型结构是由以上几种拓扑结构混合而成的，如环星形结构，它是令牌环网和 FDDI 网常用的结构。如图3-7所示为总线型和星形的混合结构。

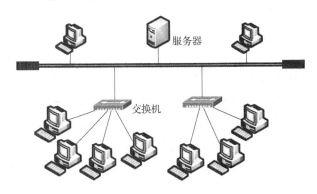

图 3-7　混合型拓扑结构

3.2.2　传输介质

传输介质就是通信中实际传送信息的载体，在网络中是连接收发双方的物理通路。常用的传输介质分为有线介质和无线介质两类。

有线介质：可传输模拟信号和数字信号（有双绞线、细/粗同轴电缆、光纤）。

无线介质：大多传输数字信号（有微波、卫星通信、无线电波、红外、激光等）。

1. 同轴电缆

同轴电缆的核心部分是一根导线，导线外有一层起绝缘作用的塑性材料，再包上一层金属网，用于屏蔽外界的干扰，最外面是起保护作用的塑性外套，如图 3-8 所示。

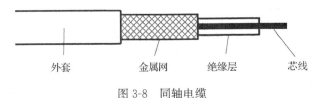

外套　　金属网　　绝缘层　　芯线

图 3-8　同轴电缆

同轴电缆的抗干扰特性强于双绞线，传输速率与双绞线类似，但它的价格接近双绞线的两倍。

同轴电缆分类：

1）细同轴电缆（RG58），主要用于建筑物内网络连接。

2）粗同轴电缆（RG11），主要用于主干或建筑物间网络连接。

细缆与粗缆的具体区别见表 3-1。

表 3-1　细缆与粗缆的具体区别

对　比　项	细　　缆	粗　　缆
直径	0.25in	0.5in
传输距离	185m	500m
接头	BNC 头、T 形头	AUI
阻抗	50Ω	50Ω
应用的局域网	10BASE2	10BASE5

2. 双绞线

双绞线中的两对或 4 对相互绝缘的导线通常按一定距离绞合若干次，使得来自外部的电磁干扰降到最低限度，以保护信息和数据。

双绞线的广泛应用比同轴电缆要迟得多，但由于它提供了更高的性能价格比，而且组网方便，已成为现在应用最广泛的铜基传输媒体。缺点是传输距离受限。

双绞线分为非屏蔽双绞线（UTP）和屏蔽双绞线（STP）。

屏蔽双绞线外护套加金属材料，减少辐射，防止信息窃听，性能优于非屏蔽双绞线，但价格较高，而且安装比非屏蔽双绞线复杂。所以，在组建局域网时通常使用非屏蔽双绞线。但如果是室外使用，屏蔽线要好些。

目前共有 6 类双绞线，各类双绞线均为 8 芯电缆，双绞线的类型由单位长度内的绞环数确定。

1 类双绞线通常在局域网中不使用，主要用于模拟语音，传统的电话线即为 1 类线。

2 类双绞线支持 4Mbit/s 传输速率，在局域网中很少使用。

3 类双绞线用于 10Mbit/s 以太网。

4 类双绞线适用于 16Mbit/s 令牌环局域网。

5 类和超 5 类双绞线带宽可达 100Mbit/s，用于构建 100Mbit/s 以太网，是目前最常用的线缆。

另外还有 6 类、7 类，能提供更高的传输速率和更远的距离。

应用最广的是五类双绞线，最大传输率为 100Mbit/s，最大传输距离 100m。

双绞线连接情况见表 3-2。

表 3-2　双绞线连接情况

节点 1	节点 2	连接方式
PC 网卡	PC 网卡（对等网）	交叉线
PC 网卡	集线器 Hub	直通线
集线器 Hub	集线器 Hub（普通口）	交叉线
集线器 Hub	集线器 Hub（级连口—级连口）	交叉线
集线器 Hub	集线器 Hub（普通口—级连口）	直通线
集线器 Hub	交换机 Switch	交叉线
集线器 Hub（级联口）	交换机 Switch	直通线
交换机 Switch	交换机 Switch	交叉线
交换机 Switch	路由器 Router	直通线
路由器 Router	路由器 Router	交叉线

3. 光缆

光缆是由一组光导纤维组成的用来传播光束的、细小而柔韧的传输介质。与其他传输介质相比较，光缆的电磁绝缘性能好，信号衰变小，频带较宽，传输距离较大。光缆主要用于传输距离较长，布线条件特殊的情况下主干网的连接。光缆通信的一般过程为：由光发送机产生光束，将电信号转变为光信号，再把光信号导入光纤，在光缆的另一端由光接收机接收光纤上传输来的光信号，并将它转变成电信号，经解码后再处理。光缆的传输距离远、传输速度快，是数据传输中最有效的一种传输介质，是局域网中传输介质的佼佼者。

它有以下几个优点：

- 频带极宽（GB）
- 抗干扰性强（无辐射）
- 保密性强（防窃听）
- 传输距离长（无衰减）：2～10km
- 电磁绝缘性能好
- 中继器的间隔较大

主要用途：长距离传输信号，局域网主干部分，传输宽带信号。

网络距离：一般为 2000m。

每干线最大节点数：无限制。

光纤跳线连接：在 1000M 局域网中，服务器网卡具有光纤插口，交换机也有相应的光纤插口，连接时只要将光纤跳线进行相应的连接即可。在没有专用仪器的情况下，可通过肉眼观察让交换机有光亮的一端连接网卡没有光亮的一端，让交换机没有光亮的一端连接网卡有光亮的一端。

光纤通信系统组成：光纤通信系统是以光波为载体、光导纤维为传输介质的通信方式，起主导作用的是光源、光纤、光发送机和光接收机。

光缆分类：传输点模数类（又可分为多模光纤和单模光纤两类）；折射率分布类（又可分为跳变式光纤和渐变式光纤两类）。

多模光纤：由发光二极管产生用于传输的光脉冲，通过内部的多次反射沿芯线传输。可以存在多条不同入射角的光线在一条光纤中传输。

单模光纤：使用激光，光线与芯轴平行，损耗小，传输距离远，具有很高的带宽，但价格更高。在 2.5Gbit/s 的高速率下，单模光纤不必采用中继器可传输数万米。

4. 无线传输介质

无线传输指在空间中采用无线频段、红外线激光等进行传输，不需要使用线缆传输。不受固定位置的限制，可以全方位实现三维立体通信和移动通信。

目前主要用于通信的有：无线电波、微波、红外、激光。

计算机网络系统中的无线通信主要指微波通信，分为两种形式：地面微波通信和卫星微波通信。

无线局域网通常采用无线电波和红外线作为传输介质。其中红外线的基本速率为 1Mbit/s，仅适用于近距离的无线传输，而且有很强的方向性；无线电波的覆盖范围较广，应用较广泛，是常用的无线传输媒体。我国一般使用 2.4～2.4835GHz 频段的无线电波进行局域网的数据通信。

3.2.3 介质访问控制方法

所谓介质访问控制方法，是指多个节点利用公共传输介质发送和接收数据的方法，介质访问控制方法是所有"共享介质"类局域网都必须解决的问题。

介质访问控制方法需要解决以下几个问题：

- 应该哪个节点发送数据
- 在发送时会不会出现冲突
- 出现冲突时怎么办

IEEE 802 规定了局域网中最常用的介质访问控制方法：带有冲突检测的载波侦听多路访问（CSMA/CD）、令牌环（Token Ring）和令牌总线（Token Bus）。

1. CSMA/CD 介质访问控制

由 IEEE 802.3 标准确定的 CSMA/CD 检测冲突的方法如下：

1）当一个站点想要发送数据的时候，它检测网络查看是否有其他站点正在传输，即监听信道是否空闲。

2）如果信道忙，则等待，直到信道空闲；如果信道闲，站点就传输数据。

3）在发送数据的同时，站点继续监听网络确信没有其他站点在同时传输数据。如果两个或多个站点同时发送数据，就会产生冲突。

4）当一个传输节点识别出一个冲突，它就发送一个拥塞信号，这个信号使冲突的时间足够长，让其他的节点都能发现。

5）其他节点收到拥塞信号后，都停止传输，等待一个随机产生的时间间隔（回退时间）后重发。

上述对 CSMA/CD 协议的工作过程通常可以概括为"先听后发，边听边发，冲突停发，随机重发"。

2. 令牌环

令牌环（Token Ring）的操作过程如下：

1）网络空闲时，只有一个令牌在环路上绕行。

2）当一个站点要发送数据时，必须等待并获得一个令牌，将令牌的标志位置为 1，随后便可发送数据。

3）环路中的每个站点边发送数据，边检查数据帧中的目的地址，若为本站地址，便读取其中所携带的数据。

4）数据帧绕环一周返回时，发送站将其从环路上撤销。

5）发送站完成数据发送后，重新产生一个令牌传至下一个站点，以使其他站点获得发送数据帧的许可权。

对于令牌环，由于每个节点不是随机的征用信道，不会产生冲突，因此它是一种确定型的介质访问控制方法，而且每个节点发送的数据的延迟时间可以确定。在轻负载时，由于存在等待令牌的时间，效率减低；而在重负载时，对各节点公平，且效率高。这一点正好和 CSMA/CD 相反。

3. 令牌总线

令牌总线（Token Bus）访问控制是在物理总线上建立一个逻辑环。

从物理连接上看，它是总线结构的局域网，但从逻辑上看，它是环形拓扑结构，连接到总线上的所有节点组成了一个逻辑环，每个节点被赋予一个顺序的逻辑位置。和令牌环一样，节点只有取得令牌才能发送数据，令牌在逻辑环上依次传递。在正常运行时，当某个节点发完数据后，就要将令牌环传送给下一个节点。

（1）令牌总线的主要操作

1）环初始化，即生成一个顺序访问的次序。

2）令牌传递。

3）站插入环算法。必须周期性地给未加入环的站点以机会，将它们插入到逻辑环的适当位置中。如果同时有几个站要插入时，可采用带有响应窗口的处理算法。

4）站推出环算法。可以通过将其前趋站和后继站连接到一起的办法，使不活动的站退出逻辑环，并修正逻辑环递减的站地址次序。

5）故障处理。网络可能出现错误，这包括令牌的丢失引起断环、重复地址、产生多个令牌等。网络需要对这些故障做出相应的处理。

（2）令牌环总线的特点

1）由于只有收到令牌帧的站点才能将信息帧送到总线上，所以令牌环总线不可能产生冲突，因此也就没有最短帧长度的要求。

2）由于站点接收到令牌的过程是依次进行的，因此对所有站点都有公平的访问权。

3）由于每个站点发送帧的最大长度可以加以限制，所以每个站点传输之前必须使等待的时间总量是"确定"的。

3.3 常用的网络互联设备

3.3.1 网络接口卡

网络接口卡（Network Interface Card，NIC）也称网络适配器，简称网卡，是计算机与局域网相互连接的接口。无论是普通计算机还是高端服务器，当与局域网连接时，都需要安装一块网卡。有时因为联网的需要，一台计算机上可以同时安装两块或多块网卡。

在计算机之间相互通信时，数据不是以流而是以帧的方式进行传输。帧可以看做是一种数据包，在数据包中不仅包含有数据信息，而且根据数据传输的要求还包含有数据的发送地信息、接收地信息和数据的校验信息。

技术的发展致使网卡有很多种类，不过有一点是一致的，那就是每块网卡都有一个世界唯一的 ID 号，也叫做物理（或 MAC）地址。MAC 地址被固化于网卡的 ROM 中，即使在全世界范围内也绝对不会重复。MAC 地址用于在网络中标识计算机的身份，实现网络中不同计算机之间的通信和信息交换。

1. 网卡的功能

网卡是一种外设卡，其安装非常简单，一端插入计算机中相应的插槽（ISA 或 PCI 插槽），另一端与网络线缆相连。网卡是局域网中最基本和最重要的连接设备，计算机主要通过网卡接入网络。网卡的选择恰当与否将直接影响整个网络的性能。总而言之，它是一种网络接口，可以直接连接到局域网中的每一台网络资源设备，如服务器、PC、打印机和机顶盒等，它们在计算机扩展槽中安装并通过传输介质（双绞线、同轴电缆或光纤）与网络相连。网卡配合网络操作系统来控制网络信息的交流，它的作用是双重的，一方面负责接收网络上传来的数据，另一方面将本机要发送的数据按一定的协议打包后通过网络线缆发送出去。

网卡在 OSI 参考模型中处于数据链路层，是局域网的接入层设备。

网卡的功能可以简单地总结为以下两个:

1) 将计算机的数据封装为帧,并通过网线或电磁波将数据发送到网络上去。当计算机发送数据时,网卡等待合适的时间将分组插入到数据流中。接收系统通知计算机消息是否完整地到达,如果出现问题,将要求对方重新发送。

2) 接收网络上其他网络设备(交换机、Hub、路由器或另一块网卡)传过来的帧,并重新组合成数据,发送到所在的计算机中。网卡可以收到所有在网络上传输的信号,但只接收发送到该计算机的帧和广播帧,其余帧则被丢弃。然后,传送到系统做进一步处理。

2. 网卡的工作过程

网卡的工作过程非常简单,它所完成的工作就是从计算机获得将要发送的数据,然后把数据编码成为特定格式,通过网络线缆发送到网络中其他的网卡上,当另一端的网卡接收到这些数据,又把特定格式的数据转换为计算机所能理解的数据格式交给计算机处理。

网卡完整的工作过程可以分解为 8 个子过程:

1) 与宿主(计算机)通信。

2) 数据缓存。

3) 数据帧格式化。

4) 并行数据-串行数据转换。

5) 数据调制编码和解码。

6) 网线通信。

7) 信号握手。

8) 数据传送和接收。

3. 网卡的分类

随着网络技术的不断发展,在网络中出现了许多不同类型的局域网,如以太网、令牌环网、FDDI、ATM、无线网络等,网络类型的不同,也必然导致有不同的网卡与之相适应。然而,在众多的网络结构当中,绝大多数局域网都是以太网,所以在这里只讨论以太网网卡。根据以下 4 种方法将网卡进行分类,并给予简单介绍。

(1) 根据总线分类 按总线类型,可以将网卡分为 ISA 网卡、PCI 网卡及专门应用于笔记本计算机的 PCMCIA 网卡。

1) ISA 网卡。随着 PC 架构的演化,ISA 总线因速度缓慢,安装复杂等自身难以克服的问题,已退出历史舞台,ISA 总线的网卡也随之消亡了。一般来讲,10Mbit/s 网卡多为 ISA 网卡,大多用于低档的计算机中。

2) PCI 网卡。PCI 总线由于技术较为先进,在服务器和个人计算机中有不可替代的地位。比如说 32 位 33MHz 下的 PCI,数据传输率可达到 132Mbit/s,而 64 位 66MHz 的 PCI 最大数据传输率可达到 267Mbit/s,从而适应了计算机高速 CPU 对数据处理的需求和多媒体应用的需求,所以,现在的网卡几乎是清一色的 PCI 网卡。

PCI 总线与 ISA 总线的区别是显而易见的,在计算机中可以很容易地进行区别。主板上较长且呈黑色的扩展槽就是 ISA 总线,而较短且呈白色的,就是 PCI 总线。若欲购买 ISA 总线的网卡,请首先检查一下计算机中是否拥有 ISA 扩展槽,因为现在的许多非商用计算机已经不再提供 ISA 扩展槽了。

3) PCMCIA 网卡。PCMCIA 网卡是用于笔记本计算机的一种网卡,由于受到笔记本计算机空间的限制，PCMCIA 网卡的尺寸较 ISA 网卡和 PCI 网卡小。PCMCIA 是笔记本计算机使用的总线，PCMCIA 插槽是笔记本计算机用于扩展功能使用的扩展槽。PCMCIA 总线分为两类，一类为 16 位的 PCMCIA，另一类为 32 位的 CardBus。CardBus 是一种用于笔记本计算机的新的高性能 PC 卡总线接口标准，不仅能提供更快的传输速率，而且可以独立于主 CPU，与计算机内存间直接交换数据，减轻了 CPU 的负担。

4）USB 网络适配器。USB 作为一种新型的总线技术，已经广泛应用于计算机产品当中。由于传输速率远远大于传统的并行口和串行口，设备安装简单又支持热插拔，已被广泛应用于鼠标、键盘、打印机、扫描仪、MODEM、音箱等各种设备，网络适配器自然也不例外。USB 网络适配器其实是一种外置式网卡。

（2）根据端口类型分类　按与连接的传输介质相连接端口的类型，可以将网卡分为 RJ-45 端口（双绞线）网卡、AUI 端口（粗缆）网卡、BNC 端口（细缆）网卡和光纤端口网卡。

另外，还可按端口的数量来分，有单端口网卡、双端口网卡甚至三端口的网卡，如 RJ-45＋BNC、BNC＋AUI、RJ-45＋BNC＋AUI 等，以适应不同传输介质的网络。

可以看到，按照端口类型分类，可以有众多的网卡。因此，在购买网卡之前应搞清楚网络使用的传输介质是什么，需要什么样端口的网卡，以免由于端口不匹配导致网线或网卡无法使用。

（3）根据带宽分类　按照网络传输带宽的大小可以分为：

1）1000Mbit/s 网卡。1000Mbit/s 网卡也称为千兆以太网网卡。千兆以太网网卡作为一种高性能的网络产品，其价格还比较贵，但将是今后的发展方向。目前多用于服务器。

2）10/100Mbit/s 自适应网卡。10/100Mbit/s 自适应网卡也称作快速以太网网卡。所谓 10/100Mbit/s 自适应网卡，是指该网卡具有一定的智能，可以与远端网络设备（集线器或交换机）自动协商，以确定当前可以使用的速率是 10Mbit/s 还是 100Mbit/s。

3）10Mbit/s 网卡。10Mbit/s 网卡也称作以太网网卡。在老式网络和对传输速率没有较高要求的网络中还能见到。随着技术发展，将逐渐被淘汰。

（4）根据应用领域分类　按照用途不同，可以将网卡分为工作站网卡和服务器网卡。由于服务器担当着为整个网络提供服务的重任，无论从传输速率方面，还是从稳定性和容错性等方面都对网卡有着较高的要求，如同服务器不同于普通计算机一样，服务器所使用的网卡也不同于普通计算机所使用的网卡。现阶段工作站使用的网卡以 PCI 总线的 10/100Mbit/s 自适应网卡为主。

3.3.2　中继器

中继器（RP repeater）是局域网环境下用来延长网络距离的最简单最廉价的互联设备，操作在 OSI 的物理层，中继器对线路上的信号具有放大再生的功能。用于扩展局域网网段的长度，仅用于连接相同的局域网网段。

中继器（RP repeater）是连接网络线路的一种装置，常用于两个网络节点之间物理信号的双向转发工作。中继器是最简单的网络互联设备，主要完成物理层的功能，负责在两个节点的物理层上按位传递信息，完成信号的复制、调整和放大，以此来延长网络的长度。由于存在损耗，在线路上传输的信号功率会逐渐衰减，衰减到一定程度时将造成信号失真，因此会导致接收错误。中继器就是为解决这一问题而设计的。它完成物理线路的连接，对衰减的信号进行放大，保持与原数据相同。一般情况下，中继器的两端连接的是相同的媒体，但有的中继器也可以完成不同媒体的转接工作。从理论上讲中继器的使用是无限的，网络也因此可以无限延长。事实上这是不可能的，因为网络标准中都对信号的延迟范围作了具体的规定，中继器只能在此规定范围内进行有效的工作，否则会引起网络故障。

中继器（RP repeater）工作于 OSI 的物理层，是局域网上所有节点的中心，它的作用是放大信号，补偿信号衰减，支持远距离的通信。

（1）中继器的优势

1）扩大了通信距离，但代价是增加了一些存储转发延时。

2）增加了节点的最大数目。

3）各个网段可使用不同的通信速率。

4）提高了可靠性。当网络出现故障时，一般只影响个别网段。

5）性能得到改善。

（2）中继器的缺点

1）由于中继器对收到被衰减的信号再生（恢复）到发送时的状态，并转发出去，增加了延时。

2）CAN 总线的 MAC 子层并没有流量控制功能。当网络上的负荷很重时，可能因中继器中缓冲区的存储空间不够而发生溢出，以致产生帧丢失的现象。

3）中继器若出现故障，对相邻两个子网的工作都将产生影响。

中继器是一个小发明，它设计的目的是给网络信号以推动，以使它们传输得更远。

由于传输线路噪声的影响，承载信息的数字信号或模拟信号只能传输有限的距离，中继器的功能是对接收信号进行再生和发送，从而增加信号传输的距离。它是最简单的网络互联设备，连接同一个网络的两个或多个网段。如以太网常常利用中继器扩展总线的电缆长度，标准细缆以太网的每段长度最大 185m，最多可有 5 段，因此增加中继器后，最大网络电缆长度则可提高到 925m。一般来说，中继器两端的网络部分是网段，而不是子网。

中继器可以连接两局域网的电缆，重新定时并再生电缆上的数字信号，然后发送出去，这些功能是 OSI 模型中第一层（物理层）的典型功能。中继器的作用是增加局域网的覆盖区域，例如，以太网标准规定单段信号传输电缆的最大长度为 500m，但利用中继器连接 4 段电缆后，以太网中信号传输电缆最长可达 2000m。有些品牌的中继器可以连接不同物理介质的电缆段，如细同轴电缆和光缆。

中继器只将任何电缆段上的数据发送到另一段电缆上，并不管数据中是否有错误数据或不适于网段的数据。

3.3.3 集线器

集线器来自英文 Hub 一词，原意是指中枢或多路交汇点。用网络术语来说，Hub 是基于星形拓扑结构的网络传输介质间的中央节点，用于连接多个计算机或其他设备的设备。以集线器为中心网络拓扑结构的优点主要是：克服了介质单一通道的缺陷，当网络系统中某条线路或某节点出现故障时，不会影响网络上其他节点的正常工作。

1. 集线器的功能

集线器是局域网（LAN）中非常重要的部件之一，用于 OSI 参考模型第一层，因此又称为物理层设备。集线器基本上是一个共享设备，其主要作用如下：

- 实现两个网络节点之间物理信号的双向转发
- 接收信号
- 完成信号的复制、调整和放大
- 广播信号

集线器实质上就是一个中继器，但与中继器又有所不同。集线器有多个用户端口，提供多端口服务，所以集线器又叫多端口中继器。集线器在网络集中管理中是最小的网络结构单元，像树的主干一样，是各分支的汇集点，对接收到的从其他设备发来的信号进行再生放大，以扩大网络的传输距离。它的基本功能是分发信息，把一个端口接收的所有信号向所有端口分发出去。一些集线器在分发之前将弱信号重新生成，一些集线器整理信号的时序以提供所有端口间的同步数据通信。此外集线器还有自动检测碰撞和报告碰撞以及自动隔离发生故障的网络站点等功能。

2. 集线器的工作原理

在各种类型的局域网中，集线器最广泛地应用于以太网技术中。下面以集线器在以太网的应用为例，介绍集线器的工作原理。

以太网是非常典型的广播式共享局域网，所以以太网集线器的基本工作原理是广播（Broadcast）技术，也就是说集线器从任何一个端口收到一个以太网数据包时，都将此数据包广播到集线器中的所有其他端口。由于集线器不具有寻址功能，所以它并不记忆一个 MAC 地址挂在哪一个端口。

当集线器将数据包以广播方式分发后，接在集线器端口上的 NIC（Network Interface Card）判断这个包是否是发给自己的，如果是，则根据以太网数据包所要求的功能执行相应的动作，如果不是则丢掉。集线器对这些内容并不进行处理，它只是把从一个端口上收到的以太网数据包广播到所有其他端口。这就好像邮递员，他是根据信封上的地址来发信，如果没有回信而导致发信人着急，与邮递员无关，不同的是邮递员在找不到该地址时还会将信退回，而集线器不管退信，只负责转发。

3. 集线器的分类

随着集线器的发展，其技术不断成熟，结构不断变化，性能不断提高，分工不断明确。在集线器的发展过程中，为了适应不同网络应用的需求，开发了众多的产品，下面介绍 6 种常见的分类方法。

（1）根据外形尺寸分类

1）机架式集线器。机架式集线器是指可以安装在 48.26cm（19in）机柜中的集线器，其几何尺寸符合工业规范。该类集线器以 8 口、16 口和 24 口的设备为主流。由于集线器统一置放于机柜中，因此集线器间的连接和堆叠显得非常方便，同时也方便了对集线器的管理。

2）桌面式集线器。桌面式集线器指的是不能够安装在机柜中，只能直接置放于桌面上，几何尺寸不符合 48.26cm 工业规范的集线器。桌面式集线器不适合对设备管理有较高要求的环境，因为当不得不配备多个集线器时，由于尺寸或形状的不同，很难统一放置和管理集线器。

（2）根据带宽分类 按提供的带宽划分，集线器有 10Mbit/s 集线器、100Mbit/s 集线器和 10/100Mbit/s 自适应（双速）集线器 3 种。

（3）根据端口数目分类 按端口数目的不同，集线器主要分为 8 口、16 口和 24 口等。

（4）根据扩展方式分类 按照扩展方式分类，集线器有可扩展集线器和不可扩展集线器。当使用的端口数多于集线器固有的端口数时，可扩展集线器可通过堆叠和级联两种扩展方式来增加端口数；而不可扩展集线器则不具备这种能力。

（5）根据配置形式分类 按照配置形式的不同，集线器可分为独立型集线器、模块化集线器和堆叠式集线器。

1）独立型集线器。独立型集线器是指那些带有许多端口的单个盒子式的产品。独立型集线器的连接是在每个集线器上的独立端口之间，用一段 10BASE-5 同轴电缆或者双绞线来连接。由于独立型集线器的功能比较简单，通常是最便宜的不加管理的集线器。它们最适合于小型独立的工作小组、部门或者办公室。

2）模块化集线器。模块化集线器扩充方便且备有管理软件，在网络中使用非常普遍。模块化集线器的各个端口都有专用的带宽，只在各个网段内共享带宽，网段之间采用交换技术，从而减少冲突，提高通信效率，因此又称为端口交换机。模块化集线器配有机架或卡箱，带多个卡槽，每个槽可放一块通信卡。每个卡的作用就相当于一个独立型集线器。当通信卡安放在机架内卡槽中时，它们就被连接到通信底板上，这样，底板上的两个通信卡的端口间就可以方便地进行通信。模块化集线器可有 4~14 个槽，故网络可以方便地进行扩充。

3）堆叠式集线器。堆叠式集线器在前面已经介绍过。除了多个集线器可以"堆叠"或者用短的电缆线连在一起之外，它的外形和功能均和独立型集线器相似。当它们连接在一起时，其作用就像一个模块化集线器一样，可以当做一个单元设备来进行管理。在堆叠中用一个可管理集线器提供对此堆叠中其他集线器的管理。

（6）根据工作方式分类 按照集线器的工作方式来分，集线器可以分为被动式集线器、主动式集线器、智能集线器和交换式集线器 4 种。

4. 集线器的外部接口

普通集线器的外部结构非常简单，而高档集线器从外表上看，与现代路由器或交换式路由器没有多大区别，这也反映了集线器已经具备了路由器和交换机的一些功能，它们之间的差距随着技术的发展也会越来越小。尤其是现代双速自适应以太网集线器，其普遍内置有可以实现内部 10Mbit/s 和 100Mbit/s 网段间相互通信的交换模块，使得这类集线器完全可以在以该集线器为节点的网段中，实现各节点之间的通信交换，所以有时人们便将此类交换式集线器简单地称之为交换机，而这些都使得初次使用集线器的人很难正确辨别它们。其实在现有的发展水平下，大多数使用的还是普通的共享式集线器，这类集线器可以根据背面板的接口类型来判别集线器。

下面以普通集线器为例来介绍集线器的外部结构，一般的集线器都有一个 BNC 接头、一个 AUI 接头和 4、8、16、24 数量不等的 RJ-45 接口。

其中 BNC 口是一种标准细缆接口。它可以连接 10BASE-2 网络标准中的 50 Ω 同轴电缆。由于现在常见的以太网络大多为 10BASE-T 或 100BASE-T，因此，BNC 接口已经基本被淘汰。但如果想用它来做级联的话，其速率也还有一定的优势。

AUI 口是收发器接口。它用来连接接在粗缆头上的信号收发器，只在 10BASE-5 以太网中使用 AUI 接口。

现在最广泛使用的是 10BASE-T 以太网或 100BASE-T 以太网，而 RJ-45 就是应用在这两种网络标准中最常用的接口形式。

3.3.4 交换机

交换机是目前使用较广泛的网络设备之一，用来组建星形拓扑的网络。从外观上看，交换机与集线器几乎一样，其端口与连接方式和集线器也几乎一样，但是，由于交换机采用了交换技术，其性能优于集线器。

1. 交换机的工作原理

在计算机网络系统中，交换概念的提出是对于共享工作模式的改进。集线器（又称 Hub）就是一种共享设备。Hub 本身不能识别目的地址，数据帧在以 Hub 为架构的网络上是以广播方式传输的，由每一台终端通过验证数据包头的地址信息来决定是否接收。也就是说，在这种工作方式下，同一时刻网络上只能传输一组数据包，如果发生碰撞就得重试。这种方式就是共享网络带宽。

交换机也叫交换式集线器，是一种工作在数据链路层的网络互联设备。它通过对信息进行重新生成，并经过内部处理后转发至指定端口，具备自动寻址能力和交换作用。由于交换机根据所传递数据包的目的地址，将每一数据包独立地从源端口送至目的端口，从而避免了和其他端口发生碰撞。

交换机拥有一条很高带宽的背部总线和内部交换矩阵。交换机的所有端口都挂接在这条背部总线上，源端口收到数据包以后，先查找内存中的 MAC 地址对照表以确定目的 MAC 地址（网卡的硬件地址）的网卡挂接在哪个端口上，通过内部交换矩阵迅速将数据包传送到目的端口。如果地址对照表中暂没有目的 MAC 与交换机端口的映射关系，则广播到除本端口以外的所有其余端口，接收端口回应后交换机会"学习"新的地址，并把它添加入内部 MAC 地址表中。

交换机和网桥一样缩小了网络的冲突域，它的一个端口就是一个单独的冲突域。在以太网中，当交换机的一个端口连接一台计算机时，虽然还是采用 CSMA/CD 介质访问控制方式，但在一个端口是一个冲突域的情况下，实际上只有一台计算机竞争线路。在数据传输时，只有源端口与目的端口间通信，不会影响其他端口，因而减少了冲突的发生。只要网络上的用户不同时访问同一个端口而且是全双工交换的话，就不会发生冲突。

2. 交换机的基本功能

（1）地址学习　以太网交换机能够学习到所有连接到其端口的设备的 MAC 地址。地址学习的过程是通过监听所有流入的数据帧，对其源 MAC 地址进行检验，形成一个 MAC 地址到其相应端口的映射，并将此映射存放在交换机缓存中的 MAC 地址表中。

（2）帧的转发和过滤　当一个数据帧到达交换机后，交换机首先通过查找 MAC 地址表来决定如何转发该数据帧。如果目的地址在 MAC 地址表中有映射时，它就被转发到连接目的节点的端口，否则将数据帧向除源端口以外的所有端口转发。

（3）环路避免　当交换机包括一个冗余回路时，以太网交换机通过生成树协议避免回路的产生，防止数据帧在网络中不断循环的现象发生，同时允许存在后备路径。

交换机除了能够连接同种类型的网络之外，还可以在不同类型的网络（如 10M 以太网和快速以太网）之间起到互联作用。目前许多交换机都能够提供支持快速以太网或 FDDI 等高速连接端口，用于连接网络中的其他交换机或者为带宽占用量大的关键服务器提供附加带宽。

3. 交换机的分类

由于交换机具有许多优越性，所以它的应用和发展速度远远高于集线器。出现了各种类型的交换机，主要是为了满足各种不同应用环境需求。

（1）根据传输协议标准划分　根据交换机使用的网络传输协议的不同，一般可以将局域网交换机分为以太网交换机、快速以太网交换机、千兆以太网交换机、万兆以太网交换机、FDDI 交换机、ATM 交换机和令牌环交换机等。

1）以太网交换机。首先要说明的一点是，这里所指的“以太网交换机”是指带宽在 100Mbit/s 以下的以太网所用的交换机。下面还将讲到的“快速以太网交换机”、“千兆以太网交换机”和“万兆以太网交换机”其实也是以太网交换机，只不过它们所采用的协议标准或者传输介质不同，当然其接口形式也可能不同。

以太网交换机是最普遍和便宜的，它的档次比较齐全，应用领域也非常广泛，在大大小小的局域网都可以见到它们的踪影。以太网包括 RJ-45、BNC 和 AUI 这 3 种网络接口。所用的传输介质分别为双绞线、细同轴电缆和粗同轴电缆。一般是在 RJ-45 接口的基础上为了兼顾同轴电缆介质的网络连接而配上 BNC 或 AUI 接口。

2）快速以太网交换机。这种交换机是用于 100Mbit/s 快速以太网。快速以太网是一种在普通双绞线或者光纤上实现 100Mbit/s 传输带宽的网络技术。要注意的是，一讲到快速以太网就认为全都是纯正 100Mbit/s 带宽的端口，事实上目前基本上还是 10/100Mbit/s 自适应型的为主。一般来说这种快速以太网交换机通常所采用的介质也是双绞线，有的快速以太网交换机为了兼顾与其他光传输介质的网络互联，或许会留有少数的光纤接口。

3）千兆以太网和万兆以太网交换机。千兆以太网交换机用于 1000Mbit/s 的以太网中，它的带宽可以达到 1000Mbit/s。它一般用于一个大型网络的骨干网段，所采用的传输介质有光纤、双绞线两种，对应的接口有光纤接口和 RJ-45 接口两种。万兆以太网交换机主要是为了适应当今 10 千兆以太网络的接入，它采用的传输介质为光纤，其接口方式也就相应为光纤接口。由于目前万兆以太网技术还处于研发初级阶段，价格也非常昂贵，再加上多数企业用户都采用了技术相对成熟的千兆以太网，且认为这种网络的传输速度已能满足企业数据交换需求，所以万兆以太网目前实际应用还不很普遍。

4）ATM 交换机。ATM 交换机是用于 ATM 网络的交换机产品。ATM 网络的传输介质一般采用光纤，接口类型有以太网 RJ-45 接口和光纤接口两种，这两种接口适合于不同类型的网络互联。相对于物美价廉的以太网交换机而言，ATM 交换机的价格是很高的，所以在普通局域网中很少见到。

5）FDDI 交换机。FDDI 技术是在快速以太网技术还没有开发出来之前开发的，主要是为了解决当时 10Mbit/s 以太网和 16Mbit/s 令牌网速度的局限。因为它的传输速率可达到 100Mbit/s，所以在当时有一定市场。但由于采用了光纤作为传输介质，比以双绞线为传输介质的网络成本高出许多，所以随着快速以太网技术的成功开发，FDDI 技术也就失去了它应有的市场。

（2）根据交换机的端口结构划分　如果按交换机的端口结构来分，交换机大致可分为固定端口交换机和模块化交换机两种不同的结构。其实还有一种是两者兼顾，那就是在提供基本固定端口的基础上再配备一定的扩展插槽或模块。

1）固定端口交换机。顾名思义，固定端口交换机所具有的端口数量是固定的，如果是8口的，就只能有8个端口，不能再扩展。目前这种固定端口的交换机比较常见，一般标准的端口数有8口、16口、24口和48口等。

固定端口交换机虽然相对来说价格便宜一些，但由于它只能提供有限的端口和固定类型的接口，因此无论从可连接的用户数量上，还是从可使用的传输介质上来说都具有一定的局限性。这种交换机在工作组中应用较多，一般适用于小型网络和桌面交换环境。

2）模块化交换机。模块化交换机在价格上要比固定端口交换机贵很多，但它拥有更大的灵活性和可扩充性，用户可任意选择不同数量、不同速率和不同接口类型的模块，以适应千变万化的网络需求。而且，模块化交换机大多有很强的容错能力，支持交换模块的冗余备份，并且往往配有可热插拔的双电源，以保证交换机的电力供应。在选择交换机时，应按照需要和经费综合考虑选择模块式或固定式。一般来说，企业级交换机应考虑其扩充性、兼容性和排错性，因此应当选用模块化交换机；而工作组交换机则由于任务较为单一，故可采用简单的固定式交换机。

（3）根据交换机工作的协议层划分　网络设备都工作在 OSI 参考模型的一定层次上。交换机根据工作的协议层可分第二层交换机、第三层交换机和第四层交换机。

1）第二层交换机。第二层交换机工作在 OSI 参考模型的第二层——数据链路层。这种交换机依赖于数据链路层中的信息（如 MAC 地址）完成不同端口间数据的线速交换，主要功能包括物理编址、错误校验、帧序列以及数据流控制等。这是最原始的交换技术产品，目前桌面型交换机一般都属于这种类型。因为桌面型的交换机一般来说所承担的工作复杂性不是很强，又处于网络的最基层，所以就只需要提供最基本的数据链接功能即可。需要说明的是，所有的交换机在协议层次上来说都是向下兼容的，也就是说所有的交换机都能够工作在第二层。

2）第三层交换机。第三层交换机可以工作在网络层，它比第二层交换机功能更强。这种交换机因为工作于 OSI 参考模型的网络层，所以它具有路由功能。当网络规模较大时，可以根据特殊应用需求划分为小而独立的 VLAN 网段，以减小广播所造成的影响。通常这类交换机是采用模块化结构，以适应灵活配置的需要。在大中型网络中，第三层交换机已经成为基本配置设备。

3）第四层交换机。第四层交换机工作于 OSI 参考模型的第四层，即传输层。这种交换机不仅可以完成端到端交换，还能根据端口主机的应用特点来确定或限制它的交换流量。简单地说，第四层交换机基于传输层数据包的交换过程，是一类基于 TCP/IP 应用层的用户应用交换需求的新型局域网交换机。第四层交换机支持 TCP/UDP 第四层以下的所有协议，可根据 TCP/UDP 端口号来区分数据包的应用类型，从而实现应用层的访问控制和服务质量保证。它可以查看第三层数据报头源地址和目的地址的内容，可以通过基于观察到的信息采取相应的动作，实现带宽分配、故障诊断和对 TCP/IP 应用程序数据流进行访问控制的关键功能。第四层交换机通过任务分配和负载均衡优化网络，并提供详细的流量统计信息和记账信息，从而在应用的层级上解决网络拥塞、网络安全和网络管理等问题，使网络具有智能和可管理的特性。

（4）根据是否支持网管功能划分　按照是否支持网络管理功能，可以将交换机分为"网管型"和"非网管型"两大类。

网管型交换机提供了基于终端控制台（Console）、Web 页面以及支持 Telnet 远程登录网络等多种网络管理方式，因此网络管理人员可以对该交换机的工作状态、网络运行状况进行本地或远程实时监控。网管型交换机支持 SNMP 等网管协议。SNMP 由一整套简单的网络通信规范组成，可以完成所有基本的网络管理任务，对网络资源的需求量少，具备一些安全机制。SNMP 的工作机制非常简单，主要通过各种不同类型的消息，即 PDU（协议数据单位）实现网络信息的交换。

此外，根据交换机的应用层次划分，可以分为企业级交换机、部门级交换机和工作组交换机等。

4. 交换机的转发方式

以太网交换机转发数据帧有 3 种交换方式，如图 3-9 所示。

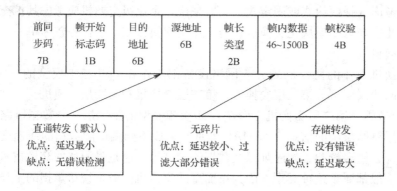

图 3-9　3 种交换方式的比较

（1）直通转发（Cut-Through）　交换机在输入端口检测到一个数据帧时，检查该帧的帧头，只要获取了帧的目的地址，就开始转发帧。它的优点是：开始转发前不需要读取整个完整的帧，延迟非常小，交换非常快。它的缺点是：因为数据帧的内容没有被交换机保存下来，所以无法检查所传送的数据帧是否有误，不能提供错误检测能力。直通转发技术适用于网络链路质量较好、错误数据包较少的网络环境。

（2）存储转发（Store-and-Forward）　存储转发技术要求交换机在接收到全部数据包后再决定如何转发。这样一来，交换机可以在转发之前检查数据包的完整性和正确性，把错误帧丢弃（如果它太短而小于 64B；或者太长而大于 1518B，或者数据传输过程中出现了错误，都将被丢弃），最后才取出数据帧的源地址和目的地址，查找地址表后进行过滤和转发。其优点是没有残缺数据包转发，减少了潜在的不必要数据转发。其缺点是转发速率比直通转发方式慢。所以，存储转发方式比较适应于普通链路质量的网络环境。

（3）无碎片（Fragment-Free）　这是改进后的直通转发，是介于前两者之间的一种解决方法。由于在正常运行的网络中，冲突大多发生在 64B 之前，所以无碎片方法在读取数据帧的前 64B 后，就开始转发该帧。这种方式也不提供数据校验，它的数据处理速度虽然比直接转发方式慢，但比存储转发方式快得多。

从 3 种转换方式可以看出，交换机的数据转发延迟和错误率取决于采用何种交换方法。

存储转发的延迟最大，无碎片次之，直通转发最小；然而存储转发的帧错误率最小，无碎片次之，直接转发最大。究竟采用何种交换方法，需要全面考虑。现在交换机可以做到在正常情况下采用直通转发方式，而当数据的错误率达到一定程度时，自动转换到存储转发方式。

5. 交换机的主要技术参数

局域网交换机是组成网络系统的核心设备。对用户而言，局域网交换机最主要的指标是数据交换能力、端口的配置和包转发速率等。下面对交换机的主要技术参数进行介绍。

（1）转发方式 转发方式分为直通转发、存储转发和无碎片转发3种。由于不同的转发方式适用于不同的网络环境，因此应当根据应用的需要进行选择。

（2）背板带宽 由于所有端口间的通信都需要通过背板完成，所以背板带宽标志着交换机总的数据交换能力。背板带宽越高，负载数据转发的能力越强。在以背板总线为交换通道的交换机上，任何端口接收的数据，都将放到总线上并由总线传递给目标端口。这种情况下背板带宽就是总线的带宽。模块化的交换机一般采用交换矩阵，此时背板带宽实际上指的是交换矩阵时总吞吐量。

（3）包转发速率 包转发速率又称为吞吐量，它体现了交换引擎的转发性能。目前，最流行的交换机称为线速交换。所谓线速交换，是指交换速度达到传输线路上的数据传输速度，能够最大限度消除交换瓶颈。实现线速交换的核心是 ASIC 技术，用硬件实现协议解析和包转发，而不是传统的软件处理方式。

（4）MAC 地址表大小 交换机能够记住连接到各端口设备的网卡的物理地址（即 MAC 地址），以便实现快速的数据转发。MAC 地址表越大，能够记住的设备物理地址越多，越便于快速转发。例如对于一个 2K 地址空间的交换机，可以支持 2048 个 MAC 地址，也就是说，通过交换机端口连接其他 Hub 或交换机来扩展连接时，最多可连接 2048 个计算机或网络设备。

（5）延时 交换机延时是指从交换机接收数据包到开始向目的端口复制数据包之间的时间间隔。延时越小，数据的传输速率越快，网络的效率也就越高。由于采用存储转发技术的交换机必须要等待完整的数据包接收完毕后才开始转发数据包，所以它的延时与所接收数据包的大小有关。数据包越大，则延时越长；反之，数据包越小，则延时越短。

（6）VLAN 支持 通过将局域网划分为多个 VLAN，可以减少不必要的数据广播。同时通过 VLAN 划分技术可以灵活地将网络按照管理功能划分成多个虚拟的网络，从而突破了地理位置的限制，增强了网络的灵活性和安全性。随着 VLAN 技术的广泛应用，交换机的 VLAN 支持能力也成为选购的重要性能参数。

（7）管理功能 交换机的管理功能是指交换机如何控制用户访问交换机，以及用户对交换机的可视程度如何。通常，交换机厂商都提供管理软件或满足第三方管理软件远程管理交换机。一般的交换机满足 SNMP MIB-I/MIB-II 统计管理功能，而复杂一些的交换机会通过增加内置 RMON 组来支持 RMON 主动监视功能。有的交换机还允许外接 RMON 监视可选端口的网络状况。

（8）扩展树 由于交换机实际上是多端口的透明桥接设备，所以交换机也有桥接设备的固有问题——"拓扑环"（Topology Loop）问题。当某个网段的数据包通过某个桥接设备传输到另一个网段，而返回的数据包通过另一个桥接设备返回源地址，这个现象就叫"拓扑环"。一般来说，交换机采用扩展树（Spanning Tree，也称生成树）协议算法让网络中的每一个桥接设备相互知道，自动防止拓扑环现象。交换机通过将检测到的"拓扑环"中的某个端口断开，达到消除"拓扑环"的目的，维持网络中的拓扑树的完整性。在网络设计中，"拓扑环"常被推荐用于关键数据链路的冗余备份链路选择。所以，带有扩展树协议支持的交换机可以用于连接网络中关键资源的交换冗余。

以上是交换机的主要性能技术参数。在选购交换机时，除了要考虑上述性能技术参数外，还必须考虑交换机的端口数、是否配有级联端口、所支持的端口类型等因素。

3.4 组网实例

3.4.1 双绞线的制作与连接

1. 直通 RJ-45 接头的制作

第 1 步：用双绞线网线钳（当然也可以用其他剪线工具）把五类双绞线的一端剪齐（最好先剪一段符合布线长度要求的网线），然后把剪齐的一端插入到网线钳用于剥线的缺口中，注意网线不能弯，直插进去，直到顶住网线钳后面的挡位，稍微握紧压线钳慢慢旋转一圈（无需担心会损坏网线里面芯线的包皮，因为剥线的两刀片之间留有一定距离，这距离通常就是里面 4 对芯线的直径），让刀口划开双绞线的保护胶皮，拔下胶皮。当然也可使用专门的剥线工具来剥皮线。

网线钳挡位离剥线刀口长度通常恰好为水晶头长度，这样可以有效避免剥线过长或过短。剥线过长一方面不美观，另一方面因网线不能被水晶头卡住，容易松动；剥线过短，因有包皮存在，太厚，不能完全插到水晶头底部，造成水晶头插针不能与网线芯线完好接触，当然也不能制作成功了。

第 2 步：剥除外包皮后即可见到双绞线网线的 4 对 8 条芯线，并且可以看到每对的颜色都不同。每对缠绕的两根芯线是由一种染有相应颜色的芯线加上一条只染有少许相应颜色的白色相间芯线组成。4 条全色芯线的颜色为：棕色、橙色、绿色、蓝色。先把 4 对芯线一字并排排列，然后再把每对芯线分开（此时注意不跨线排列，也就是说每对芯线都相邻排列），并按统一的排列顺序（如左边统一为主颜色芯线，右边统一为相应颜色的花白芯线）排列。注意每条芯线都要拉直，并且要相互分开并列排列，不能重叠。然后用网线钳垂直于芯线排列方向剪齐（不要剪太长，只需剪齐即可）。自左至右编号的顺序定为"1、2、3、4、5、6、7、8"。

第 3 步：左手水平握住水晶头（塑料扣的一面朝下，开口朝右），然后把剪齐、并列排列的 8 条芯线对准水晶头开口并排插入水晶头中，注意一定要使各条芯线都插到水晶头的底部，不能弯曲（因为水晶头是透明的，所以可以从水晶头有卡位的一面可以清楚地看到每条芯线所插入的位置）。

第 4 步：确认所有芯线都插到水晶头底部后，即可将插入网线的水晶头直接放入网线钳压线缺口中。因缺口结构与水晶头结构一样，一定要正确放入才能使后面压下网线钳手柄时所压位置正确。水晶头放好后即可压下网线钳手柄，一定要使劲，使水晶头的插针都能插入到网线芯线之中，与之接触良好。然后再用手轻轻拉一下网线与水晶头，看是否压紧，最好多压一次，最重要的是要注意所压位置一定要正确。

至此，这个 RJ-45 头就压接好了。按照相同的方法制作双绞线的另一端水晶头，要注意的是芯线排列顺序一定要与另一端的顺序完全一样，这样整条网线的制作就算完成了。

两端都做好水晶头后即可用网线测试仪进行测试，如果测试仪上 8 个指示灯都依次为绿色闪过，证明网线制作成功。如果出现任何一个灯为红灯或黄灯，都证明存在断路或者接触不良现象，此时最好先对两端水晶头再用网线钳压一次，再测，如果故障依旧，再检查一下两端芯线的排列顺序是否一样，如果不一样，随剪掉一端重新按另一端芯线排列顺序制作水晶头。如果芯线顺序一样，但测试仪在重夺后仍显示红色灯或黄色灯，则表明其中肯定存在对应芯线接触不好。此时没办法了，只好先剪掉一端按另一端芯线顺序重做一个水晶头了，再测，如果故障消失，则不必重做另一端水晶头，否则还得把原来的另一端水晶头也剪掉重做。直到测试全为绿色指示灯闪过为止。

2. 网线的接线规则

以上介绍的是最简单的直通网线制作方法，这类网线通常只用于从集线器（交换机）、墙上信息模块到工作站的连接，并不是一种最理想的制作方法。主要原因是这种网线制作没有考虑到相互芯线之间串扰，在高速网络（如 100Mbit/s 以上网络）中影响更大。为此 IEEE 标准委员会制定了几种特定用途的跳线方法，下面分别介绍。

双绞线在网络中的接线标准有以下几种：

1）一一对应接法。即双绞线的两端芯线要一一对应，即如果一端的第 1 脚为绿色，另一端的第 1 脚也必须为绿色的芯线，这样做出来的双绞线通常称之为"直连线"。但要注意的是 4 个芯线对通常不分开，即芯线对的两条芯线通常为相邻排列。这种网线一般是用在集线器或交换机与计算机之间的连接。

2）1-3、2-6 交叉接法。虽然双绞线有 4 对 8 条芯线，但实际上在网络中只用到了其中的 4 条，即水晶头的第 1、第 2 和第 3、第 6 脚，它们分别起着收、发信号的作用。这种交叉网线的芯线排列规则是：网线一端的第 1 脚连另一端的第 3 脚，网线一端的第 2 脚连另一头的第 6 脚，其他脚一一对应即可。这种排列做出来的通常称之为"交叉线"。

例如，当线的一端从左到右的芯线顺序依次为：白绿、绿、白橙、蓝、白蓝、橙、白棕、棕时，另一端从左到右的芯线顺序则应当依次为：白橙、橙、白绿、蓝、白蓝、绿、白棕、棕。当线的一端从左到右的芯线顺序依次为：白橙、橙、白绿、蓝、白蓝、绿、白棕、棕时，另一端从左到右的芯线顺序则应当依次为：白绿、绿、白橙、蓝、白蓝、橙、白棕、棕。这种网线一般用在集线器（交换机）的级连、服务器与集线器（交换机）的连接、对等网计算机的直接连接等情况下。

3）100M 接法。这是一种最常用的网线制作规则。所谓 100M 接法，是指它能满足 100M 带宽的通信速率。它的接法虽然也是一一对应，但每一脚的颜色是固定的，具体是：第 1 脚（橙白）、第 2 脚（橙色）、第 3 脚（绿白）、第 4 脚（蓝色）、第 5 脚（蓝白）、第 6 脚（绿色）、第 7 脚（棕白）、第 8 脚（棕色），从中可以看出，网线的 4 对芯线并不全都是相邻排列，第 3 脚、第 4 脚、第 5 脚和第 6 脚包括 2 对芯线，但是顺序已错乱。其实这种跳线规则与下面将要介绍的信息模块端接方式 B 是完全一样的，当然也可以按信息模块端接方式 A 来重新排列芯线顺序，那就是：第 1 脚（绿白）、第 2 脚（绿色）、第 3 脚（橙白）、第 4 脚（蓝色）、第 5 脚（蓝白）、第 6 脚（橙色）、第 7 脚（棕白）、第 8 脚（棕色）。

目前局域网构建已经十分普遍，计算机上集成以太网卡已经是标准配置，局域网的踪影在我们周围无处不在，简单的有家庭内几台计算机所组成的小型局域网，大型的则有公共娱乐场所的网吧、校园内部的校园网、公司里面的办公网络等，都是局域网的实例。虽然它们组网方式各式各样，但是万变不离其宗，仍然以网线连接为主。在组网之前，必须先制定规划，普通的家庭联网只需考虑到需要的有效距离，而大型的局域网则需在购买设备之前作出详细且周全的规划布线，使得成本以及使用效率达到最佳的状态。网络产品的选购也是一个重要环节，网络产品是长久使用的东西，因此应该选择质量较好的产品，假的产品或者是质量较次的产品会直接影响到网络的稳定。选购好了产品之后就该动手搭建它了，在组建网络的时候，网线的制作是一大重点，整个过程都要准确到位，排序的错误和压制的不到位都将直接影响网线的使用，导致网络不通或者网速慢。

3. 制作工具与材料

在制作的过程中，要用到一些制作的辅助工具和材料。在此，先介绍一些常用工具和材料。在制作的工程中，最重要的工具是压线钳，压线钳不仅仅用于压线，它还具备着很多"好本领"。

在压线钳的最顶部的是压线槽，压线槽提供了 3 种类型的线槽，分别为 6P、8P 以及 4P，中间的 8P 槽是最常用到的 RJ-45 压线槽，而旁边的 4P 为 RJ11 电话线路压线槽。在压线钳 8P 压线槽的背面，可以看到呈齿状的模块，主要是用于把水晶头上的 8 个触点压稳在双绞线之上。最前端是剥线口，刀片主要是起到切断线材。

局域网内组网所采用的网线，使用最为广泛的为双绞线（Twisted-PairCable，TP），双绞线是由不同颜色的 4 对 8 芯线组成，每两条按一定规则绞织在一起，成为一个芯线对。作为以太局域网最基本的连接、传输介质，人们对双绞网线的重视程度是不够的，总认为它无足轻重，其实做过网络的人都知道绝对不是这样的，相反它在一定程度上决定了整个网络性能。其实这一点很容易理解，一般来说越是基础的东西越是取着决定性的作用。双绞线作为网络连接的传输介质，将来网络上的所有信息都需要在这样一个信道中传输，因此其作用是十分重要的，如果双绞线本身质量不好，传输速率受到限制，即使其他网络设备的性能再好，传输速度再高又有什么用呢？因此双绞线已成为整个网络传输速度的一个瓶颈。

它一般有屏蔽（Shielded Twicted-Pair，STP）与非屏蔽（Unshielded Twisted-Pair，UTP）双绞线之分，屏蔽的当然在电磁屏蔽性能方面比非屏蔽的要好些，但价格也要贵些。双绞线按电气性能划分的话，可以划分为：三类、四类、五类、超五类、六类、七类双绞线等类型，数字越大，也就代表着级别越高、技术越先进、带宽也越宽，当然价格也越贵了。三类、四类线目前在市场上几乎没有了，如果有，也不是以三类或四类线出现，而是以假五类，甚至超五类线出售，这是目前假五类线最多的一种。目前在一般局域网中常见的是五类、超五类或者六类非屏蔽双绞线。屏蔽的五类双绞线外面包有一层屏蔽用的金属膜，它的抗干扰性能好些，但应用的条件比较苛刻，不是用了屏蔽的双绞线，在抗干扰方面就一定强于非屏蔽双绞线。屏蔽双绞线的屏蔽作用只在整个电缆均有屏蔽装置，并且两端正确接地的情况下才起作用。所以，要求整个系统全部是屏蔽器件，包括电缆、插座、水晶头和配线架等，同时建筑物需要有良好的地线系统。事实上，在实际施工时，很难全部完美接地，从而使屏蔽层本身成为最大的干扰源，导致性能甚至远不如非屏蔽双绞线。所以，除非有特殊需要，通常在综合布线系统中只采用非屏蔽双绞线。

双绞线作为一种价格低廉、性能优良的传输介质，在综合布线系统中被广泛应用于水平布线。双绞线价格低廉、连接可靠、维护简单，可提供高达 1000Mbit/s 的传输带宽，不仅可用于数据传输，而且还可以用于语音和多媒体传输。目前的超五类和六类非屏蔽双绞线可以轻松提供 155Mbit/s 的通信带宽，并拥有升级至千兆的带宽潜力，因此，成为当今水平布线的首选线缆。

RJ-45 插头之所以被称为"水晶头"，主要是因为它的外表晶莹透亮的原因而得名的。RJ-45 接口是连接非屏蔽双绞线的连接器，为模块式插孔结构。RJ-45 接口前端有 8 个凹槽，简称 8P（Position），凹槽内的金属接点共有 8 个，简称 8C（Contact），因而也有 8P8C 的别称。

从侧面观察 RJ-45 接口，可以看到平行排列的金属片，一共有 8 片，每片金属片前端都有一个突出透明框的部分，从外表来看就是一个金属接点，按金属片的形状来划分，又有"二叉式 RJ-45"以及"三叉式 RJ-45"接口之分。二叉式的金属片只有两个侧刀，三叉式的金属片则有 3 个侧刀。金属片的前端有一小部分穿出 RJ-45 的塑料外壳，形成与 RJ-45 插槽接触的金属脚。在压接网线的过程中，金属片的侧刀必须刺入双绞线的线芯，并与线芯总的铜质导线内芯接触，以联通整个网络。一般地，叉数目越多，接触的面积也越大，导通的效果也越明显，因此三叉式的接口比二叉式接口更适合高速网络。水晶头也有几种档次之分，有带屏蔽的也有不带屏蔽的等，一般地说质量比较好的价钱也就是 5 角左右，当然买一个两个的话价钱肯定不能便宜下来。在选购时应该尽量避免贪图便宜，否则水晶头的质量得不到保证。主要体现在它的接触探针是镀铜的，容易生锈，造成接触不良，网络不通。质量差的还有一点明显表现为塑料扣位不紧（通常是变形所致），也很容易造成接触不良，网络中断。水晶头虽小，但在网络的重要性一点都不能小看，在许多网络故障中就有相当一部分是因为水晶头质量不好而造成的。

3.4.2　局域网的综合布线

网络系统的建立是为了使公司享有信息时代最新网络技术、通信技术、控制技术成果所带来的种种便利而规划的。综合布线系统支持计算机网络系统和电话语音系统以及两系统的互换。局域网综合布线应满足以下几点：

- 建立一套投资合理、高效、先进的开放型布线系统。
- 满足语音、数据、图像、多媒体信息大容量、高速传输的要求。
- 可靠性和安全性作为布线系统设计的重要原则。
- 考虑到桌面应用向 100BASE-TX 以及进一步向 ATM 到桌面的升级潜力，水平传输通道必须支持 100Mbit/s 数据传输率。

局域网综合布线应从以下几方面着手：

1. 系统结构

根据现场的具体情况，建议采用集中结构，整个新办公区的所有双绞线共 n 条都拉到机房中，双绞线直接端接在机柜内的模块化配线架上。

2. 材料选型

根据用户的需求，选择的布线产品作为系统的主选材料。面板采用 86 式面板，满足国标 86 底盒标准要求，与强电系统底盒及面板相同，外观上整齐美观。

布线标准选用超 5 类产品，每个工作位是一个双孔插座：一个计算机插座，一个电话插座（个别工作站设双语音插口）。机柜端采用模块式配线架。电话与计算机可任意互换。

布线系统管槽设计、管线铺设建议：

· 由于安装的是非屏蔽双绞线，对接地要求不高，建议在与机柜相连的主线槽处接地。

· 本区域需要线槽的规格：线槽的横截面积留 40% 的富余量以备扩充，超 5 类双绞线的横截面积为 0.3cm²。

· 线槽安装时，应注意与强电线槽的隔离。布线系统应避免与强电线路在无屏蔽、距离小于 20cm 情况下平行走 3m 以上。如果无法避免，该段线槽需采取屏蔽隔离措施。

· 进入家具的电缆管线由最近的吊顶线槽沿隔墙下到地面，并从地面镀槽埋管到家具隔断下。

· 管槽过渡、接口不应该有毛刺，线槽过渡要平滑。

· 线管超过两个弯头必须留分线盒。

· 墙装底盒安装时应该距地面 30cm 以上，并与其他底盒保持等高、平行。

· 线管采用镀锌薄壁钢管或 PVC 管。

3. 各子系统详细设计

（1）工作区子系统　按设计方案：计算机和电话共计 n 个点。共需要 2 口面板 n/2 个，超五类信息模块 n 个。每个计算机点配备一条 3m 长（也可根据用户要求而定）的工作站跳线，跳线要求满足 100M 的数据传输标准，每根线必须经过五类测试。

工作区子系统由终端设备连接到信息插座的跳线和信息插座所组成，通过插座即可以连接计算机或其他终端。水平系统的双绞线一端在这些插座里端接。每个面板有超 5 类插座，插座装在面板上。安装在每一个工作位置上。插座选用 8 芯 RJ-45 型。跳线用于连接插座与 PC。跳线的两端带 RJ-45 插头。考虑配备双孔插座。计算机、电话可按用户的需要，随意跳接；插座采用朗讯特有的国标白色方形面板，在端口的上边有专门的标签卡槽；这种插座具有性能高、尺寸小、外表美观、安装简便等特点。

（2）水平子系统　水平子系统的作用是将主干子系统的线路延伸到用户工作区子系统。水平子系统的数据、图形等电子信息交换服务将采用 4 对超 5 类非屏蔽双绞线（CAT.5 UTP）布线。超 5 类非屏蔽双绞线是目前性能价格比最好的高品质传输介质，其性能指标完全符合 ANSI/EIA/TIA-568 标准，能够保证在 100m 范围内传输率达到并超过 100Mbit/s。根据超 5 类 UTP 用于支持 100Mbit/s 传输的最大距离为 100m 设计，设计线从配线架至最远端（工作区）的端口小于 90m。

电话的布线与计算机布线同样考虑，即同一办公位置设一计算机口、一电话口，可使用户方便地管理，灵活选择跳线方式。同时，电话和计算机布线均采用超 5 类线以保证互换性。

水平子系统由 8 芯非屏蔽双绞线组成。常用的双绞线有 3 类线和超 5 类线。3 类线可用于电话和 16Mbit/s 的数据传输；超 5 类线传输数据的速度可到 100Mbit/s。为适应以后扩展的要求并最大限度保护投资，本方案采用全超 5 类线模式。

线缆从主配线间（即机房）出发，连向各工作区的信息插座。各区的信息点将按照具体的布线情况引出，原则是使每一个工作站距离有源网络设备的距离小于 100m。每条线缆在连接插座的一头端部附近，都需标上与插座一致的编号，以便于以后维护。

（3）垂直干线子系统　垂直干线子系统实现数据终端设备、程控交换机和各管理子系统间的连接。

（4）管理子系统　配线架管理模块，与水平双绞线连接选用先进通用的标准模块化配线架。

计算机配线采用单跳方式，跳线在集线器与配线架之间跳接。跳线采用超 5 类 UTP，RJ-45 接头。建议采用带黄色标号绳的 Hub 跳线，按照跳接距离定长制作，每一根跳线均经过五类测试仪的多指标测试，完全满足标准所规定的跳线各项指标，支持超过 100Mbit/s 的数据传输速率。标号绳加在跳线的两端，标号对应，避免了将来管理中查线的不便。

为保证美观和方便管理，采用标准化的机柜，配线设备和网络设备均固定在机柜上。

配线架的管理以表格对应方式，根据座位、部门单元等信息，记录布线的路线；并加以标识，以方便维护人员识别和管理。各种对应信息表应记录进文档并妥善保存。

另外需要若干跳线，用于连接配线架和数据设备。

机柜上部用来安装配线架，下部是网络设备空间用来安装 Hub 或交换机。

机柜式安装的选择，可以便于安装网络设备；便于对大量跳线的管理；对日后设备的维护管理、网络设备的使用和扩充等多有深远的意义。管理子系统的装配如图 3-10 所示。

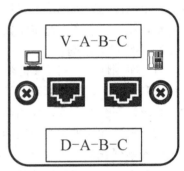

（5）设备间子系统（主机房）　设备间子系统的作用是综合布线系统中为各类信息设备（如计算机网络互联设备、程控交换机等设备）提供信息管理、信息传输服务。针对计算机网络系统，它包括网络集线器（Hub）设备、网络

图 3-10　管理子系统的装配图

智能交换集线器（Intelligent Switcher）及设备的连接线。建议采用标准的机柜，可以将这些设备（Switch、Hub）集成到柜中，便于统一管理。它将计算机和网络设备的输出线通过主干线子系统相连接，构成系统计算机网络的重要环节，同时它通过配线架的跳线控制所有总配线架（MDF）的路由。

水平子系统的双绞线另一端在这里端接。设备间子系统是综合布线的精髓，语音系统与计算机网络之间的灵活跳接通过配线架之间的跳线来实现。它是设备间子系统的安装场所，可用于安装配线架和安装计算机网络通信设备，配线架、集线器（Hub）和路由器（Ruter）等网络设备可安装在标准机柜内。

3.4.3　校园网的组网

随着计算机及网络应用的不断普及，学校管理也相应地发生着变化。如何才能更加充分地利用学校现有的教学资源进行教学、管理，又能达到事半功倍的效果？校园网的实施为学校提供了很好的解决方法。校园网的建设是现代教育发展的必然趋势，建设校园网不仅能够更加合理有效地利用学校现有的各种资源，而且为学校未来的不断发展奠定了基础，使之能够适合信息时代的要求。校园网络的建设及其与 Internet 的互联，已经成为教育领域信息化建设的当务之急。

以下以某大学校园网为例，介绍校园计算机网络系统集成总体设计方案（已缩减）。

1. 系统需求分析

某大学位于某市区内。校园网需连接的建筑物有教学楼、行政楼、图书馆和实验楼等。

信息节点共 370 个，分布如下：

- 教学楼：200 个信息节点。
- 行政楼：70 个信息节点。
- 实验楼：50 个信息节点。
- 图书馆：50 个信息节点。

网络中心设在教学楼三层，以教学楼为中心，用光纤连接其他 3 个建筑物，构成校园网光纤主干。

通过 DDN 专线将整个校园网联入教育科研网 CERNET，即联入国际互联网。开通 WWW、E-mail、FTP、Telnet、BBS 等各种 Internet 服务。全校开通办公自动化系统、视频点播多媒体教学系统。校园网同时提供 PPP 拨号服务，使校区内及家庭用户等零散单机可通过电话拨号联到网络上，形成一个广域的计算机网络。校园网的建立，可以实现全校资源共享，在一定程度上满足学校教育、科研对各种信息资源的需求。

2. 系统设计原则

（1）实用性　应当从实际情况出发，使之达到使用方便且能发挥效益的目的。采用成熟的技术和产品来建设该系统。要能将新系统与已有的系统兼容，保持资源的连续性和可用性。系统是安全可靠的，使用简单，便于维护。

（2）先进性　采用当前国际先进成熟的主流技术，采用业界相关国际标准。设备选型要是先进和系列化的，便于扩充。便于进行升级换代。建立 Intranet/Internet 模式的总体结构，符合当今信息化发展的趋势。通过 Intranet/Internet 的建立，加速国内外院校之间的信息交流。

（3）安全性　采用各种有效的安全措施，保证网络系统和应用系统安全运行。安全包括 4 个层面：网络安全、操作系统安全、数据库安全和应用系统安全。由于 Internet 的开放性，世界各地的 Internet 用户也可访问校园网，校园网将采用防火墙、数据加密等技术防止非法侵入、防止窃听和篡改数据以及路由信息的安全保护来保证安全；同时要建立系统和数据库的磁带备份系统。

（4）可扩充性　采用符合国际和国内工业标准的协议和接口，从而使校园网具有良好的开放性，实现与其他网络和信息资源的互联互通。并可以在网络的不同层次上增加节点和子网。一般包括开放标准、技术、结构、系统组件和用户接口等原则。在实用的基础上必须采用先进成熟的技术，选购具有先进水平的计算机网络系统和设备，并保留向 ATM 过渡的自然性。由于计算机技术的飞速发展和计算机网络技术的日新月异，网络系统扩充能力的大小已变得非常重要，因此考虑网络系统的可扩充性是相当重要的。

（5）可管理性　设计网络时充分考虑网络日后的管理和维护工作，并选用易于操作和维护的网络操作系统，大大减轻网络运营时的管理和维护负担。采用智能化网络管理，最大程度地降低网络的运行和维护成本。

（6）高性能价格比　结合日益进步的科技新技术和校园的具体情况，制定合乎经济效益的解决方案，在满足需求的基础上，充分保障学校的经济效益。坚持经济性原则，力争用最少的钱办更多的事，以获得最大的效益。

3. 网络系统设计

（1）系统构成　校园信息系统网络应是为办公、科研和管理服务的综合性网络系统。一个典型的信息系统网络通常由以下几部分组成：

1）网络主干。用于连接各个主要建筑物，为主要的部门提供上网条件，主干的选型和设计是信息系统网络的主要工作之一。

2）局域网（LAN）系统。以各个职能部门为单位而建立的独立的计算环境和实验环境。

3）主机系统。网络中心的服务器和分布在各个 LAN 上的服务器是网络资源的载体，它的投资和建设也是信息系统网络建设的重要工作。

4）应用软件系统。包括网上 Web 公共信息发布系统、办公自动化系统、管理信息系统、电子邮件系统、行政办公系统、人事管理系统和财务系统等专用的系统。而更主要的是建设内部的 Intranet 系统。

5）出口（通信）系统。是指将信息系统网络与 CERNET 和 Internet 等广域网络相连接的系统，出口系统的主要问题包括两个方面：一个是选择合适的连接方式，如 DDN、X.25、卫星、微波等方式联网；另一个是防火墙的建设，它与出口系统的安全性有直接的关系。

（2）网络技术选型　在局域网和园区网络中有多种可选的主流网络技术，以下针对不同技术类型，简单阐明其特点，为技术选型提供科学的依据。主要选用以下 3 种网络技术方案：以太网络技术、FDDI 网络、ATM 网络。

结合校园网系统设计原则和用户的具体需求，可以得出一个最佳的主干设计方案。所推荐的方案采用交换式千兆以太网作为校园网范围内的全网主干，10M/100M 交换式子网接入。

主干网选用千兆以太网，其第三层以太网路由器交换机大都满足 IEEE 802.3 标准，技术成熟，具有流量优先机制，能有效地保证多媒体传输时的 QOS。

千兆以太网具有良好的兼容性和可扩展性，在 ATM 技术成熟时，可平滑集成到 ATM 网络中，作为 ATM 网的边缘子网。

工作组子网可选用 100M 交换模式。使用户终端独占 100M 带宽的数据交换。

在核心交换机与工作组交换机之间，采用 100Mbit/s 传输带宽，当使用全双工时，传输带宽为 200Mbit/s。

（3）网络基本结构设计

1）网络主干采用 6 芯多模光纤。网络中心到主建筑物节点采用六芯多模光纤连接，在全双工条件下传输距离可达 2km。光纤布线采用星形拓扑结构，这样当过渡到 ATM 时，不需要重新布线可使整个网络保持原有的拓扑结构。

2）校园网主干设备采用 100/1000M 自适应全双工交换机，即网络中心配备一台 Bay 公司具有第三层交换功能的路由交换机 Accelar1200 作为中心交换机。它可有效地扩展网络带宽，消除网络碰撞，提高网络传输效率。各主建筑物节点的二级交换机，分别通过光纤以全双工 200M 带宽与中心交换机相连。为了便于网络管理，抑制网络风暴，提高网络安全性能，校园网划分为多个虚拟子网（VLAN），通过路由交换机本身线速的路由能力建立起 VLAN 之间的高速连接。

3）广域路由器选用 Cisco 公司的 2511 路由器，校园网通过 DDN 联入 Internet。另配置一台 3COM 公司的 USR MODEM POOL，以满足单机用户和校外用户以 PPP 方式上网。

4）网络中心配置两台 SUN 公司 SUN Enterprise250 server（高性能网络服务器）：1 台服务器用做 Web Server、DNS Server；1 台用做备用 DNS Server、E-mail Server、FTP 等。

5）网络中心配备 4 台 IBM 5100 PC 服务器分别用做 LAN 计费、拨号用户认证及计费、网管、数据库及办公自动化系统、视频点播（VOD）系统、BBS 系统、代理服务及计费等；配备 1 台笔记本计算机用做调试终端。网络中心还需配置激光打印机、打印服务器、扫描仪、数码相机、UPS 不间断电源（3kVA、2h）等设备。

（4）网络实现功能　本网络除了能够实现文件打印服务、网络数据通信、校园网络管理系统等一般网络的基本功能外，外部网络还可实现基于 Intranet/Internet 的信息服务。提供 Internet 的访问、电子邮件服务等功能，如果需要还可提供远程访问的功能，同时可以在 Internet 上发布信息。

1）WWW 服务。用户可以在 Internet 服务器上创建丰富多彩的 Web 主页，还可以创建动态的 Web 页面。包括各种多媒体应用。用户可以通过工作站远程监控 Internet 服务器的工作情况。通过工作站远程更新 Web 主页，并配置虚拟的工作目录和虚拟的 WWW 服务器。同时，用户还可以控制 Internet 服务器所占用的网络带宽。平时还可以将对教学有用的 Internet 资料下载到本地，供本地的人员使用，不必每个人都上相同的网址，节约经费。

2）电子邮件服务。用户通过互联网收发电子邮件。设置管理员账号进行用户信箱、信息存储、过滤等管理。

3）FTP 服务。用户通过网络对文件共享。

4）网络代理安全及计费管理。Internet 的连接部分采用代理防火墙为单位 Internet 接入网络提供防火墙和计费服务。该防火墙集中了防火墙和计费功能。

5）数据存储。由于各学校有大量的数据要进行存储，因此，数据存储设备必须具有扩展性，同时又有良好的性能。建议采用磁带机存储，扩展起来相当方便，性能可靠。

6）Internet 计费功能。为了节约经费，控制流量，有效地进行 Internet 流量的统计，可以采用代理服务器计费软件。

第4章　计算机广域网

当主机之间的距离较远时，局域网就无法完成主机之间的通信任务，这时就需要另一种结构的网络，即广域网。

广域网是指覆盖范围很广的远距离网络，广域网的造价很高，一般都由较大的电信企业出资建造。广域网是因特网的核心部分，其任务是通过长距离传送主机所发送的数据。连接广域网各节点交换机的链路都是高速链路，其距离可以是几千公里的光缆线路，也可以是几万公里的点对点卫星链路。因此，广域网首先考虑的问题是其通信容量必须足够大，以便支持日益增长的通信量。

4.1　广域网的基本概念

4.1.1　广域网简介

广域网（WAN）又称远程网，其分布范围可达数百公里甚至更远，可覆盖一个地区，一个国家，乃至全世界。广域网可以分为公共传输网络，专用传输网络和无线传输网络。

（1）公共传输网络　一般是由政府电信部门组建、管理和控制，网络内的传输和交换装置可以提供（或租用）给任何部门和单位使用。公共传输网络大体可以分为两类：一是电路交换网络，主要包括公共交换电话网（PSTN）和综合业务数字网（ISDN）；二是分组交换网络，主要包括 X.25 分组交换网，帧中继和交换式多兆位数据服务（SMDS）。

（2）专用传输网络　由一个组织或团体自己建立、使用、控制和维护的私有通信网络。专用传输网络主要是数字数据网（DDN）。

（3）无线传输网络　主要是移动无线网。典型的无线传输网有 GSM 和 GPRS 技术等。

广域网由交换机、路由器、网关以及调制解调器等多种数据交换设备、数据传输设备构成，技术复杂和管理复杂，具有类型多样化、连接多样化、结构多样化和提供的服务多样化的特点。它的传输方式有数字、光纤、微波、卫星以及综合等。

广域网一般采用网状拓扑结构，通信节点间进行互通式的连接，具有很好的网络安全性。

广域网可以分为骨干传输网、接入网和用户终端。骨干传输网主要有分组交换网（X.25）、帧中继网（FPJ）、数字数据网（DDN）、光纤网（SDH）、宽带网 ATM 和宽带 IP网等。骨干传输网和接入网都是由电信部门控制。接入网包括窄带接入网和宽带接入网。窄带接入网包括公用电话网（PSTN）、一线通 ISDN、DDN 专线等；宽带接入网目前主要有 XDSL、Cable Modem 和 FTTx 等。用户终端指接入广域网的亿万网络用户。

广域网正朝着宽带方向发展。通过宽带上网，可以实现 Internet 的视频、音频播放、电子商务、网上教育、视频会议、网上医院和网络办公等多种应用服务。

广域网由许多局域网组成，网络用户一般需要通过局域网接入到广域网。

4.1.2　广域网的组成

广域网由一些节点交换机以及连接这些交换机的链路组成。

节点交换机执行分组存储转发的功能。节点之间都是点到点连接，但为了提高网络的可靠性，通常一个节点交换机往往与多个节点交换机相连。从层次上考虑，广域网和局域网的区别很大，因为局域网使用的协议主要是在数据链路层和物理层，而广域网使用的协议在网络层。广域网中的一个重要问题就是路由选择和分组转发。

广域网交换机实际上就是一台计算机，由处理器和输入/输出设备进行数据包的收发处理。交换机之间采用点到点线路连接，几乎所有的点到点通信方式都可以用来建立广域网，包括租用线路、光纤、微波、卫星信道。

广域网一般最多只包含 OSI 参考模型的底下三层，而且目前大部分广域网都采用存储转发方式进行数据交换，也就是说，广域网是基于报文交换或分组交换技术的（传统的公用电话交换网除外）。广域网中的交换机先将发送给它的数据包完整接收下来，然后经过路径选择找出一条输出线路，最后交换机将接收到的数据包发送到该线路上去，以此类推，直到将数据包发送到目的节点。

4.1.3　广域网所提供的服务

广域网中最高层是网络层，网络层为上层提供的服务分为两种，即面向连接的网络服务和无连接的网络服务两种服务模式。对应于两种服务模式，广域网有两种实现方式，即虚电路（Virtual Circuit）方式和数据报（Datagram）方式。

1. 面向连接的网络服务

面向连接的服务的具体实现是虚电路方式。

对于采用虚电路方式的广域网，源节点与目的节点进行通信之前，首先必须建立一条从源节点到目的节点的虚电路（即逻辑连接），然后通过该虚电路进行数据传送，最后当数据传输结束时，释放该虚电路。在虚电路方式中，每个交换机都维持一个虚电路表，用于记录经过该交换机的所有虚电路的情况，每条虚电路占据其中的一项。在虚电路方式中，其数据报文在其报头中除了序号、校验以及其他字段外，还必须包含一个虚电路号。

在虚电路方式中，当某台机器试图与另一台机器建立一条虚电路时，首先选择本机还未使用的虚电路号作为该虚电路的标识，同时在该机器的虚电路表中填上一项。由于每台机器（包括交换机）独立选择虚电路号，所以虚电路号仅仅具有局部意义，也就是说报文在通过虚电路传送的过程中，报文头中的虚电路号会发生变化。

一旦源节点与目的节点建立了一条虚电路，就意味着在所有交换机的虚电路表上都登记有该条虚电路的信息。当两台建立了虚电路的机器相互通信时，可以根据数据报文中的虚电路号，通过查找交换机的虚电路表而得到它的输出线路，进而将数据传送到目的端。

当数据传输结束时，必须释放所占用的虚电路表空间，具体做法是由任一方发送一个撤除虚电路的报文，清除沿途交换机虚电路表中的相关项。

虚电路技术的主要特点是，在数据传送以前必须在源端和目的端之间建立一条虚电路。值得注意的是，虚电路的概念不同于电路交换技术中电路的概念。后者对应着一条实实在在的物理线路，该线路的带宽是预先分配好的，是通信双方的物理连接。而虚电路的概念是指在通信双方建立了一条逻辑连接，该连接的物理含义是指明收发双方的数据通信应按虚电路指示的路径进行。虚电路的建立并不表明通信双方拥有一条专用通路，即不能独占信道带宽，到来的数据报文在每个交换机上仍需要缓存，并在线路上进行输出排队。

2. 无连接的网络服务

无连接的服务的具体实现是数据报方式。

采用数据报方式的广域网，在数据发送前，通信的双方不建立连接，每个分组独立进行路由选择，具有高度的灵活性。但也需要每个分组都携带地址信息，而且，先发出的分组不一定先到达，没有服务质量保证。网络也不保证数据不丢失，由用户自己来负责差错处理和流量控制，网络只是尽最大努力将数据分组或包传送给目的主机，称为"尽最大努力交付"。

3. 两种方式的比较

在广域网内部，虚电路和数据报之间需要权衡的因素如下：

一个因素是交换机的内存空间与线路带宽的权衡。虚电路方式允许数据报文只含位数较少的虚电路号，而并不需要完整的目的地址，从而节省交换机输入输出线路的带宽。虚电路方式的代价是在交换机中占用内存空间用于存放虚电路表，而同时交换机仍然要保存路由表。

另一个因素是虚电路建立时间和路由选择时间的比较。在虚电路方式中，虚电路的建立需要一定的时间，这个时间主要是用于各个交换机寻找输出线路和填写虚电路表，而在数据传输过程中，报文的路由选择却比较简单，仅仅查找虚电路表即可。数据报方式不需要连接建立过程，每一个报文的路由选择单独进行。

虚电路还可以进行拥塞避免，原因是虚电路方式在建立虚电路时已经对资源进行了预先分配（如缓冲区）。而数据报广域网要实现拥塞控制就比较困难，原因是数据报广域网中的交换机不存储广域网状态。

广域网内部使用虚电路方式还是数据报方式取决于广域网提供给用户的服务。虚电路方式提供的是面向连接的服务，而数据报方式提供的是无连接的服务。由于不同的集团支持不同的观点，20 世纪 70 年代发生的"虚电路"派和"数据报"派的激烈争论就说明了这一点。

支持虚电路方式（如 X.25）的人认为，网络本身必须解决差错和拥塞控制问题，提供给用户完善的传输功能。而虚电路方式在这方面做得比较好，虚电路的差错控制是通过在相邻交换机之间"局部"控制来实现的。也就是说，每个交换机发出一个报文后要启动定时器，如果在定时器超时之前没有收到下一个交换机的确认，则它必须重发数据。而拥塞避免是通过定期接收下一站交换机的"允许发送"信号来实现的。这种在相邻交换机之间进行差错和拥塞控制的机制通常叫做"跳到跳"（Hop-by-hop）控制。

支持数据报方式（如 IP）的人认为，网络最终能实现什么功能应由用户自己来决定，试图通过在网络内部进行控制来增强网络功能的做法是多余的，也就是说，即使是最好的网络也不要完全相信它。可靠性控制最终要通过用户来实现，利用用户之间的确认机制去保证数据传输的正确性和完整性，这就是所谓的"端到端"（End-to-end）控制。

以前支持相邻交换机之间实现"局部"控制的唯一理由是，传输差错可以迅速得到纠正。然而现在网络的传输介质误码率非常低，例如微波介质的误码率通常低于 10^{-7}，而光纤介质的误码率通常低于 10^{-9}，因传输差错而造成报文丢失的概率极小，可见"端到端"

的数据重传对网络性能影响不大。既然用户总是要进行"端到端"的确认以保证数据传输的正确性，若再由网络进行"跳到跳"的确认只能是增加网络开销，尤其是增加网络的传输延迟。与偶尔的"端到端"数据重传相比，频繁的"跳到跳"数据重传将消耗更多的网络资源。实际上，采用不合适的"跳到跳"过程只会增加交换机的负担，而不会增加网络的服务质量。

由于在虚电路方式中，交换机保存了所有虚电路的信息，因而虚电路方式在一定程度上可以进行拥塞控制。但如果交换机由于故障且丢失了所有路由信息，则将导致经过该交换机的所有虚电路停止工作。与此相比，在数据报广域网中，由于交换机不存储网络路由信息，交换机的故障只会影响到目前在该交换机排队等待传输的报文。因此从这点来说，数据报广域网比虚电路方式更强壮些。

采用数据报方式的广域网的典型代表是 Internet，而采用虚电路方式的广域网主要有 X.25 网络、帧中继网络和 ATM 网络。表 4-1 归纳了虚电路方式与数据报方式的主要区别。

表 4-1　虚电路方式与数据报方式的主要区别

对比的方面	虚电路方式	数据报方式
思路	可靠通信应当由网络来保证	可靠通信应当由用户主机来保证
连接的建立	必须有	不需要
目的站地址	仅在连接建立阶段使用，每个分组使用短的虚电路号	每个分组都有目的站的全地址
路由选择	在虚电路建立时进行，所有分组均按同一路由	每个分组独立选择路由
当节点出故障时	所有通过出故障的节点的虚电路均不能工作	出故障的节点可能会丢失分组，一些路由可能会发生变化
分组的顺序	总是按发送顺序到达目的站	到达目的站时不一定按发送顺序
端到端的差错处理和流量控制	由分组交换网负责	由用户主机负责

4.2　广域网的主要技术

4.2.1　公用电话网（PSTN）

公用电话网（Public Switched Telephone Network，PSTN）是发展最早的通信网，主要用于语音通信，是以电路交换技术为基础的用于传输模拟语音的网络。目前，全世界的电话数目早已达几亿部，并且还在不断增长。要将如此之多的电话连在一起并能很好地工作，唯一可行的办法就是采用分级交换方式。

电话网概括起来主要由 3 个部分组成：本地回路、干线和交换机。其中干线和交换机一般采用数字传输和交换技术，而本地回路（也称用户环路）基本上采用模拟线路。由于 PSTN 的本地回路是模拟的，因此当两台计算机想通过 PSTN 传输数据时，中间必须经双方 MODEM 实现计算机数字信号与模拟信号的相互转换。

PSTN 是一种电路交换的网络，可看做是物理层的一个延伸，在 PSTN 内部并没有上层协议进行差错控制。在通信双方建立连接后电路交换方式独占一条信道，当通信双方无信息时，该信道也不能被其他用户所利用。

用户可以使用普通拨号电话线或租用一条电话专线进行数据传输，使用 PSTN 实现计算机之间的数据通信是最廉价的，但由于 PSTN 线路的传输质量较差，而且带宽有限，再加上 PSTN 交换机没有存储功能，因此 PSTN 只能用于对通信质量要求不高的场合。

20 世纪，我国公用电话网发展较快。进入 21 世纪，公用电话网逐步减少。在快速发展的宽带网进程中，公用电话网将逐步消失。因为我国的公用电话网仍属于模拟信号通信，传输速率比较慢，必然要被宽带网所代替。如果对传输速率要求不高，在两个远程的计算机之间进行数据和文件的传输，仍然可以借用电话网组建通信系统。

4.2.2　分组交换网 X.25

X.25 是在 20 世纪 70 年代由国际电报电话咨询委员会（CCITT）制定的"在公用数据网上以分组方式工作的数据终端设备 DTE 和数据电路设备 DCE 之间的接口"。X.25 于 1976 年 3 月正式成为国际标准，1980 年和 1984 年又经过补充修订。

从 ISO/OSI 体系结构观点看，X.25 对应于 OSI 参考模型底下三层，分别为物理层、数据链路层和网络层。

1）X.25 的物理层协议是 X.21，用于定义主机与物理网络之间物理、电气、功能以及过程特性。实际上目前支持该物理层标准的公用网非常少，原因是该标准要求用户在电话线路上使用数字信号，而不能使用模拟信号。作为一个临时性措施，CCITT 定义了一个类似于大家熟悉的 RS-232 标准的模拟接口。

2）X.25 的数据链路层描述用户主机与分组交换机之间数据的可靠传输，包括帧格式定义、差错控制等。X.25 数据链路层采用高级数据链路控制（High-level Data Link Control，HDLC）协议。

3）X.25 的网络层描述主机与网络之间的相互作用，网络层协议处理诸如分组定义、寻址、流量控制以及拥塞控制等问题。网络层的主要功能是允许用户建立虚电路，然后在已建立的虚电路上发送最大长度为 128B 的数据报文。报文可靠且按顺序到达目的端。X.25 网络层采用分组级协议（Packet Level Protocol，PLP）。

X.25 是面向连接的，它支持交换虚电路（Switched Virtual Circuit，SVC）和永久虚电路（Permanent Virtual Circuit，PVC）。交换虚电路（SVC）是在发送方向网络发送请求建立连接报文，要求与远程机器通信时建立的。一旦虚电路建立起来，就可以在建立的连接上发送数据，而且可以保证数据正确到达接收方。X.25 同时提供流量控制机制，以防止快速的发送方淹没慢速的接收方。永久虚电路（PVC）的用法与 SVC 相同，但它是由用户和长途电信公司经过商讨预先建立的，因而它时刻存在，用户不需要建立链路就可直接使用它。PVC 类似于租用的专用线路。

由于许多的用户终端并不支持 X.25 协议，为了让用户终端（非智能终端）能接入 X.25 网络，CCITT 制定了另外一组标准。用户终端通过一个称为分组装拆器（PAD）的"黑盒子"接入 X.25 网络。用于描述 PAD 功能的标准协议称为 X.3，而在用户终端和 PAD 之间使用 X.28 协议，另一个协议是用于 PAD 和 X.25 网络之间的，称为 X.29。

X.25 网络是在物理链路传输质量很差的情况下开发出来的。为了保障数据传输的可靠性，它在每一段链路上都要执行差错校验和出错重传。这种复杂的差错校验机制虽然使它的传输效率受到了限制，但确实为用户数据的安全传输提供了很好的保障。

X.25 网络的突出优点是可以在一条物理电路上同时开放多条虚电路供多个用户同时使用，网络具有动态路由功能和复杂完备的误码纠错功能。X.25 分组交换网可以满足不同速率和不同型号的终端与计算机、计算机与计算机间以及局域网之间的数据通信。X.25 网络提供的数据传输率一般为 64kbit/s。

4.2.3 综合业务数字网（ISDN）

综合业务数字网（Integrated Service Digital Network，ISDN），俗称"一线通"，电信部门在用户和电话局两端各增加一些终端设备，即可以在一条线上同时完成电话、传真、上网等多种服务。用户端需要增加带来电显示屏的 NT1 PLUS 或 ISDN PC 盒等终端设备，用户端的 ISDN 终端服务可以同时支持电话、传真和以 64kbit/s 或 128kbit/s 的速率访问 Internet。除了访问速率高外，ISDN 的数字传输比模拟传输更加不会受到静电和噪声的影响，使数字通信中的错误更少，减少重新传输数据所花费的时间。

1. ISDN 的特点

1）从传输到用户接入全部实现了数字化。

2）向用户提供了标准接口，使各种终端都可以通过统一的接口联入网络。

2. ISDN 的优点

1）采用数字交换，具有数字传输的所有优点。

2）提供了综合服务，既可以得到高质量的语音服务，又可以得到高速率的数据传输服务，还可以用于传真、用户电报、图文电视、可视电话和视频会议等多种应用。

3）遵从开放系统互联（OSI）标准，以便适应各种新业务的扩展。它不仅提供电路交换功能，还可以提供分组交换功能和专线功能。

3. ISDN 的业务

综合业务数字网业务通常称为综合业务数字网电信业务。它提供 3 种承载业务，分别是电路交换的承载业务、分组交换的承载业务和帧中继承载业务。承载业务相当于 OSI 的物理层、链路层和网络层功能。

综合业务数字网的承载业务承载着大量终端业务，终端业务是终端操作员利用终端所获得的业务，包括语音、数据传输和视频等多种业务。终端业务包括终端本身所具有的通信及处理能力，还包括网络提供的通信能力。

终端操作员要获得终端业务，必须将不同的终端设备接入综合业务数字网，CCITT 规定了业务接入点，以便使各种电信业务接入网络。

与承载业务和终端业务一起提供服务的还有补充业务，它作为一种辅助业务，可以给用户通信带来许多方便，包括下列补充业务：直接拨入、号码识别、号码限制、呼叫转移、呼叫传送、呼叫等待、呼叫保持、会议呼叫、三方通信、封闭用户群和计费通知等。

4.2.4 数字数据网（DDN）

数字数据网（Digital Data Network，DDN）是一种利用数字信道提供数据通信的传输网，它主要提供点到点及点到多点的数字专线或专网。它的信道是纯数字的，包括光纤、微波和卫星等数字传输系统。通过全数字、高效率和灵活的交叉连接与复用功能，向用户提供高效的数据通信平台，满足了用户对高速优质专线业务的需求。

DDN 由数字通道、DDN 节点、网管系统和用户环路组成。DDN 的传输介质主要有光纤、数字微波、卫星信道等。DDN 采用了计算机管理的数字交叉连接（DXC）技术，为用户提供半永久性连接电路，即 DDN 提供的信道是非交换、用户独占的永久虚电路（PVC）。一旦用户提出申请，网络管理员便可以通过软件命令改变用户专线的路由或专网结构，而无须经过物理线路的改造扩建工程，因此 DDN 极易根据用户的需要，在约定的时间内接通所需带宽的线路。

DDN 为用户提供的基本业务是点到点的专线。从用户角度来看，租用一条点到点的专线就是租用了一条高质量、高带宽的数字信道。用户在 DDN 上租用一条点到点数字专线与租用一条电话专线十分类似。DDN 专线与电话专线的区别在于：电话专线是固定的物理连接，而且电话专线是模拟信道，带宽窄、质量差、数据传输率低；而 DDN 专线是半固定连接，其数据传输率和路由可随时根据需要申请改变。另外，DDN 专线是数字信道，其质量高、带宽宽，并且采用热冗余技术，具有路由故障自动迂回功能。

下面简单介绍一下 DDN 与 X.25 网的区别。X.25 是一个分组交换网，X.25 网本身具有 3 层协议，用呼叫建立临时虚电路。X.25 具有协议转换、速度匹配等功能，适合于不同通信规程、不同速率的用户设备之间的相互通信。而 DDN 是一个全透明的网络，它不具备交换功能，利用 DDN 的主要方式是定期或不定期地租用专线。从用户所需承担的费用角度看，X.25 是按字节收费，而 DDN 是按固定月租收费。所以 DDN 适合于需要频繁通信的 LAN 之间或主机之间的数据通信。DDN 网提供的数据传输率一般为 2Mbit/s，最高可达 45Mbit/s 甚至更高。

4.2.5　异步传输模式（ATM）

随着网络应用技术的发展，人们对能够进行语音、图像和数据为一体的多媒体通信的需求日益增加。1990 年，CCITT 正式建议将异步传输模式（Asynchronous Transfer Mode，ATM）作为实现宽带综合业务数字网（Broad-Integrated Services Digital Network，B-IS-DN）的一项技术基础，这样以 ATM 为机制的信息传输和交换模式也就成为电信和计算机网络运行的基础和 21 世纪通信的主体之一。

1. ATM 概述

传统的电路交换和分组交换在实现宽带高速交换任务时，都存在一些问题。对于电路交换，当数据的传输速率及其突发性变化较大时，交换的控制就变得非常复杂。而对于分组交换，当数据传输速率很高时，数据在各层的处理成为很大的开销，无法满足实时性较强的业务时延要求，不能保证服务质量。电路交换具有很好的实时性和服务质量，而分组交换具有很好的灵活性，因此人们设想有一种新的交换技术，它能整合电路交换和分组交换的优点，从而 ATM 网络就应运而生了。

ATM 网络具有以下特点：

1）ATM 是建立在电路交换和分组交换基础上的一种面向连接的快速分组交换技术。所有信息在最底层是以面向连接的方式传送，保持了电路交换在保证实时性和服务质量方面的优点。

2）ATM 使用信元作为信息传输和交换的单位，有利于宽带高速交换。长度固定的首部可使 ATM 交换机的功能尽量简化，使用硬件电路就可实现对信元的处理，因而缩短了每个信元的处理时间。在传输实时语音或视频业务时，短的信元有利于减少时延，也节约了节点交换机为存储信元所需的存储空间。

3）ATM 采用异步时分多路复用的传输方式。这种方式能够充分利用带宽资源，并且能够很好地满足传输突发性数据的要求。

4）ATM 使用光纤信道传输。由于光纤信道的误码率极低，且容量很大，因此 ATM 网不必在数据链路层进行差错控制和流量控制，从而信元在网络中的传送速率得到了明显地提高。

5）ATM 兼容性好。ATM 通过 ATM 适配层（ATM Adaptation Layer，AAL）对业务类型进行划分，通过 AAL 层的适配把不同电信业务转换成统一 ATM 标准，实现使用同一个网络来承载各种应用业务的目的，再辅之必要的网络管理功能、信令处理与连接控制功能，可以设置多级优先级管理功能，使 ATM 能够广泛适应各类业务的要求。

一个 ATM 网络由 ATM 端点设备、ATM 中间点设备和物理传输媒体组成。ATM 端点设备又称为 ATM 端系统，它是在 ATM 网络中能够产生或接收信元的源站或目的站，如工作站、服务器或其他设备。ATM 端点设备通过点到点链路与 ATM 中间点设备相连。

ATM 网络中不同的物理传输媒体支持不同的传输速率。ATM 中间点设备即 ATM 交换机，它是一种快速分组交换机，其主要构件是交换结构、若干个调整输入端口和输出端口及必要的缓存。最简单的 ATM 网络可以只有一个 ATM 交换机，并通过一些点到点链路与 ATM 端系统相连接。较小的 ATM 网络只拥有少量的 ATM 交换机，一般都连接成网状网络以获得较好的连通性。大型 ATM 网络则拥有较多的 ATM 交换机，并按照分级结构连成网络。

2. ATM 信元格式

ATM 使用固定大小的信元，其中包括 5B 的首部和 48B 的信息字段，信元首部包含在 ATM 网络中传递信息所需的控制字段。ATM 的信元首部格式如图 4-1 所示。从图中可以看出，ATM 信元有两种不同的首部，它们分别对应于用户到网络接口（User Network Interface，UNI）和网络到网络接口（Network Network Interface，NNI）。这两种接口上的 ATM 信元首部仅仅是前两个字段有所差别，后面的字段完全一样。

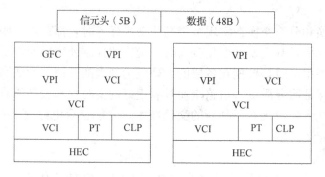

图 4-1　ATM 的信元首部格式

ATM 信元首部中各字段的含义如下：

1）通用流量控制（Generic Flow Control，GFC）4bit 字段，通常置为 0。该字段仅仅出现在 UNI 接口的信元首部，网络内部信元没有这个字段。GFC 字段用来在共享介质上进行接入流量控制，现在的点到点配置不需要这一字段的接入控制功能。

2）虚通路/虚通道标识符（Virtual Path Identifier/Virtual Channel Identifier，VPI/VCI）路由字段，该字段与帧中继中的 DLCI 字段的作用类似。在 UNI 接口中 VPI 占 8bit，而 NNI 接口中 VPI 占 12bit，这样在网络内部就可以支持更多数量的 VP。

3）有效载荷类型指示（Payload Type，PT）3bit 字段，用来指示信息字段中所装信息的类型。第一位为 0 表示用户信息，在这种情况下，第二位表示是否已经发生拥塞，第三位用来区分服务数据单元的类型。PT 字段第一位为 1 表示这个信元承载网络管理或维护信息。

4）信元丢失优先级（Cell Loss Priority，CLP）1bit 字段，用来在网络发生拥塞的情况下为网络提供指导。当网络负荷很重时，首先丢弃 CLP 为 1 的信元以缓解网络可能出现的拥塞。

5）首部差错控制（Header Error Control，HEC）8bit 字段，该字段对首部的前 4B 进行 CRC 校验。

3. ATM 协议参考模型

ATM 的协议参考模型，如图 4-2 所示。

ATM 协议参考模型中最上面包括控制平面、用户平面和管理平面。3 个平面相对独立，分别完成不同的功能。用户平面提供用户信息流的传送，同时也具有一定的控制功能，如流量控制、差错控制等。控制平面完成呼叫控制和连接控制功能，利用信令进行呼叫和连接的建立、监视和释放。管理平面包括层管理和面管理。其中层管理完成与各协议层实体的资源和参数相关的管理功能，同时层管理还处理与各层相关的信息流，面管理完成与整个系统相关的管理功能，并对所有平面起协调作用。

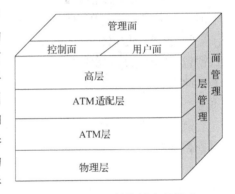

图 4-2 ATM 的协议参考模型

ATM 的分层结构采用 OSI 的分层方法，各层相对独立，分为物理层、ATM 层、ATM 适配层和高层。

（1）物理层　物理层进一步可划分为两个子层：物理媒体子层（Physical Media，PM）和传输汇聚子层（Transfer Convergence，TC）。

1）物理媒体子层。PM 子层是 ATM 物理层的下子层，主要定义物理媒体与物理设备之间的接口，以及线路的传输编码，最终支持位流在媒体上的传输。

2）传输汇聚子层。TC 子层是 ATM 物理层的上子层，作用是为其上层的 ATM 层提供一个统一的接口。在发送方，它从 ATM 物理层收信元，组装成特定的形式，以使其在物理媒体子层上传输；在接收方，TC 从来自 PM 子层的位或字节流中提取信元，验证信元头，并将有效信元传递给 ATM 层。

（2）ATM 层　ATM 层是 ATM 网络的核心，它的功能对应于 OSI 模型中的网络层。它为 ATM 网络中的用户和用户应用提供一套公用的传输服务。ATM 层提供的基本服务是完成 ATM 网上用户和设备之间信息传输。其功能可以通过 ATM 信元头中的字段来体现，主要包括信元头生成和去除、一般流量控制、连接的分配和取消、信元复用和交换、网络阻塞控制、汇集信元到物理接口以及从物理接口分拣信元等。

ATM 层向高层提供 ATM 承载业务服务，是对信元进行多路复用和交换的层次。它在端点之间提供虚连接，并且维持协定的服务质量，在连接建立时执行连接许可控制进程，在连接进行当中监察达成协定的履行情况。

ATM 层接收到 ATM 适配层（AAL）提供的信元载体后，必须为其加上信元头以生成信元，使信元能成功地在 ATM 网络上进行传输。当 ATM 层将信元载体向 AAL 传输时，必须去除信元头。信元载体提交给 AAL 后，ATM 层也将信元头信息提交给 AAL。所提交的信息包括用户信元类型、接收优先级以及阻塞指示。

（3）ATM 适配层　ATM 适配层（AAL）负责处理从高层应用来的信息，为高层应用提供信元分割和汇聚功能，将业务信息适配成 ATM 信元流。在发送方，负责将从用户应用传来的数据包分割成固定长度的 ATM 有效负载；在接收方，将 ATM 信元的有效负载重组成为用户数据包，传递给高层。

从功能上，AAL 分为两个子层：汇聚子层和拆装子层。

1）汇聚子层（Convergence Sublayer，CS）是与业务相关的。它负责来自用户平面的信息做分割准备，以使 CS 层能将这些信息再拼成原样。CS 层将一些控制信息子网头或尾附加到从上层传来的用户信息上，一起放在信元的有效负载中。

2）拆装子层（Segmentation And Reassembly，SAR）的主要功能是将来自 CS 子层的数据包分割成 44～48B 的信元有效负载，并将 SAR 层的少量控制信息作为头、尾附加其上。此外，在某些服务类型中，SAR 子层还可以具有其他一些功能，如误码检测、连接复用等。

（4）高层　CCITT 将各种服务分为 A、B、C、D 和 X。ATM 高层 A、B、C 和 D 四种服务类型的特点见表 4-2。

表 4-2　ATM 高层 A、B、C、D 四种服务类型的特点

服 务 类 型	A 类	B 类	C 类	D 类
AAL 类型	AAL1，AAL5	AAL2，AAL5	AAL3/4，AAL5	AAL3/4，AAL5
端到端定时	要求		不要求	
速率	恒定	可变		
连接模式	面向连接			无连接
应用举例	64kbit/s 语音	变位率图像	面向连接数据	无连接数据

A 类服务为面向连接的恒定速率（Constants Bit Rate，CBR）服务，主要提供恒定速率的语音及图像业务，电路仿真业务。

B 类服务为可变比特率（Variable Bit Rate，VBR）服务，主要用来传输可变位率的语音、视频服务，同时还用来传输优先级较高的数据。

C 类服务定义为 ATM 上的帧中继，主要提供面向连接的数据服务。

D 类服务表示 ATM 上的无连接的数据服务。

X 类服务允许用户或厂家自定义服务类型。

4. ATM 的工作原理

（1）虚通路和虚通道

物理链路（PhysicalLink）是连接 ATM 交换机到 ATM 交换机，ATM 交换机到 ATM 主机的物理线路。每条物理链路可以包括一条或多条虚通路（Virtual Path，VP），每条虚通路（VP）又可以包括一条或多条虚通道（VC）。这里，物理链路好比是连接两个城市之间的高速公路，虚通路好比是高速公路上的两个方向的道路，而虚通道好比是每条道路上的一条条的车道，那么信元就好比是高速公路上行驶的车辆。其关系如图 4-3 所示。

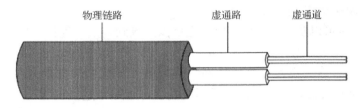

图 4-3　物理链路、虚通路与虚通道的关系

ATM 网的虚连接可以分为两级：虚通路连接（Virtual Path Connection，VPC）与虚通道连接（Virtual Channel Connection，VCC）。

在虚通路一级，两个 ATM 端用户间建立的连接被称为虚通路连接，而两个 ATM 设备间的链路被称为虚通路链路（Virtual Path Link，VPL）。那么，一条虚通路连接是由多段虚通路链路组成。虚通路连接与虚通道连接如图 4-4 所示。

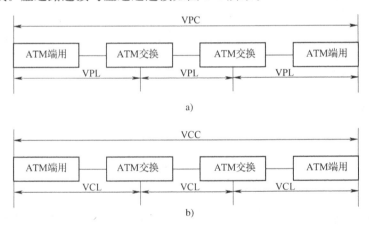

图 4-4　虚通路连接与虚通道连接
a）虚通路　b）虚通道

图 4-4a 给出了虚通路连接的工作原理。每一段虚通路链路（VPL）都是由虚通路标识符（Virtual Path Identifier，VPI）标识的，每条物理链路中的 VPI 值是唯一的。虚通路可以是永久的，也可以是交换式的。每条虚通路中可以有单向或双向的数据流。ATM 支持不对称的数据速率，即允许两个方向的数据速率可以是不同的。

图 4-4b 给出了虚通道连接的工作原理。在虚通道一级，两个 ATM 端用户间建立的连接被称为虚通道连接，而两个 ATM 设备间的链路被称为虚通道链路（Virtual Channel

Link，VCL）。虚通道连接（VCC）是由多条虚通道链路（VCL）组成的。每一条虚通道链路（VCL）都是由虚通道标识符（Virtual Channel Identifier，VCI）标识的。

虚通路链路和虚通道链路都是用来描述 ATM 信元传输路由的。每个虚通路链路可以复用多达 65535 条虚通道链路。属于同一虚通道链路的信元，具有相同的虚通道标识符 VPI/VCI 值，它是信元头的一部分。当源 ATM 端主机要和目的 ATM 端主机通信时，源 ATM 端主机发生连接建立请求。目的 ATM 网的虚拟连接就可以建立起来了。这条虚拟连接可以用虚通路标识（VPI）与虚通道标识（VCI）表示出来。

（2）虚连接的建立和拆除

ATM 中的连接可以是点到点的连接，也可以是点到多点的连接。根据建立的方式可分为永久虚连接（Permanent Virtual Connection，PVC）和交换虚连接（Switched Virtual Connection，SVC）。永久虚连接是通过网络管理等外部机制建立的，在这种连接方式中，处于 ATM 源站点和目的站点之间的一系列交换机都被赋予适当的 VPI/CPI 值。PVC 存在的时间较长，主要用于经常要进行数据传输的两站点间。SVC 是一种由信令协议自动建立的连接。

下面介绍 SVC 的建立和拆除过程。

图 4-5a 所示为虚连接建立的过程：

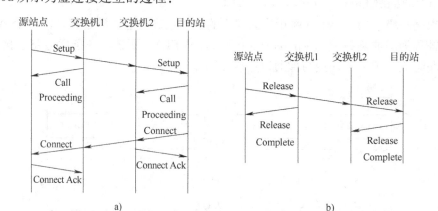

图 4-5　虚连接的建立和拆除

a）虚连接的建立　b）虚连接的拆除

1）源站点通过默认虚连接向目的站点发出连接建立（Setup）请求。该请求中包含源站点 ATM 地址、目的站点 ATM 地址、传输特性以及 QOS 参数等。

2）网络向要求建立连接的源点回送呼叫确认（Call Proceeding），表明呼叫建立已启动，并不再接收呼叫建立信息。

3）Setup 沿网络向目的地站点传播。在传播的每步，目的地都会返回确认（Call Proceeding）。

4）目的站点接收到连接建立请求后，若连接条件满足，则返回连接（Connect），表明接受呼叫。然后，网络用连接（Connect）响应源站点，源站点被接受。

5）在 Connect 返回源站点过程中，每一步均会产生连接确认（Connect ACK），最后源站点用连接确认（Connect ACK）响应网络。

当数据传输完成后，虚连接要拆除。图 4-5b 所示为虚连接拆除的过程：

1）要求拆除虚连接的源站点向网络发出拆除虚连接（Release）请求，相邻的交换机接到该消息后，向源站点返回拆除完成（Release Complete）。

2）Release 沿 ATM 网络向目的站点传播。在网络中传播的每一步，都会得到 Release Complete 确认。

3）Release 到达目的站点后，虚连接将被拆除。

ATM 采用了虚连接技术，将逻辑子网和物理网分离。ATM 先通过建立连接过程进行路由选择，两个通信实体之间的虚体连接建立起来后，再进行数据传输。ATM 通过将路由选择和数据传输分离开来，简化了数据传输中间的控制，提高了数据传输的速率。

5. ATM 应用

（1）ATM 局域网

ATM 局域网是指以 ATM 结构为基本框架的局域网络。它以 ATM 交换机作为网络交换节点，通过 ATM 接入设备将各种业务接入到 ATM 网络中，实现互联互通。

局域网发展已经经历了三代。第一代以 CSMA/CD 和令牌环为代表，提供终端到主机的连接，支持客户机-服务器结构。第二代以 FDDI 为代表，满足对局域网主干网的要求，支持高性能工作站。第三代以千兆位以太网与 ATM 局域网为代表，提供多媒体应用所需的吞吐量和实时传输的质量保证。

对于第三代局域网，有如下要求：

1）支持多种服务级别。例如，对于视频应用，为了确保性能，需要 2Mbit/s 连接，而对于文件传输，则可以使用后台服务器。

2）提供不断增长的吞吐量。这包括每个主机容量的增长以及高性能主机数量的不断增长。

3）能实现 LAN 与 WAN 互联。

ATM 可满足上述要求。利用虚通路和虚通道，通过永久连接或交换连接，很容易提供多种服务级别。ATM 也容易实现吞吐量的不断提升，例如，增加 ATM 交换机节点的数量和使用更高的数据速率与连接的设备通信。

虽然 ATM 网络具有带宽宽、速度高，并能提供服务质量等优点，其性能大大优于传统共享介质的局域网。但是 ATM 局域网也面临巨大的挑战，具体表现在以下几方面：

1）价格。目前以太网得到广泛应用的主要原因之一是价格低廉，而 ATM 要想成为局域网的主流技术，必须大幅度降低成本。

2）与现在局域网的连接。由于以太网等局域网技术非常成熟，应用广泛。因此，ATM 局域网必须解决与现在局域网络的互联，确保用户不必安装任何新的软硬件设备，就能通过 ATM 局域网进行通信。

3）扩展性。ATM 要想在应用广泛的局域网领域站稳脚跟，必须提高 ATM 局域网的扩展性，其主要是功能扩展性和带宽扩展性。

4）网络管理。现在局域网大都使用网络管理协议，网络管理简单统一。当 ATM 与现有局域网互联时，就会产生如何管理异构网络问题。

（2）ATM 广域网

在 B-ISDN 中的应用。业务的综合化和网络的宽带化是通信网的发展方向。尽管窄带综合业务数字网的性能远优于公用电话网，具有很大的经济价值，但是存在以下局限性：

1）传输带宽有限，最高能处理 2Mbit/s 的业务，难以支持高清晰度图像通信和高速数据通信。

2）业务综合能力有限，由于窄带综合业务数字网同时使用电路交换和分组交换两种交换方式，很难适应从低速到高速业务的有效综合。

3）用户接入速率种类少，不能提供低于 64kbit/s 的数字交换，网络资源浪费严重。

4）不能适应未来的新业务。

进入 20 世纪 90 年代以来，由于光纤传输技术、宽带交换技术和图像编码技术等取得了突破性的进展，同时人们对多媒体通信和高清晰电视等业务的需求与日俱增，宽带综合业务数字网（B-ISDN）受到了广泛的关注和研究。作为 B-ISDN 的交换技术，ATM 克服了传统的电路交换模式和分组交换模式的局限性。ATM 网络用户线速率可达 622Mbit/s，高速的数据业务能在给定的带宽内有效的满足用户的需求。

在企业主干网中的应用。ATM 已开始广泛应用于企业主干网，可为企业主干网能提供 155Mbit/s 以上的传输速率。当然，由于 1Gbit/s 以及 10Gbit/s 以太网的出现和发展，ATM 也面临着激烈的竞争。

现在几乎所有的 ATM 厂商和大多数著名网络厂商都提供使用光纤的 155Mbit/s ATM 主干网交换机，有的还提供 25Mbit/s 的 ATM 桌面产品。ATM 的传输速率正在向数 Gbit/s 至数十 Gbit/s 发展，ATM 作为企业主干网能否得到普及应用，主要取决于价格和标准的完善程度。

4.2.6　非对称数字用户回路（ADSL）

非对称数字用户回路（Asymmetric Digital Subscriber Loop，ADSL）的特点是能在现有的铜双绞线普通电话线上提供高达 8Mbit/s 的高速下载速率和 1Mbit/s 的上行速率，而其传输距离为 3~5km。其优势在于不需要重新布线，它充分利用现有的电话线网络，只需要在线路的两端加装 ADSL 设备即可为用户提供高速高带宽的接入服务，它的速度是普通 MODEM 拨号速度所不能及的，就连最新的 ISDN 一线通的传输速率也只有它的百分之一。这种上网方式不但降低了技术成本，而且大大提高了网络速度。

ADSL 还具有以下特点：

1）上网和打电话互不干扰。像 ISDN 一样，ADSL 可以与普通电话共存于一条电话线上，可在同一条电话线上接听、拨打电话并同时进行 ADSL 传输，它们之间互不影响。

2）ADSL 在同一线路上分别传送数据和语音信号，由于它不需要拨号，因而它的数据信号并不通过电话交换机设备，这意味着使用 ADSL 上网不需要缴付另外的电话费。

ADSL 的用途是十分广泛的，对于商业用户来说，可以组建局域网共享 ADSL 专线上网，利用 ADSL 还可以达到远程办公、家庭办公等高速数据应用，获取高速低价的、极高的性价比。

ADSL 的安装也十分方便快捷，用户现有线路不需改动，改动只需要在电信局的交换机房内进行。

4.2.7　虚拟专用网络（VPN）

1. VPN 的概念

虚拟专用网络（Virtual Private Network，VPN）是指利用密码技术和访问控制技术在公共网络（如 Internet）中建立的专用通信网络，它是利用 Internet 或其他公共互联网络的基础设施为用户创建数据通道，实现不同网络组件和资源之间的相互连接，并提供与专用网络一样的安全和功能保障。

在 VPN 中，任意两个节点之间的连接并没有传统专用网所需的端到端的物理链路，而是利用某种公众网的资源动态组成，VPN 对用户端透明，用户好像使用一条专用线路进行通信（见图 4-6），所以得名虚拟专用网络。在安全性方面，由于 VPN 直接构建在公用网上，实现简单、方便、灵活，但同时其安全问题也更为突出。VPN 用户必须确保其传送的数据不被攻击者窥视和篡改，并且要防止非法用户对网络资源或私有信息的访问。

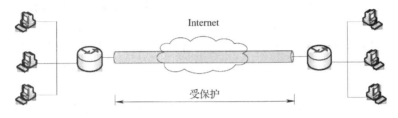

图 4-6 通过公众网的 VPN

使用 VPN 技术可以解决在当今远程通信量日益增大，企业全球运作广泛分布的情况下，员工需要访问中央资源，企业互相之间必须进行及时和有效的通信问题。

2. VPN 使用技术

IPSEC 是基于 IP 网络（包括 Intranet、Extranet 和 Internet）的，由 IETF 正式定制的开放性 IP 安全标准，它是 VPN 的基础。

IPSEC 提供 3 种不同的形式来保护通过共用或专用 IP 网络来传送的专用数据。

1）认证：用以确定所接收的数据与所发送的数据是一致的，同时可以确定申请发送者是否是真实发送者。

2）数据完整：保证数据从源发地到目的地的传送过程中没有任何不可监测的数据丢失或改变。

3）机密性：使相应的接收者能获取发送的真正内容，而无权获取数据的接收者无法获取。

在 IPSEC 由 3 个基本要素来提供以上保护形式：认证协议头（AH）、安全加载封装（ESP）和互联网密钥管理协议（IKMP）。认证协议头和安全加载封装可以通过分开或组合使用来达到所希望的保护等级。

IPSEC 的一个最基本的优点是它可以共享网络访问设备，甚至是所有的主机和服务器，这在很大程度上避免了升级网络资源。在客户端，IPSEC 构架允许在远程访问接入点路由器或基于纯软件方式使用普通调制解调器的 PC 和工作站上使用。而 ESP 通过两种模式（传送模式和隧道模式）在应用上提供更多的弹性。IPSEC 包可以在压缩原始 IP 地址和数据的隧道模式中使用。

1）传送模式：通常是当 ESP 在一台主机（客户机或服务器）上实现时使用，传送模式使用原始明文 IP 头，并且只加密数据，包括它的 TCP 和 UDP 头。

2）隧道模式：通常是当 ESP 在关联到多台主机的网络访问接入装置实现时使用，隧道模式处理整个 IP 数据包（包括全部的 TCP/IP 或 UDP/IP 头和数据）并用自己的地址作为源地址加入到新的 IP 头。当隧道模式设置在用户终端时，它可以提供更多的便利来隐藏内部服务器主机和客户机的地址。

3) 动态密钥交换技术：密钥管理包括密钥确定和密钥分发两个方面，网络通信最多需要 4 个密钥：AH 和 ESP 各有两个发送和接受密钥。密钥管理有手工和自动两种方式，手工管理系统在有限的安全需求下可以工作得很好，自动管理系统使用了动态密钥交换技术，使用自动管理系统，可以动态地确定和分发密钥，能满足所有的应用要求。自动管理系统具有一个中央控制点，密钥管理者可以更加安全，最大限度地发挥 IPSEC 的效用。

3. VPN 的安全性

由于 VPN 采用公用平台，安全性是极为重要的。除使用常用的防火墙抵御攻击外，还通过 VPN 防火墙或 VPN 服务器进行更严格的管理，主要有：身份认证，用"用户名/口令"方式；对用户访问进行授权；对数据进行加密，如采用 DES、IPSEC、RSA 等算法；对密钥进行管理；Intranet/Internet 之间的地址转换；安全性远程配置；集成式防火墙管理等。

目前，VPN 的安全性技术已经成熟。假设有人通过 Intranet/Internet 获得 IP 数据流，即使它采用相同的 VPN 产品，用相同的协议、算法进行解密，没有密钥也不可能使数据复原。

4. VPN 的优点

1) 通信费用的减少。用 Internet 网络把相隔甚远的两台 PC 互联的费用和用点对点专线或帧中继技术把两台 PC 互联的费用相比，要低得多。如果用 Internet 互联，两台机器只要呼入本地的 ISP 即可，承担的是本地的通信费用，如果用拨号电路线路或拨号 ISDN 线路进行互联，要承担的则是远地的通信费用。由于拨号用户和目的网络的 VPN 设备构成隧道，其通信特性和采用拨号线路直接和远程都一样。

2) 远程用户支持减少。各个远程用户通过 Internet 或其他商用网络进行互联时，这些技术支持应该由 ISP 或 NSP 来提供，而不是由单位负责提供。这样做可以节省原来的技术支持费用，而技术支持费用一般是不低的。

3) 广域网互联设备减少。VPN 减少了用于广域网连接的设备和维护费用，由于只是与 Internet 互联，所以中心路由器只需要一个广域网接口，而不是像以前为了支持多个远程用户同时访问而需要多个广域网接口或一个调制解调器池。而且这个和 Internet 互联的接口可以同时提供单位内用户访问 Internet 和远程用户通信，以及和其他合作伙伴通信等功能，使得广域网互联设备大大减少。当然，设备减少也降低了设备维护和更换的费用。

4) 容易扩展。VPN 使企业增加远程用户变得十分方便，每当增加一个远程用户，只需要到本地 ISP 建立一个账户即可，并且安装远程用户或远程局域网路由器的工作也变得十分简单，一旦实现和本地 ISP 互联，远程用户即可通过 Internet 实现和中心局域网的数据通信。

4.3 网络互联设备

4.3.1 网桥

网桥用于扩展网络的距离，有选择地将源地址的信号从一个传输介质发送到另一个传输介质，并能有效地限制两个介质系统中无关紧要的通信。网桥可分为本地网桥和远程网桥。

本地网桥是指在传输介质允许长度范围内连接网络的网桥。

远程网桥是指连接的距离超过网络的常规范围时使用的远程桥，通过远程桥互联的局域网将成为城域网或广域网。

网桥具有存储器和CPU，可以说网桥实际上相当于一个处理机，一个典型的网桥包括CPU、存储器和两个网络接口的计算机。网桥不运行应用软件，它只能完成一个功能，即CPU仅执行只读存储器中的代码。当然，也可以在一台PC上运行网桥。

1. 网桥的功能

中继器、网桥以及路由器主要解决的是网络通信线路的连接问题，所以它们工作在OSI的低三层。中继器实现网络间物理层的互联，从一个网络段上接受信号将之放大，重新定向后传送到另一个网络段上，以延长局域网的电缆长度。路由器是网络层的互联设备，不但可以用于局域网之间的互联，还可以在广域网之间、广域网与局域网之间实现互联功能，它不仅可以存储和转发分组，还具有路径选择、多路重发和错误检测的功能。网桥则工作在数据链路层，在局域网之间实现互联，中继器是放大电子信号的设备，网桥要高级一些，但是与路由器相比，网桥的结构与功能相对简单。网桥的功能如下：

1）数据过滤和转发。过滤有目的地址过滤、源地址过滤和协议过滤3种基本类型。

2）自我学习功能。

3）连接广域网络。

4）设备管理。包括配置管理、故障管理、性能管理和安全管理。

网桥的优点如下：

1）使用网桥进行互联克服了物理限制，这意味着构成LAN的数据站总数和网段数很容易扩充。

2）网桥纳入存储和转发功能可使其适应连接使用不同MAC协议的两个LAN，因而构成一个不同LAN混连在一起的混合网络环境。

3）网桥的中继功能仅仅依赖于MAC帧的地址，因而对高层协议完全透明。

4）网桥将一个较大的LAN分成段，有利于改善可靠性、可用性和安全性。

2. 网桥的分类

可以根据过滤表格处理方式的不同以及工作层次上的差异来进行分类。

1）根据网桥所在工作层来分类。网桥工作在数据链路层，根据电器与电子工程协会（IEEE）的规定，数据链路层又可以划分为两个子层：逻辑链路控制子层（LLC）和介质访问控制子层（MAC）。因此按照网桥所在工作层来分，网桥有MAC网桥和LLC网桥两种。

2）根据过滤表格的处理方式来分类。主要包括4种网桥：透明网桥、源路由网桥、转换网桥和封装网桥。

4.3.2 网关

1. 网关的概念

早期网关是指在两个局域网或者两台大型机之间提供从物理层到应用层的通信路径的设备。由于可以互联网络，基于这种应用的网关最早是指路由器，而且直到现在还有人这样使用。但是从本质上来讲，网关不能完全归为一种网络硬件。网关可以概括为能够连接不同网络的软件和硬件的结合产品。特别地，它们可以使用不同的格式、通信协议或结构连接起两个通信系统。从原理上来看，网关实际上是通过重新封装信息以使它们能被另一个系统进行处理。为了完成这项任务，网关必须能运行在 OSI 模型的 7 个层上。网关还必须能完成一些其他的功能，例如同各种应用进行通信，建立和管理会话，传输已经编码的数据，并解析逻辑和物理地址数据。

网关可以设在服务器、微型计算机或大型机上。由于网关具有强大的功能并且大多数时候都和应用有关，所以它们比路由器的价格更贵。另外，由于网关的传输更复杂，所以它们传输数据的速度要比网桥或路由器更低些。正是由于网关的速度较慢，因此容易造成网络阻塞。但是在某些场合，却必须使用网关。

网关工作在 OSI 7 层协议的传输层或更高层，实际上网关使用了 OSI 所有的 7 个层次。正像前面所说的那样，网关主要是用于连接不同体系结构的网络或局域网与主机的连接。在介绍的所有的互联设备中，毫无疑问网关是最为复杂的设备之一。在 OSI 中网关有两种：一种是面向连接的网关，一种是无连接的网关。当两个子网之间有一定距离时，往往将一个网关分成两半，中间用一条链路连接起来，称之为半网关。

无连接的网关用于数据报网络的互联，面向连接的网关用于虚拟电路网络的互联。例如，在网间互联和 X.25 与 X.75 协议间的互联。

网关在概念上与网桥相似，它与网桥的不同之处就在于：

- 它们工作在不同层，网关建在应用层，网桥建在数据链路层。
- 它们的功能不同，网关是用来实现不同局域网的连接。
- 网关相比网桥的一个主要优势是它可将具有不相容的地址格式的网络连接起来。

2. 网关的作用

1）网关把信息重新包装，其目的是适应目标环境的要求。

2）网关能互联异类的网络。

3）网关从一个环境中读取数据，剥去数据的老协议，然后用目标网络的协议进行重新包装。

4）网关的一个较为常见的用途是在局域网的微型计算机和小型机或大型机之间做翻译。

5）网关的典型应用应该是网络专用网络器。

3. 网关的分类

目前，主要有 3 种网关：协议网关、应用网关和安全网关。尽管有了很多的不同，它们之间还是有一个通用的意义，那就是作为两个不同的域或系统间中介的网关，要根据所需克服的差异的本质，来决定需要的网关类型。

1）协议网关。协议网关通常在使用不同协议的网络区域间完成协议转换。这一转换过程可以发生在 OSI 参考模型的第二层、第三层，或二、三层之间。

2）应用网关。应用网关是在使用不同数据格式间翻译数据的系统。典型的应用网关接收一种格式的输入，对其进行翻译，然后以新的格式发送。

3）安全网关。安全网关是各种技术的融合，具有重要的保护作用，其范围覆盖了从协议级过滤到十分复杂的应用级过滤。

4.3.3 路由器

路由器在互联网中扮演着十分重要的角色。通俗来讲，路由器是互联网的枢纽——"交通警察"。所谓路由就是指通过相互连接的网络把信息从源地点移动到目标地点的活动，其任务是将从输入端口收到的分组由指定的输出端口转发出去。一般来说，在路由过程中，信息至少会经过一个或多个中间节点。

通常，人们会把路由和交换进行对比，这主要是因为在普通用户看来两者所实现的功能是完全一样的。其实路由和交换之间的主要区别就是交换发生在 OSI 参考模型的第二层（数据链路层），而路由发生在第三层，即网络层。这一区别决定了路由和交换在移动信息的过程中需要使用不同的控制信息，所以两者实现各自功能的方式是不同的。

1. 路由器的组成

路由器整个结构可划分为两大部分：路由选择部分和分组转发部分。

（1）路由选择部分　路由选择部分也叫做控制部分，其核心构件是路由选择处理机，功能是构建路由表、定期和相邻路由器交换路由信息、维护路由表。

（2）分组转发部分　分组转发部分由输入端口、输出端口、交换结构三部分组成。

1）输入端口。输入端口是物理链路和输入包的进口处。端口通常由线卡提供，一块线卡一般支持 4、8 或 16 个端口，一个输入端口具有许多功能。

• 进行数据链路层的封装和解封装。

• 在转发表中查找输入包目的地址从而决定目的端口（称为路由查找），路由查找可以使用一般的硬件来实现，或者通过在每块线卡上嵌入一个微处理器来完成。

• 为了提供 QOS（服务质量），端口要对收到的包分成几个预定义的服务级别。

• 端口可能需要运行诸如 SLIP（串行线网际协议）和 PPP（点对点协议）这样的数据链路级协议或者诸如 PPTP（点对点隧道协议）这样的网络级协议。

• 一旦路由查找完成，必须用交换开关将包送到其输出端口。如果路由器是输入端加队列的，则有几个输入端共享同一个交换开关。这样输入端口的最后一项功能是参加对公共资源（如交换开关）的仲裁协议。

交换开关可以使用多种不同的技术来实现。迄今为止使用最多的交换开关技术是总线、交叉开关和共享存储器。最简单的开关使用一条总线来连接所有输入和输出端口，总线开关的缺点是其交换容量受限于总线的容量以及为共享总线仲裁所带来的额外开销。交叉开关通过开关提供多条数据通路，具有 N×N 个交叉点的交叉开关可以被认为具有 2N 条总线。如果一个交叉是闭合，输入总线上的数据在输出总线上可用，否则不可用。交叉点的闭合与打开由调度器来控制，因此，调度器限制了交换开关的速度。在共享存储器路由器中，进来的包被存储在共享存储器中，所交换的仅是包的指针。这提高了交换容量，但是，开关的速度受限于存储器的存取速度。尽管存储器容量每 18 个月能够翻一番，但存储器的存取时间每年仅降低 5%，这是共享存储器交换开关的一个固有限制。

2）输出端口。输出端口在包被发送到输出链路之前对包存储，可以实现复杂的调度算法以支持优先级等要求。与输入端口一样，输出端口同样要能支持数据链路层的封装和解封装，以及许多较高级协议。

3）交换结构。交换结构根据转发表对分组进行处理，将从某个输入端口进入的分组从一个合适的输出端口转发出去。转发就是路由器根据转发表将用户的 IP 数据报从合适的端口转发出去，转发表中的信息是根据路由表得出的，而路由表是根据"路由选择算法"由路由器从网络中获得的信息动态地建立的。

2. 路由器的作用

路由器的一个作用是连通不同的网络，另一个作用是选择信息传送的线路。选择通畅快捷的近路，能大大提高通信速度，减轻网络系统通信负荷，节约网络系统资源，提高网络系统畅通率，从而让网络系统发挥更大的效益。

从过滤网络流量的角度来看，路由器的作用与交换机和网桥非常相似。但是与工作在网络物理层、从物理上划分网段的交换机不同，路由器使用专门的软件协议从逻辑上对整个网络进行划分。例如，一台支持 IP 的路由器可以把网络划分成多个子网段，只有指向特殊 IP 地址的网络流量才可以通过路由器。对于每一个接收到的数据包，路由器都会重新计算其校验值，并写入新的物理地址。因此，使用路由器转发和过滤数据的速度往往要比只查看数据包物理地址的交换机慢。但是，对于那些结构复杂的网络，使用路由器可以提高网络的整体效率。路由器的另外一个明显优势就是可以自动过滤网络广播。

3. 路由器的工作原理

在讨论路由选择的原理时，往往不去区分转发表和路由表的区别，而是笼统地使用路由表这一名词。

路由器的工作原理类似于邮政系统中每个邮局的操作，即按邮政编码和通信地址，各级邮局将邮件最终分发给收件人。当路由器收到一个报文后，它首先获取报文中的目的地址。然后从目的地址中找出目的地的网络号，查找路由选择表，寻找与目的地址中网络号相匹配的项。每个路由选择表中保持着目的地路由中的下一个路由器地址。路由选择包括确定最佳路由操作和转发传输信息操作。路由器实现两个基本功能：一是将报文发送到正确的目的地；二是维持并确定最佳路由的路由选择表。

图 4-7 给出了一个路由选择典型例子。在这个例子中，报文来自网络 2，要发往 IP 地址为 192.168.3.3 的工作站。

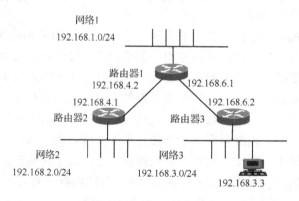

图 4-7　路由选择工作原理

第一步，网络 1 路由器接收来自网络 2 的报文，确定其目的网络号。

第二步，网络 1 路由器查找路由选择表（见表 4-3），确定输出端口和下一站地址（即网络 3 路由器 IP 地址）。

表 4-3　网络 1 路由器查找路由选择表

目标主机所在的网络	下一跳路由器的地址
192.168.1.0/24	直接连接，以太网端口
192.168.2.0/24	192.168.4.1
192.168.3.0/24	192.168.6.2

第三步，网络 3 接收报文，并将报文发送给 IP 地址为 192.168.3.3 的工作站。

分组在路由器的输入端口和输出端口都可能会在队列中排队等候处理。队列可能产生溢出，从而丢失分组。

4. 路由器新技术

目前，出现的对提高路由器性能起关键作用的几项新技术主要有以下几个方面：一是越来越多的功能以硬件方式来实现，CMOS 集成技术的提高使很多功能可以在专用集成电路（ASIC）芯片上实现，原来由软件实现的功能现在可由硬件更快、成本更低地完成，大大提高系统性能；二是分布式处理技术在路由器中采用，极大地提高了路由器的路由处理能力和速度；三是逐渐抛弃易造成拥塞的共享式总线，开始普遍采用交换式路由技术，在交换结构设计中采取巨型计算机内部互连网络的设计或引入光交换结构。另外路由表的快速查寻技术，QOS 保证以及采用 MPLS 技术优化未来网络，在路由器中引入光交换的趋势等方面也日渐受到人们的重视。当前路由器的新技术，主要指的就是在这三方面的创新。

（1）ASIC 技术　为了降低成本，ASIC 技术在路由器中得到了越来越广泛的应用。在路由器中，要极大地提高速度，首先想到的是 ASIC，ASIC 可以用于包转发、查路由。ASIC 技术的应用使路由器内的包转发速度和路由查找速度有显著的提高。

高速路由器将路由计算、控制等非实时任务与数据转发等实时任务分开，由不同部分完成。路由计算、控制等非实时任务由 CPU 运行软件来完成，数据转发等实时任务由专门的 ASIC 硬件来完成。自 1997 年下半年以来，陆续推出了采用专用集成电路（ASIC）进行路由识别、计算和转发的新型路由器，转发器负责全部数据转发功能。这种路由器用硬件按照时钟的节拍实现逐个数据包的转发，实现线速转发。

ASIC 技术的进展意味着更多的功能可移向硬件，提高了性能水平，增加了功能。与软件执行相比，ASIC 的性能是后者的 3 倍。但是全硬件化的路由器使用起来缺乏灵活性，且冒一定的风险，因为标准规范仍在不断演变过程中，于是出现了可编程 ASIC。可编程 ASIC 是 ASIC 的发展趋势，因为它可通过改写微码来适应网络结构和协议的变化。

（2）分布式处理技术　最初的路由器采用了传统计算机体系结构，包括共享中央总线、中央 CPU、内存及挂在共享总线上的多个网络物理接口。接口卡通过总线将报文上送 CPU，CPU 完成路由计算、查表、做转发决定处理，然后又经总线送到另一个物理接口发送出去。这种单总线单 CPU 的主要局限是处理速度慢，一颗 CPU 完成所有的任务，从而限制了系统的吞吐量。另外，系统容错性也不好，CPU 若出现故障容易导致系统完全瘫痪。这一切都造成传统路由器的转发性能很难有大的提高。

现代的路由器采取对报文转发采用分布式处理，可以插多个线路处理板，每个线路板独立完成转发处理工作，即做到在每个接口处都有一个独立 CPU，专门单独负责接收和发送本接口数据包，管理接收发送队列、查询路由表并做出转发决定等。通过核心交换板实现板间无阻塞交换，即一个板上输入的报文经过寻路后可以像通过导线直连那样，被交换到另一个板上输出，实现包交换，其整机吞吐量可以成倍扩充。而主控 CPU 仅完成路由器配置控制管理等非实时功能。这种体系结构的优点是本地转发/过滤数据包的决定由每个接口处理的专用 CPU 来完成，对数据包的处理被分散到每块接口卡上。线路板上有专用芯片完成二层、三层乃至四层的转发处理工作，硬件实现使转发能够达到线速（高速端口所连接线路的速率），达到了电路交换那样的性能，使路由器不会成为网络中的瓶颈。

（3）光路由器　随着网络的迅猛发展以及数据业务量的爆炸性持续增长，在网络连接方面迫切需要扩大网络容量。同步光纤网（SONET）难以承受网络如此巨大的业务量。密集波分复用（DWDM）技术应运而生，未来的骨干网络将步入一个全光网的时代。全光网带宽巨大，处理速度高，必然要求未来的路由器向着具有更高的传输速率以及更大的传输带宽的方向发展。不仅如此，它还应很好地解决以往路由器中长期困扰人们的 QOS、流量控制和价格昂贵问题。

光路由器是一个很好的解决方案。光路由器是在网络核心各光波长通道之间设置 MPLS 协议和波长选路协议（WARP）控制下的波长选择器件，实现选路交换，快速形成新的光路径。波长的选路路由由内部交叉矩阵决定，一个 N×N 的交叉矩阵可以同时建立 N×N 条路由，波长变换交叉连接可将任何光纤上的任何波长交叉连接到使用不同波长的任何光纤上，具有很高的灵活性。

目前，国内外的电信设备供应商（TEP）和 IP 设备供应商（IEP）都在加紧研制开发系列化的光交换/光路由产品。光路由器产品主要有 Cisco 的 ONS15900 光路由器，Corvis 的 CoreWave 光路由器，MontereyNetworks 公司的 Monterey20000 波长路由器。

第 5 章 Internet 概述及应用

Internet 是全球最大的由众多网络互联而成的开放计算机网络。它以 TCP/IP 进行数据通信，把世界各地的计算机网络连接在一起，进行信息交换和资源共享。由于 Internet 的成功和发展，人类社会的生活理念正在发生变化，Internet 把全世界联成一个地球村，全世界正在为此构筑一个数字地球。Internet 提供了包罗万象、瞬息万变的信息资源，成为人们获取信息的一种方便、快捷、有效的手段，是信息社会的重要支柱。

5.1 Internet 基础知识

5.1.1 Internet 的概念

Internet 是国际计算机互联网络，它并非是一个具有独立形态的网络，而是将全世界不同国家、不同地区、不同部门和机构的不同类型的计算机及各级主干网、广域网、城域网、局域网通过网络互联设备"永久性"地高速联接，因此是一个"计算机网络的网络"。Internet 主要由通信线路、路由器、主机与信息资源等部分组成。

Internet 是一个完全自由的松散社团，由许多单位组织和个人自愿将它们的时间和精力投入到 Internet 的开发中，创造出有用的东西，提供给其他人使用，从而形成了一个互惠互利的合作团体。Internet 改变了人们的生活方式，加速了社会向信息化发展的步伐。

5.1.2 Internet 的产生与发展

1. Internet 的产生

Internet 的前身是 1969 年美国国防部高级研究所计划局（ARPA）作为军用的实验网络，名字为 ARPAnet。该网在初期只有 4 台主机，其设计目标是当网络中的一部分因战争原因遭到破坏时，其余部分仍能正常运行。20 世纪 80 年代初期，ARPA 和美国国防部通信局研究成功用于异构网络的 TCP/IP 并投入使用。1986 年在美国国会科学基金会（NSF）的支持下，用高速通信线路把分布在各地的一些超级计算机连接起来，经过十几年的发展形成 Internet。Internet 代表着全球范围内一组无限增长的信息资源，其内容之丰富是任何语言也难以描述的。它是第一个实用信息网络，入网的用户既可以是信息的消费者，也可以是信息的提供者。

2. Internet 的发展

Internet 的真正发展是从 1986 年 NSFnet 的建立开始的。最初，美国国家科学基金会曾试图用 ARPAnet 作为 NSFnet 的通信干线，但这个决策没有取得成功。不直接从 ARPAnet 起步，其原因与其说是技术性的不如说是行政性的。正是由于 ARPAnet 的军用性质，并且受控于政府机构，不难想象，要把它作为 Internet 的基础并不是容易的事情。20 世纪 80 年代是网络技术取得巨大进展的年代，不仅大量涌现出诸如以太网电缆和工作站组成的局域网，而且奠定了建立大规模广域网的技术基础。正是在这时提出了发展 NSFnet 的计划。1988 年底，NSF 把在全国建立的 5 大超级计算机中心用通信干线连接起来，组成全国科学技术网 NSFnet，并以此作为 Internet 的基础，实现同其他网络的连接。采用 Internet 的名称是在 MILnet（由 ARPAnet 分出来的）实现和 NSFnet 连接后开始的。以后，其他联邦部门的计算机网络相继并入 Internet，从这以后，NSF 巨型计算机中心已经肩负着扩展 Internet 的使命。NSFnet 对 Internet 的重大贡献在于它使得 Internet 对全社会开放，而不再像以前那样仅仅能供计算机专家、政府职员和政府项目承包者使用。

Internet 在中国的发展大致可以分为两个阶段：

（1）第一阶段（1987—1993）　这一阶段中国与 Internet 的连接仅仅是电子信件的转发连接，并只在少数高校和科研机构提供了电子函件的服务。

1987 年 9 月，北京计算机应用技术研究所与德国卡尔斯鲁厄大学合作，建成中国科技网 CANET，它是中国第一个 Internet 电子函件服务节点，并于 1990 年 10 月正式向因特网信息中心注册中国的域名 cn。

1989 年中国科学院高能所通过美国斯坦福加速器中心实现国际电子函件的转发。同年 11 月，中国科学院计算机信息网络中心联合了清华大学和北京大学，开始利用光缆连接中关村地区的数十个研究所和这两所大学，虽然当时它还没有与 Internet 接通，但后来发展成为中国的国家主干网之一。

1990 年由电子部十五所、电子科学研究院、复旦大学和上海交通大学等单位与德国 GMD 合作建立中国研究网，连通国际电子函件系统。

但是在这个阶段，中国还没有自己的 Internet 主干网，因此，用户在使用 Internet 时需从本地局域网进入某个广域网，然后从广域网的某个节点进入美国的 Internet，再依次返回与该用户进行通信的另一个用户所在的本地局域网。比如，中国的两个用户利用 Internet 通信时，不论它们相距多近，都得绕道美国走一个来回。

（2）第二阶段（1994—1997）　1994 年 3 月，美国正式批准中国进入 Internet，中国政府也批准 Internet 与中国连通。

1994 年中国第一条 Internet 专线在中国科学院高能物理研究所正式接通。该所的 IHEPNET 网络迈出了与世界各地数百万计算机共享信息的第一步，并最先向中国 1000 多名科研人员提供了 Internet 的访问和使用，同时也提供了中国在 WWW 上的第一套主页。同年 8 月，在北京召开的高能物理大会第一次通过 Internet 由中国向全世界发布信息。同年 4 月，由国家计划委员会和世界银行资助建设的，由中国科学院、北京大学、清华大学的 3 个院校网组成的 NCFC（中国教育与科研示范网）通过一条 64kbit/s 专线与 Internet 接通。该网络后来进一步发展，并改名为 CSTnet（中国科技网），成为中国四大主干网之一。

也就在这一年，中国四大主干网之一的中国教育科研网（CERnet）开始建设。

1995 年，中国最大的主干网中国公用计算机互联网（Chinanet）开始建设。

1996 年，中国四大主干网之一的中国金桥信息网（ChinaGBN）开始扩建。

1997 年，中国四大主干网实现互联，国际线路总带宽达 26.64Mbit/s。

中国国内互联网，目前已建成和正在建设中的骨干网络是：中国公用计算机互联网（Chinanet）、中国教育和科研计算机网（CERnet）、中国科技网（CSTnet）、中国金桥信息网（ChinaGBN）、中国联通互联网（UNInet）、中国网通公用互联网（CNCnet）、中国国际经济贸易互联网（CIETnet）、中国移动互联网（CMnet）和中国长城互联网（CGWnet）等。

5.1.3 Internet 的管理

Internet 的管理机构非常松散，不存在一个绝对权威性的 Internet 管理机构。Internet 是一个互相协作、共同遵守一种通信协议的集合体。在 Internet 中，最权威的管理机构是由总部设在美国弗吉尼亚州雷斯顿市的 Internet 网络协会（Internet Society，ISOC）。ISOC 是一个志愿性的组织，其宗旨是促进世界各地的用户通过使用 Internet 网提供的技术交换信息。

ISOC 下面有一个技术组织叫做因特网体系结构委员会（Internet Architecture Board，IAB），负责管理因特网有关协议的开发，其主要职责是制定 Internet 技术标准，审定发布 Internet 的工作文件，规划 Internet 的长期发展战略，作为 Internet 技术策略等问题的国际协调中心。

IAB 下设工程部 IETF 和研究部 IRTF，其中 IETF 负责技术管理方面的具体工作，而 IRTF 负责技术发展方面的具体工作。

因特网工程部（Internet Engineering Task Force，IETF）是由许多工作组（Working Group，WG）组成的论坛（Forum），具体工作由因特网工程指导小组（Internet Engineering Steering Group，IESG）管理。这些工作组划分为若干个领域（Area），每个领域集中研究某一特定的短期和中期的工程问题，主要是针对协议的开发和标准化。

因特网研究部（Internet Research Task Force，IRTF）是由一些研究组（Research Group，RG）组成的论坛，具体工作由因特网研究指导小组（Internet Research Steering Group，IRSG）管理。IRTF 的任务是进行理论方面的研究和开发。

5.2 Internet 的基本技术

5.2.1 TCP/IP

TCP/IP 是全世界计算机赖以相互通信的基础，它就有点儿像是人类交流用的语法规则，为不同操作系统和不同硬件体系结构的互联网络提供通信支持。

1. TCP/IP 简介

TCP/IP 是英文 Transmission Control Protocol/Internet Protocol 的缩写，中文译为传输控制协议/因特网协议。它除了代表 TCP 与 IP 这两种通信协议外，更包含了与 TCP/IP 相关的数十种通信协议，例如：SMTP、DNS、ICMP、POP、FTP、Telnet 等。其实我们平常口语所谓的 TCP/IP 通信协议，其背后真正的意义就是指 TCP/IP 协议组合，而非单指 TCP 和 IP 两种通信协议。只因最具代表性的协议是 TCP 和 IP，所以用 TCP/IP 来代替。

在 Internet 网上，不是将一组完整的信息流连续地从一台主机传送到另一台主机，而是将信息分割成小包，TCP 就是将数据分割成若干小包，每个小包标有序列号和接收方的地址，同时还插入了错误控制信息，然后将这些小包通过网络发送。IP 的工作就是将这些小包送到远程主机，而在另一端，TCP 接收这些包并检查有无错误发生，如果发生错误，TCP 就会请求重发特定的包，一旦所有的包都被正确的接收，TCP 就将根据序列号重新构造原来的信息。所以，简单而言，TCP/IP 是一系列的协议，用于组织网络中计算机和通信设备上的信息传输，其在 Internet 中的工作就是将数据从一台计算机送至另一台计算机。

那么为什么要将数据分解成为数据包呢？这样做当然有好处。首先，由于这些数据包不必非在一起传送，所以通信线路可以把所有类型的数据包按它们自己的目的地从一个地方传送到另一个地方。当数据包全部到达自己的目的地后再重新组装。如果在传送过程中，某段线路的连接中断，控制数据包传送的计算机可以另外选择一条线路传送剩下的数据包。将数据分解成数据包的第二个好处是，如果某个数据包出错，计算机不必传送所有数据，只需将出错的数据包重新传输就可以了。但是，也可以看出，将数据分解成小数据包也不是一点缺点没有的，由于每一个数据包都被加入一些特定信息，比如出发地点、目的地点及序号，这无疑加大了数据的传送量。但是数据分解成小包后，传送非常灵活、可靠，再加上网上传递数据非常迅速，所以多一些数据也就无所谓了。

下面介绍 TCP/IP 中的几个概念。

（1）信息格式　在因特网中传送多种格式的数据信息和控制信息，常用的信息格式主要有以下几种：

1）帧（Frame）：它是数据链路层上的信息单元，由数据链路层的帧头、网络层数据和帧尾组成，如图 5-1 所示，帧头和帧尾包括了数据链路层的控制信息。

| 数据链路层帧头 | 网络层数据 | 数据链路层帧尾 |

图 5-1　数据链路层帧格式

2）数据包（Packet）：它是网络层上的信息单元，由网络层的包头、传输层数据和网络层的包尾组成，包头和包尾包括了网络层的控制信息，如图 5-2 所示。

| 网络层包头 | 传输层数据 | 网络层包尾 |

图 5-2　网络层数据包格式

3）数据报（Datagram）：它是无连接网络服务所使用的网络层信息单位。

4）段（Segment）：它是传输层的信息单位。

5）数据单元（DataUnit）：有许多种信息单元，常用数据单元有：服务数据单元（SDU）、协议数据单元（PDU）和网桥协议数据单元（BPDU）等。

（2）面向连接和面向无连接网络服务

1）面向连接网络服务：面向连接网络服务能提供可靠的端到端通信，即通信前需建立连接，通信结束后必须终止连接。它包括以下 3 个过程：在源系统和目的系统间建立一条连接；在已建立的连接上有序地传输数据；数据传完后，终止所建立的连接，供其他用户通信。

2）面向无连接网络服务：无连接网络服务不需要建立和终止连接，不用独立网络资源，而是可动态选择不同的网络路径来传输数据包，动态分配网络带宽。

3）两种网络服务的应用场合：对于实时性要求较高（例如音频、视频等）和大数据量传输应用来说，面向连接网络服务非常有用。对于突发性强的交互式数据，面向无连接网络服务则比较合适。

（3）地址　使用 TCP/IP 的互联网使用 3 个等级的地址，即物理（硬件）地址、互联网（IP）地址以及端口地址。

1）物理地址。物理地址也叫硬件地址或者媒体访问控制地址，在网络通信的最底层，所有的网络都必须使用物理地址进行通信，网络接口的制造商通常把物理地址编码到硬件中。制造商负责保证它制造的每一台设备物理地址的前 3 个字节相同，后 3 个字节赋予每台设备，因此世界上每台设备都有一个独一无二的 48 位（6 字节）物理地址。

2）互联网（IP）地址（因特网地址）。IP 地址是网络层地址，是因特网上主机地址的数字形式，与主机的域名一一对应。IP 地址是一组许多人在他们自己的工作站或终端看到的数，这个数唯一地标识了设备，目前广泛使用的是 IPv4。

3）端口地址。对于从源主机将许多数据传送到目的主机来说，因特网（IP）地址和物理地址是必需的。但是，到达目的主机并非在因特网上进行数据通信的最终目的。一个系统只能从一台计算机向另一台计算机发送数据是很不够的。计算机是多进程设备，即可以在同一时间运行多个进程。因特网通信的最终目的是使一个进程能够和另一个进程通信。例如，计算机 A 能够和计算机 C 使用 Telnet 进行通信。与此同时，计算机 A 还和计算机 B 使用 FTP 通信。为了能够同时做这些事情，需要有一种方法对不同的进程打上标号。换言之，必须将地址赋给这些进程。在 TCP/IP 体系结构中，给进程指派的标号叫做端口。

2. TCP/IP 的分层

TCP/IP（Transmission Control Protocol/Internet Protocol）于 20 世纪 70 年代末开始研究开发，1983 年初，ARPAnet 完成了向 TCP/IP 全部转换工作。同年，美国加州大学伯克利学院推出了内含 TCP/IP 的第一个 BSDUNIX，大大地推动了 TCP/IP 的应用和发展。现在，TCP/IP 已广泛应用于各种网络中，不论是局域网还是广域网都可以用 TCP/IP 来构造网络环境。Windows NT、Netware 等一些著名的网络操作系统都将 TCP/IP 纳入其体系结构中。以 TCP/IP 为核心协议的 Internet 更加促进了 TCP/IP 的应用和发展，TCP/IP 已成为事实上的国际标准。

TCP/IP 是一种因特网互联通信协议，其目的是将各种异构计算机网络或主机通过 TCP/IP 实现互联互通。为了实现这一功能 TCP/IP 和 ISO/OSI 一样均采用分层体系结构，每一层完成特定的功能，各层之间相互独立，采用标准接口传送数据。数据流动可看作是从一层传递到另一层，从一个协议传递到另一个协议。数据从应用层逐层向下传递到物理层，然后流经网络，数据到达目的地后，将通过协议簇向上传递到目的应用程序。

TCP/IP 分层体系只包含 4 个功能层，即：网络接口层、网际层、传输层和应用层。其中，网络接口层相当于 OSI 的物理层和数据链路层；网际层与 OSI 网络层相对应；传输层包含 TCP 和 UDP 两个协议，与 OSI 传输层相对应；应用层包含了 OSI 会话层、表示层和应用层功能，主要定义了远程登录、文件传送及电子函件等应用。

常用的 TCP/IP 协议如图 5-3 所示。TCP/IP 协议由 4 个层次的协议组成：

（1）网络接口层　TCP/IP 网络接口层完成 OSI 参考模型的数据链路层和物理层功能，

TCP/IP 层次	TCP/IP 主要协议	
应用层	SMTP、DNS、FTP、Telnet、SNMP、HTTP、NFS	
传输层	TCP	UDP
网际层	IP、ICMP、IGMP、ARP、RARP	
网络接口层	Ethernet、FR、ATM、Token-Ring、FDDI	

图 5-3　常用的 TCP/IP 协议

负责接收 IP 数据报，通过网络向外发送，或者从网络上接收物理帧，从中提出 IP 数据报，向上层传送。在 TCP/IP 网络接口层，TCP/IP 并没有定义任何特定的协议，它支持所有标准的和专用的协议。在 TCP/IP 互联网中的通信网络可以是局域网（LAN）、城域网（MAN）或广域网（WAN）。使用的协议有 Ethernet、FR、ATM、Token-Ring 和 FDDI 等。

（2）网际层　在网际层，TCP/IP 主要处理数据报和路由选择，是 TCP/IP 的核心部分，由 IP、ARP、RARP、ICMP 和 IGMP 协议组成。

1）网际协议（Internet Protocol，IP）负责在网络上传送由 TCP 或 UDP 生成的数据段，IP 对网络上的设备使用一组专门的 IP 地址，并且根据 IP 地址确定路由和目的主机。

2）地址解析协议（Address Resolution Protocol/Reverse Address Resolution Protocol，ARP/RARP）。计算机为了进行网上通信，最终要知道彼此的物理地址（硬件地址），当每条输出的 IP 数据报都封装于帧时，必须包括源主机和目的主机的物理地址。

ARP 实现 IP 地址到物理地址的转换；RARP 实现物理地址到 IP 地址的转换。

3）因特网控制报文协议（Internet Control Message Protocol，ICMP）负责根据网络上的设备状态发生检查报文，是传递网络控制信息的主要手段，还提供差错报告功能。

4）因特网组管理协议（Internet Group Message Protocol，IGMP）用来将一份报文同时传送给一组接收者。

（3）传输层　这是实现主机进程之间的"端到端"可靠数据传输的层次，又称为 TCP 层，与 OSI/RM 中定义的传送层基本相同。在这一层中定义了两个端到端传送协议。

1）传输控制协议（Transfer Control Protocol，TCP）：TCP 是一个可靠的面向连接的数据传送协议，它完成因特网内主机到主机之间流式数据的无差错的传输控制过程，包括对数据流的分段与重装、端到端流量控制、差错检验与恢复、目标进程的识别等操作。

传输控制协议是一个基于连接的通信协议，提供可靠的数据传输，TCP 提供传输保证，引入了确认、超时重发、流量控制和拥塞控制等机制，使数据能够正确地、无差别地到达目的地。

2）用户数据报协议（User Data Protocol，UDP）：UDP 是一个不可靠的、无连接的、直接面向多种应用业务的数据报传送协议。例如，网络控制和管理性的数据业务、客户/服务器模式的查询响应数据业务，以及语音和视频数据业务等。UDP 是实现高效、快速响应的重要协议。

用户数据报协议提供端到端的数据报的无连接服务，UDP 几乎不进行检查，不确认保证报文到达，不很可靠，但效率较高。

（4）应用层　因特网的应用层与 OSI 参考模型中的应用层差别很大，它不仅包括了从会话层以上 3 层的可能有的所有功能，而且还延伸到包括本地应用进程本身在内。可以这样认为，在传输层以下是开放的网络环境，也即人们习惯说的"TCP/IP 网络环境"，那么，应用层就是指这个网络环境以外的、但又要直接利用网络环境的一切应用系统或应用程序。

TCP/IP 应用层协议完成 OSI 参考模型的应用层、表示层和会话层功能，应用层协议很多，用于向用户提供一些常用的应用程序，主要有以下 7 种：

1）远程登录（Telecommunication Network，Telnet）。Telnet 提供远程登录的功能，即一个本地用户像远地用户一样，访问该远地主机系统的资源，但必须事先得到允许。

2）文件传输协议（File Transfer Protocol，FTP）。通过 FTP 一个本地用户可以把远地主机上的文件复制下来，也可以进行相反方向的操作，在请求文件传输之前，用户必须提交登录名和口令，系统将拒绝非法访问。

3）简单邮件传送协议（Simple Mail Transfer Protocol，SMTP）。SMTP 规定电子邮件如何在电子邮件系统中发送方和接收方之间的 TCP 连接传输，没有规定其他任何操作。

4）域名系统（Domain Name System，DNS）。DNS 实现把网络设备的符号名转换成 IP 地址，使用户能方便地访问因特网。

5）简单网络管理协议（Simple Network Management Protocol，SNMP）。SNMP 对网络进行监视和控制，以提高网络运行效率。

6）超文本传输协议（Hyper Text Transfer Protocol，HTTP）。HTTP 实现 Web 信息查询。

7）网络文件系统（Network File System，NFS）。NFS 实现主机间文件系统的共享。

5.2.2　Internet 的体系结构

Internet 具有一种独特的体系结构，它是采用以 TCP/IP 体系结构为基础，将不同的物理网络技术以及各种网络技术的子技术统一起来的一种高级技术，实现异种网的通信问题，向用户提供一致的通信服务的体系结构。Internet 体系结构的具体特点如下：

1）对用户隐蔽网络的底层节点，Internet 用户不必了解硬件连接的细节。

2）不指定网络互联的拓扑结构，尤其在增加新的网络时不要求全互联或严格的星形连接。

3）能通过各种网络收发数据。

4）网络的所有计算机共享一个全局的标识符（域名或地址）。

5）其用户界面独立于网络，建立通信和传输数据的一系列操作与低层网络技术和信宿机无关。

由于以上特点，在用户看来 Internet 是一个统一的网络。在某种意义上，可以把它看做是一个虚拟网。在逻辑上它是统一的、独立的，在物理上则由不同的网络互联而成。正是由于 Internet 的这种特性，广大 Internet 用户并不关心网络的连接，而只关心网间提供的丰富资源。

5.2.3　Internet 的工作方式

Internet 采用分组交换技术作为通信方式，这种通信方式是把数据分割成一定大小的信息包进行传输。为了便于在不同的局域网之间进行通信，Internet 在网络之间安装了一种称为路由器的专用设备，将不同的网络互相连接。这些网络可以是以太网、令牌环网或通信网。

通信网或以太网仿佛是邮件传输中的运输车。它们把邮件从一个地方送往另一个地方，而路由器就像各邮政分局，给出路径数据就像一个邮政分局给出邮件的路线一样。因为发送地邮政分局并未与目的地直接相连，因此邮件是由一个邮局送往另一个邮局，再由这个邮局送往下一个邮局，就这样一直将邮件送到目的地。也就是说，每个邮政分局只需要知道哪一条邮政路线可以用来完成传输任务，而且距离目的地最近就可以了。与此类似，Internet 也是要选择一条最好的路径来完成数据传输任务。

在 Internet 中，根据 TCP 将某台计算机发送的数据分割成一定大小的数据包，并加入一些说明信息。然后，由 IP 为每个数据包打包并标上地址，结果打包的数据包就可以"上路"了。在 Internet 上，这些数据包经过一个个路由器的指路，就像信经过一个个邮局，最后到达目的地。这时，再依据 TCP 将数据包打开，利用个"装箱单"检查数据是否完整。若安全无误，就把数据包重新组合并按发送前的顺序还原；如果发现某个数据包有损坏，就要发送方重新发送该数据包。这种方式称为无连接数据包服务。

与此对应的还有连接数据包服务，典型的比喻就像是两个人打电话，拨号时在两个电话之间经过一系列的电话局和电话分局的交换机临时建立起一条实际连接的通信线路，供两个人进行语音通话，通话结束后挂断话机，线路自动断开。

5.3　IP 地址与域名

5.3.1　IP 地址

IP 地址就是给每个连接在因特网上的主机分配一个在全世界范围内是唯一的 32 位的标识符，从而使用户可以在因特网上很方便地进行寻址。

一个 IP 地址用 32 位二进进制数表示，每 8 位一段，分成 4 段，为便于记忆和表述，二进制 IP 地址通常写成十进制数形式，段与段之间用句点隔开。如地址　11010010010010011000110000000010，实际上记为　210.73.140.2。

被每个·分开的十进制数，其值一定不会大于 255，否则就是一个错误的 IP 地址。如：80.256.200.0、112.0.34，221 等都是错误的。

1. IP 地址分类

所谓分类就是将 IP 地址划分为若干个固定类，每一类地址都由两个固定长度的字段组成，其中一个字段是网络号 net-id，用于标识主机所连接到的网络，另一个字段是主机号 host-id，用于标识该主机。

（1）A 类 IP 地址

1）网络号。A 类 IP 地址的 net-id 字段在 32 位地址中占第一个字节（0～7 位），第一位固定为 0，剩下的 7 位用于网络编号，可供使用的网络号是 126 个（即 2^7-2）。减 2 的原因有两个：一是网络号字段全 0（即 00000000）的 IP 地址是个保留地址，意思是"本网络"；二是网络号字段为 127（即 01111111）保留作为本地软件环回测试（loopbacktest）本主机之用（但除了 127.0.0.0 和 127.255.255.255 以外）。

所以 A 类地址的网络号共有 126 个，编号为 1~126。所以在看到以 1~126（含）开头的十进制 IP 地址时，就应确定其一定是 A 类 IP 地址。A 类地址是为非常大型的网络而提供的，由于其数量极少，所以它早已被申请分配完毕

2）主机号。A 类地址的主机号字段为 3 个字节，即剩下的 24 位用于表示网络中的主机号，因此，每一个 A 类网络中的最大主机数是 16777214（即 $2^{24}-2$）。这里减 2 的原因是：一是主机号字段全 0 的表示该 IP 地址是"本主机"所连接到的单个网络地址（例如，一主机的 IP 地址为 5.6.7.8，则该主机所在网络地址就是 5.0.0.0）。二是主机号字段全 1 表示表示该网络上的所有主机。

（2）B 类 IP 地址

1）网络号。B 类 IP 地址的 net-id 字段在 32 位地址中占前两个字节，共 16 位，但前两位固定为 10，剩下的 14 个二进制位用于网络号。由于不可能出现全 0 或全 1，所以其网络数有 $2^{14}=16384$ 个。实际上 B 类地址 128.0.0.0 是不指派的，而可以指派的 B 类最小网络地址是 128.1.0.0，因此，B 类地址的可用网络数为 16383（即 $2^{14}-1$）。

B 类地址的网络号范围为 128.0~191.255，当看到以 128~191（含）开头的十进制 IP 地址时，就应确定其一定是 B 类 IP 地址。

2）主机号。B 类地址中剩下的两个字节用于表示主机号，每个 B 类网络中共有 $2^{16}-2$ $=65534$ 个主机。减 2 是因为要排除全 0 或全 1 的情况。

（3）C 类 IP 地址

1）网络号。C 类地址有 3 个字节的 net-id 字段，共 24 位，最前面的 3 位固定为 110，后续 21 位可以进行分配。但 C 类网络地址 192.0.0.0 也是不指派的，可以指派的 C 类最小网络地址是 192.0.1.0，因此 C 类地址的网络总数是 2097151（即 $2^{21}-1$）。

C 类网络的网络号范围为 192~223（含），同样应能确定某个 IP 地址是否为 C 为类地址。

2）主机号。最后一个字节（共 8 位）用于表示每个网络内的主机数，去掉全 0 或全 1 两种情况，每个 C 类网络中共有 $2^8-2=254$ 个主机。

（4）D 类 IP 地址　前 4 位固定为 1110，为多播地址，留给因特网体系结构研究委员会使用。

（5）E 类 IP 地址　前 5 位固定为 11110，为保留地址。

2. IP 地址的特点

1）由网络号和主机号组成，是一种分等级的地址结构。IP 地址管理机构分配 IP 地址时，只分配网络号即可，主机号则由单位自行分配。同时，路由器只根据目的主机所连接的网络号来转发分组。

2）IP 地址和主机的地理位置没有对应关系。

3）当主机连接到两个网络时，同时具有两个相应的 IP 地址。

4）扩展的局域网具有相同的网络号。

5）在 IP 地址中，所有分配到网络号的网络都是平等的。

6）在同一个局域网上的主机或路由器的 IP 地址中的网络号必须是一样的。

7）路由器总是有两个或两个以上的 IP 地址。

8）当两个路由器直接相连时，在连线两端的接口处，可以指明也可以不指明 IP 地址。为了节省网络资源，常常不指明地址。

3. 特殊 IP 地址

在使用 IP 地址时，还要知道下列地址是保留作为特殊用途的，一般不使用。特殊的 IP 地址主要包括以下 6 类：

1）全 0 的网络号码。该类 IP 地址表示本网络上的主机 IP 地址。

2）全 0 的主机号码。这表示该 IP 地址就是网络的地址。

3）全 1 的主机号码。表示局部广播地址，即对该网络上所有的主机进行广播。

4）0.0.0.0。代表本机。只能做源地址。

5）127.X.X.X。该类 IP 地址用做本地软件回送测试地址。

6）全 1 地址 255.255.255.255。表示全网广播。

当局域网通过路由设备与广域网连接时，路由设备会自动将该地址段的信号隔离在局域网内部，因此，不用担心所使用的保护 IP 地址与其他局域网中使用的同一地址段的保留 IP 地址（即 IP 地址完全相同）发生冲突。所以，完全可以放心大胆地根据自己的需要选用适当的专有网络地址段，设置本单位局域网中的 IP 地址。路由器或网关会自动将这些 IP 地址拦截在局域网络之内，而不会将其路由到公有网络中。因此，即使在两个局域网中均使用相同的私有 IP 地址段，彼此之间也不会发生冲突。在 IP 地址资源已非常紧张的今天，这种技术手段被越来越广泛地应用于各种类型的网络中。当然，使用内部 IP 地址的计算机也可以通过局域网访问 Internet，只不过需要使用代理服务器才能完成。

4. IP 地址与物理地址

物理地址是数据链路层和物理层使用的地址，而 IP 地址是网络层及以上各层使用的地址。

在发送数据时，数据从高层下到低层，然后才到通信链路上传输。使用 IP 地址的 IP 数据报一旦交给了数据链路层，就被封装成 MAC 帧了。MAC 帧在传送时使用的源地址和目的地址都是物理地址，即硬件地址。

IP 地址放在 IP 数据报的首部，而硬件地址放在 MAC 帧的首部。在网络层及以上使用的是 IP 地址，而数据链路层及以下各层使用的是硬件地址。在数据链路层看不见数据报的 IP 地址，路由器只根据目的站的 IP 地址的网络号进行路由选择。

5.3.2 域名

Internet 主机地址有两种表示形式，一种是前面介绍过的 IP 地址，另一种是域名。

1. 域名概念的提出

IP 地址为 Internet 提供了统一的编址方式，直接使用 IP 地址就可以访问 Internet 中的主机。一般来说，用户很难记住 IP 地址。例如，用点分十进制表示的某个主机的 IP 地址为"202.113.19.122"，这样一串数字就很难记住。

然而，如果告诉你南开大学 WWW 服务器地址，用字符表示为"www.nankai.edu.cn"，每段字符串都有一定的意义，并且书写有一定的规律，这样就很容易理解，而且也容易记忆。为此提出了域名这个概念。

2. 域名结构

Internet 的域名结构是由 TCP/IP 协议集的域名系统（Domain Mame System，DNS）定义的。域名系统也与 IP 地址的结构一样，采用的是典型的层次结构。任何一个连接在因特网上的主机或路由器，都有一个唯一的层次结构的名字，即域名（Domainname）。域（Domain）是名字空间中一个可被管理的划分。域还可以继续划分为子域，如二级域、三级域等。

（1）域名的结构　　域名由若干个分量组成，名分量之间用点隔开：

四级域名 . 三级域名 . 二级域名 . 顶级域名

各分量代表不同级别的域名。每一级的域名都由英文字母和数字组成（不超过 63 个字符，并且不区分大小写）。级别最低的域名写在最左边，级别最高的顶级域名则写在最右边。完整的域名不超过 255 个字符。域名系统既不规定一个域名需要包含多少个下级域名，也不规定每一级的域名代表什么意思。各级域名由其上一级的域名管理机构管理，而最高的顶级域名则由因特网的有关机构管理（1998 年以后，非营利组织 ICANN 成为因特网的域名管理机构）。域名只是个逻辑概念，并不代表计算机所在的物理地点。

（2）顶级域名的分类　　现在顶级域名（Top Level Domain，TLD）有以下三大类：

1）国家顶级域名（nTLD）。采用 ISO3166 的规定。如：. cn 表示中国，. us 表示美国，. uk 表示英国等。国家顶级域名又常记为 ccTLD（cc 表示国家代码 country-code），现在使用的国家顶级域名约有 200 个左右。

2）国际顶级域名（iTLD）。采用 . int 为顶级域名。国际性的组织可在 . int 下注册。

3）通用顶级域名 gTLD。1994 年公布了 7 个，即：

- . com 表示公司企业
- . net 表示网络服务机构
- . org 表示非营利性组织
- . edu 表示教育机构（美国专用）
- . gov 表示政府部门（美国专用）
- . mil 表示军事部门（美国专用）
- . arpa 用于反向域名解析

2001 年后又加了 7 个：

- . ero 用于航空运输企业
- . biz 用于公司和企业
- . coop 用于合作团体
- . info 适用于各种情况
- . museum 用于博物馆
- . name 用于个人
- . pro 用于会计、律师和医师等自由职业者

（3）二级域名的管理　　在国家顶级域名下注册的二级域名均由该国家自行确定。如：荷兰就不另设二级域名，其所有机构均注册在顶级域名 . nl 之下。顶级域名为 . jp 的日本，将

其教育和企业机构的二级域名定为 .ac 和 .co 而不用 .edu 和 .com。

我国则将二级域名划分为"类别域名"和"行政区域名"两大类。

1）类别域名 6 个，分别为：

* .ac 表示科研机构
* .com 表示工、商、金融等企业
* .edu 表示教育机构
* .gov 表示政府部门
* .net 表示互联网络、网络信息中心（NIC）和网络运行中心（NOC）
* .org 表示各种非营利性的组织

2）行政区域名 34 个，适用于我国的各省、自治区、直辖市。

（4）我国三级域名的申请和管理　二级域名 .edu 下申请注册三级域名由中国教育和科研计算机网网络中心负责。在二级域名 edu 之外的其他二级域名下申请注册三级域名的，则应向中国互联网网络信息中心（CNNIC）申请。

（5）因特网的名字空间　图 5-4 所示为因特网名字空间的结构，它实际上是一个倒过来的树。

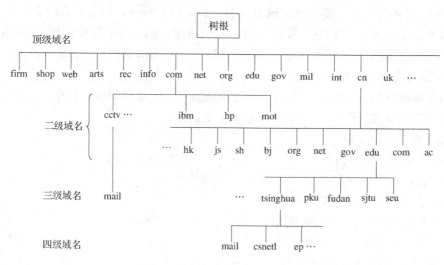

图 5-4　因特网的名字空间结构

树根在最上面而没有名字；树根下面一级的节点就是最高一级的顶级域节点；向下依次是二级域节点、三级域节点等；最下面的叶节点就是单台计算机。

3. 域名服务器

域名服务器是指保存有该网络中所有主机的域名和对应 IP 地址，并具有将域名转换为 IP 地址功能的服务器。

每一个域名服务器不但要能够进行一些域名到 IP 地址的解析，而且还必须具有连向其他域名服务器获取信息的能力，即当自己不能进行域名到 IP 地址的转换时，通过其他相连的域名服务器，完成这样的转换。

因特网上的域名服务器系统也是按域名的层次来安排的。每一个域名服务器只对域名体系中的一部分进行管理。现在共有以下 4 种不同类型的域名服务器。

（1）本地域名服务器（Local Name Server） 每一个 ISP 都可以拥有一个本地域名服务器，也称为默认域名服务器。

当一个主机发出 DNS 查询报文时，这个查询报文首先被送往该主机的本地域名服务器（默认域名服务器）。

如果本地域名服务器能够完成域名解析，则会把结果发送回请求的主机，如果不能完成，则会再去询问其他的域名服务器（通常是上一级的域名服务器）。

（2）根域名服务器（Root Name Server） 这是最高层次的域名服务器。

（3）顶级域名服务器（即 TLD 服务器） 这些域名服务器负责管理在该顶级域名服务器注册的所有二级域名。当收到 DNS 查询请求时就给出相应的回答（可能是最后的结果，也可能是下一步应当找的权限域名服务器的 IP 地址）。

（4）授权域名服务器（Authoritative Name Server） 每一个主机都必须在某个权限域名服务器处注册登记。因此权限域名服务器知道其管辖的主机名应当转换成什么 IP 地址。

4. 域名解析过程

在 ARPAnet 时代，整个网络上只有数百台计算机。那时使用一个叫做 hosts 的文件，列出所有主机名字和相应的 IP 地址。只要用户输入一个主机名字，计算机就可以很快地将这个主机名字转换成机器能够识别的二进制 IP 地址。

随着因特网规模的扩大，这种方式已经不适合了。1983 年因特网开始采用层次结构的命名树作为主机的名字，并使用分布式的域名系统（Domain Name System，DNS）。因特网的域名系统（DNS）是一个联机分布式数据库系统，并采用客户服务器方式。DNS 使大多数名字都能在本地完成解析，仅少量解析需要在因特网上通信，因此系统效率很高。

名字到 IP 地址的解析是由若干个域名服务器程序完成的。由于 DNS 是分布式系统，所以即使单个 DNS 服务器出了故障，也不会妨碍整个 DNS 系统的正常运行。

域名解析过程如下：

1）主机向本地域名服务器的查询一般都是采用递归查询（Recursive Query）。

所谓递归查询就是如果本地域名服务器不知道被查询域名的 IP 地址时，那么本地域名服务器就以 DNS 客户的身份向某个根（或上一级）域名服务器继续发出查询请求报文（即替原查询主机继续查询），而不是让该主机自己进行下一步的查询。

2）本地域名服务器向根域名服务器查询时，是优先采用迭代查询（Iterative Query）。

所谓迭代查询就是由本地域名服务器进行循环查询。

1）当根域名服务器收到查询请求报文但并不知道被查询域名的 IP 地址时，这个根域名服务器就把自己知道的顶级域名服务器的 IP 地址告诉本地域名服务器。

2）本地域名服务器根据已获得的顶级域名服务器的 IP 地址，向它们发送 DNS 查询报文，顶级域名服务器在收到本地域名服务器的查询请求后，就告诉本地域名服务器下一步应当向哪一个权限域名服务器进行查询。

3）依此查询下去，直到获得所要解析的域名的 IP 地址。

4）然后本地域名服务器再将此 IP 地址告知最初的 DNS 查询主机。

图 5-5 和图 5-6 是递归和迭代两种查询的示意图。

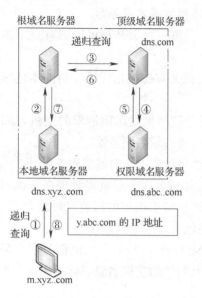

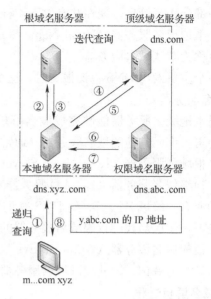

图 5-5　本地域名服务器采用递归查询　　　图 5-6　本地域名服务器采用迭代查询

5.3.3　IPv6 技术

1. IPv6 产生的背景

现在使用的 IP 的 IPv4 是在 20 世纪 70 年代设计的，80 年代初 TCP/IP 开始使用时，互联网上大约只有 1000 台主机，IPv4 的地址空间可以在 1670 万个网络上接入 40 亿台主机，这在当时简直就是天文数字。如此庞大的地址数目也导致了早期的地址分配不尽合理。例如，申请到一个 B 类地址的用户，可以使用 65000 多个 IP 地址，但实际上并没有接入这么多主机，相当一部分地址被闲置并且不能再分配。另外，由于历史的原因，美国一些大学和公司占用了大量的 IP 地址，例如 MIT 和 AT&T 等就占用了 1600 多万个 IP 地址，而分配给我国的地址数还不如美国一所大学多，使得在互联网快速发展的一些国家没有足够的 IP 地址使用。

Internet 规模爆炸式的增长远远超出互联网的先驱们制定 TCP/IP 时的想象，IPv4 的地址已经用掉了大部分，只有 C 类地址还有剩余，IPv4 地址将在近几年消耗殆尽，有人称之为"网络泰坦尼克危机"。

2. IPv6 的特点

IPv6 和 IPv4 一样，仍是无连接的传送。IPv6 和 IPv4 不兼容，但它与 Internet 上层的 TCP、UDP 兼容。

IPv6 和 IPv4 相比，主要的改进和特点如下：

大大地扩充了地址空间，多级地址结构，无类别地址。IPv6 地址增大到了 128 位，增加了地址的层次。

新的简化的首部格式。IPv6 使用一种新的数据报格式，首部由 IPv4 的 13 个字段减少到 8 个字段，使用了固定长度的首部和扩展首部。

简化了协议，加快了数据报的转发速度。例如，取消了首部校验和字段，改进了分片机制，只在源站进行分片。

对流的支持。流是特定源和目的之间的数据报序列，IPv6 报头中有专门的流标签字段。路由器根据流标签对流中的数据报进行同样的处理，加快了数据报的处理速度。IPv6 同时定义了流的优先级，以支持不同种类的业务需求，提供 QOS 支持。

安全功能。IPv6 将 IP 安全的认证首部和封装安全载荷作为标准配置，规定了身份认证扩展首部和封装安全载荷扩展首部，来保证信息在传输中的安全。

即插即用功能。计算机接入 Internet 时可自动获取 IP 地址。端点设备可以将路由器发来的网络前缀和本身的网卡地址综合，自动生成自己的 IP 地址，提供了极大的方便。对基于 IP 的第三代移动通信，即插即用更是必要，因为当移动终端进入新的子网后必须立即获得新的地址，来不及进行手动配置。

3. IPv6 的地址

IPv6 具有 128 位的地址空间且包容 3.4×10^{38} 个地址，比 32 位的 IPv4 地址空间要大 7.9×10^{28} 倍，它可以让地球上每个人都拥有大约 6×10^{28} 个 IP 地址，它可以让地球上每一粒沙子都有一个 IP 地址，可见，IPv6 的地址空间是何等之巨大。当然，实际分配的可用总数要小得多，但仍是一个巨大的数字。

IPv6 地址有三类：单播地址、任意播地址和组播地址。

1）单播地址。单播地址用来标识单个接口，发往单播地址的包被送往由该地址所标识的接口。

2）任意播地址。该地址是一系列接口的标识符，发往任意播地址的包被送往由该地址所标识的所有接口中的任意一个。

3）组播地址。该地址是一系列接口的标识符，发往组播地址的包被送往由该地址所标识的所有接口。

IPv6 地址用 X：X：X：X：X：X：X：X 来表示，其中 X 是一个 4 位十六进制数。由于地址太长，IPv6 地址允许用"空隙"来表示一长串零。如 2000：0：0：0：0：0：0：1 等同于 2000：1。

每个 IPv6 数据报都从基本首部开始，如图 5-7 所示。

图 5-7　IPv6 数据报基本首部的格式

在基本首部后面是有效载荷，它包括高层的数据和可能选用的扩展首部。

5.4 Internet 的基本服务功能

5.4.1 文件传送协议

1. 文件传送的概念

文件传送是互联网最广泛的应用之一，也是 Internet 最早的应用之一。在互联网进入商业用途之前，研制网络的科学技术人员就大量地使用这种方法在网络上进行学术交流。也可以讲，这是互联网最"古老"的用途之一。

文件传送服务允许用户在一个远程主机上登录，然后进行文件的传输。用户可以把远程主机上的文件"下载"到自己的用户主机上，也可以把文件"上传"到远程主机上。

2. 文件传送的工作过程

文件传送服务使用的也是客户端/服务器模式。用户主机要运行 FTP 客户端进程，把相应的用户命令转换成为 FTP 请求。远程主机要运行 FTP 服务器进程，服务器的进程包括主进程和从属进程两个类型。主进程只有一个，总处于待命状态；从属进程的个数不确定，随客户端请求的到来而产生，随服务完成而消亡。服务器的主进程负责接收客户端的 FTP 请求，每当有一个新的 FTP 请求到来时，服务器的主进程就要打开一个新的从属进程来处理这个客户端的请求。主进程并不具体地处理每一个客户端请求，它总处于等待和准备打开新从属进程的状态。从属进程在处理完客户端的请求以后就关闭了，处理的结果传输到客户端上，为客户端提供服务。

3. 文件传送协议

文件传送协议（File Transfer Protocol，FTP）的一个重要任务就是要减少或者是消除不同操作系统下文件的不兼容性。因为客户端和服务器（远程主机）可能是完全不同类型的计算机，更可能使用完全不同的操作系统，所以它们的文件类型（编码形式、组织形式等）就可能存在或多或少的差别。如果不能消除这些差别，文件传送到客户端时，客户端的操作系统就不能正确识别这种文件，展现在用户面前的将是一堆乱码或者是不能执行的程序。如果执行过程中产生不可预料的后果，就更可怕了。所以，消除文件的不兼容性是至关重要的。FTP 就是对客户端和服务器的操作系统进行鉴别，依照协议的规定对数据文件进行相应的转换。

传输的文件类型可以分为文本文件和二进制文件两种。一般情况下，为了保证传输的正确性，都以二进制文件进行传输。

4. 匿名 FTP 服务

文件传送协议把用户分成两种类型，第一种是"特许"型，第二种是匿名型。特许型用户可在文件传送服务器上有自己的账号（需要缴纳一定的费用），可以得到充分的服务（包括向服务器"上传"文件）。匿名 FTP 服务时，所有的用户使用统一的一个用户名 anonymous，用户的口令可以是任意的（但通常使用用户名或者电子邮件地址）。使用匿名服务是免费的，但是必定具有某些限制。这些限制包括，一般情况下用户不能向服务器"上传"文件，除非得到系统管理员的批准。有些远程主机对于匿名服务所提供的数量和服务空间也是有限的，不一定每个用户都能顺利得到服务。

虽然匿名文件传送服务有这些局限性，但是它对用户没有什么特别要求，所以得到广泛的应用。大量的软件和数据文件就是通过这种方法进行发布、为用户提供免费下载的。

5. FTP 的常用命令

FTP 的命令有 60 个，在这里只列出一些常用的命令加以介绍。

（1）建立 FTP 连接命令　运行 FTP，首先要与远程的 FTP 服务器建立连接，方法有以下两个：

1）运行 FTP 时即打开连接

ftp 计算机域名

或者

ftp　IP 地址

例如，现在要建立与 ftp. edu. cn 的连接，需要输入下面的命令：ftp ftp. edu. cn

2）使用 open 命令建立连接

执行 ftp，进入命令状态，在此状态下输入 open 命令：

ftp＞open 计算机域名（或者 IP 地址）

仍以建立与 ftp. edu. cn 的连接为例，需要输入下面的命令：ftp＞open ftp. edu. cn

（2）文件目录的查询　进入 FTP 命令状态后，用户可以使用不同的命令，改变自己在 FTP 服务器中的工作目录或查询目录中的文件。

1）查询当前目录

ftp＞pwd

2）改变当前工作目录

ftp ＞cd 目录

3）列目录

列目录的命令有 ls 和 dir。

ls 目录只是简单列出文件目录，使用方法如下：ftp＞ls 文件名 或 ftp＞ls-IR 文件名

dir 目录为用户列出较为详尽的目录信息，该目录支持"＊"及"？"通配符，其使用方法类似于在 DOS 中的使用。

使用方法如下：ftp＞dir 目录名

（3）支持 FTP 传输模式　FTP 支持文本方式和二进制方式两种传输模式。因此，在使用 FTP 时，要对 FTP 设置传输模式。默认情况下，FTP 为文本方式传输。

1）设置文本方式

ftp＞ascii

2）设置二进制方式

ftp＞binary

（4）从 FTP 服务器中取文件　设置完成传输模式后，就可以传输文件了。从 FTP 服务器中取文件有 get 和 mget 两种方法。

1）执行 get 命令，可以从 FTP 服务器上传输指定的一个文件。

ftp＞get 文件名

2）执行 mget 命令，可以从 FTP 服务器上传输指定的多个文件，该命令支持"＊"及

"？"通配符。

使用方法如下：ftp＞mget 文件名［文件名……］

例如，要从服务器上下载以 he 开头的文件，可以执行下面的命令：ftp＞mget he＊

（5）向 FTP 服务器中发送文件　向 FTP 服务器中发送文件，使用 put 命令，方法如下：ftp＞put 文件名

注意：用户只有在 FTP 服务器上有写的权限时才能向 FTP 服务器中发送文件。

6. IE 浏览器中的 FTP

IE 浏览器中包含了 FTP 客户程序，因此使用 IE 浏览器可方便地访问 FTP 服务器。

在 IE 浏览器的地址栏中输入以"ftp：//"开头的 URL，如访问 zzit 的 FTP 服务器，则输入：ftp：//ftp. zzit. edu. cn，会显示一个类似文件夹的目录结构，直接单击对应的链接进入相应的目录。

如果找到了需要的文件，则可以单击该文件对应的链接进入下载过程。当系统询问是在"当前打开文件"，还是"保存到本地磁盘"时选择保存，屏幕上会出现一个对话框供选择保存位置和保存名称，确定后进入下载进程。

5.4.2　远程登录

远程登录服务又被称为 Telnet 服务，它是 Internet 中最早提供的服务功能之一，目前很多人仍在使用这种服务功能。

1. 什么是远程登录

在分布式计算环境中，常常需要调用远程计算机资源同本地计算机协同工作，这样就可以用多台计算机来共同完成一个较大的任务。协同操作的工作方式要求用户能够登录到远程计算机中，启动某个进程并使进程之间能够相互通信。为了达到这个目的，人们开发了远程终端协议（Telnet 协议）。Telnet 协议是 TCP/IP 协议簇的一部分，它定义了客户机与远程服务器之间的交互过程。

远程登录服务是指用户使用 Telnet 命令，使自己的计算机暂时成为远程计算机的一个仿真终端的过程。一旦用户成功地实现了远程登录，用户的计算机就可以像一台与远程计算机直接相连的本地终端一样工作。

远程登录允许任意类型的计算机之间进行通信。远程登录之所以能提供这种功能，主要是因为所有的运行操作都是在远程计算机上完成的，用户的计算机仅仅是作为一台仿真终端向远程计算机传送关键信息与显示结果。

2. 远程登录协议

系统差异性是指不同厂家生产的计算机在硬件或软件方面的不同。系统的差异性给计算机系统的互操作性带来了很大的困难。Telnet 协议的优点就是能解决不同类型的计算机系统之间的互操作问题。

不同计算机系统的差异性首先表现在不同系统对终端键盘输入命令的解释上。例如，有的系统用 return 或 enter 作为行结束标志，有的系统用 ASCII 字符的 CR，而有的系统则用 ASCII 字符的 LF。键盘定义的差异性给远程登录带来了很多问题。为了解决系统的差异性，Telnet 协议引入了网络虚拟终端的概念，它提供了一种专门的键盘定义，用来屏蔽不同计算机系统对键盘输入解释的差异性。

3. 远程登录的工作方式

远程登录服务采用的是典型的客户机/服务器模式，在远程登录过程中，用户的实际终端采用用户终端的格式与本地 Telnet 客户机进程通信；远程系统采用远程系统的格式与 Telnet 服务器通信。

在 Telnet 客户机进程与 Telnet 服务器进程之间，通过网络虚拟终端（NVT）标准来进行通信。在采用网络虚拟终端后，不同的用户终端格式只与标准的网络虚拟终端打交道，而与各种不同的本地终端格式无关。Telnet 客户机进程与 Telnet 服务器进程一起完成用户终端格式、远程主机系统格式与标准的网络虚拟终端（NVT）格式的转换。

4. 如何使用远程登录

如果要使用 Telnet 功能，需要具备以下条件：首先，用户的计算机要有 Telnet 应用软件，例如 Windows 操作系统提供的 Telnet 客户端程序；其次，用户在远程计算机上有自己的用户账户（包括用户名与密码），或者该远程计算机提供公开的用户账户。

用户在使用 Telnet 命令进行远程登录时，首先应在 Telnet 命令中给出对方计算机的主机名或 IP 地址，然后根据对方系统的提示正确输入用户名与密码。有时还需要根据对方的要求，回答自己所使用的仿真终端的类型。Internet 有很多信息服务机构提供开放式的远程登录服务，登录到这种计算机时，不需要事先设置用户账户，使用公开的用户名就可以进入系统。

用户可以使用 Telnet 命令，使自己的计算机暂时成为远程计算机的一个仿真终端。一旦用户成功地实现了远程登录，用户就可以像远程计算机的本地终端一样进行工作，使用远程计算机对外开放的全部资源，如硬件、程序、操作系统、应用软件及信息资源。

5.4.3 电子邮件

电子邮件（E-mail）是利用计算机网络的通信功能实现信件传递的一种技术，是因特网上使用最广泛的一种服务。由于电子邮件通过网络传送，实现了信件的收、发、读、写的全部电子化，不但可以收发文本，还可以收发声音、影像，具有方便、快速、不受地域或时间限制、费用低廉等优点，很受广大用户欢迎。

1. 电子邮件收发

电子邮件系统由邮件服务器端与邮件客户端两部分组成，邮件服务器包括接收邮件服务器和发送邮件服务器。

当用户发出一份电子邮件时，邮件首先被送到收件人的邮件服务器，存放在属于收信人的 E-mail 信箱里。所有的邮件服务器都是 24h 工作，随时可以接收或发送邮件，发信人可以随时上网发送邮件，收件人也可以随时连通因特网，打开自己的信箱阅读信件。由此可知，在因特网上收发电子邮件不受地域或时间的限制，双方的计算机并不需要同时打开。

2. 电子邮件地址

和通过邮局寄发邮件应写明收件人的地址类似，使用因特网上的电子邮件系统的用户首先要有一个电子信箱，每个电子信箱应有一个唯一可识别的电子邮件地址。任何人可以将电子邮件投递到电子信箱中，而只有信箱的主人才有权打开信箱，阅读和处理信箱中的邮件。

电子邮件地址的统一格式为：

收件人邮箱名@邮箱所在的主机域名

它由收件人用户标识（如姓名或缩写），字符"@"（读作"at"）和电子信箱所在计算机的域名三部分组成，地址中间不能有空格或逗号。例如 abc@sina.com 就是一个名为 abc 的用户在新浪的邮箱。

3. 电子邮件格式

电子邮件都有两个基本部分：信头和信体。信头相当于信封，信体相当于信件内容。

1）信头。信头中通常包括如下几项：

收件人：收件人 E-mail 地址。多个收件人地址之间用分号（；）隔开。

抄送：表示同时可接到此信的其他人的 E-mail 地址。

主题：类似一本书的章节标题，它概括描述信件内容的主题，可以是一句话或一个词。

2）信体。信体就是希望收件人看到的正文内容，有时还可以包含有附件，比如照片、音频、文档等文件都可以作为邮件的附件进行发送。

5.4.4 万维网

万维网（World Wide Web，WWW）的出现是 Internet 发展中的一个里程碑。WWW 服务是 Internet 上最方便与最受用户欢迎的信息服务类型，它的影响力已经远远超出了专业技术范畴，并已进入电子商务、远程教育、远程医疗与信息服务等领域。

1. 超文本与超媒体

要想了解 WWW，首先要了解超文本（Hypertext）与超媒体（Hypermedia）的基本概念，因为它们是 WWW 的信息组织形式，也是 WWW 实现的关键技术之一。

长期以来，人们一直在研究如何对信息进行组织，其中最常见的方式就是现有的书籍。书籍采用有序的方式来组织信息，它将所要讲述的内容按照章、节的结构组织起来，读者可以按照章节的顺序进行阅读。

随着计算机技术的发展，人们不断推出新的信息组织方式，以方便对各种信息的访问。在 WWW 系统中，信息是按照超文本方式组织的。用户直接看到的是文本信息本身，在浏览文本信息的同时，随时可以选中其中的"热字"。热字往往是上下文关联的单词，通过选择热字可以跳转到其他的文本信息。

超媒体进一步扩展了超文本所链接的信息类型。用户不仅能从一个文本跳到另一个文本，而且可以激活一段声音，显示一个图形，甚至可以播放一段动画。在目前市场上，流行的多媒体电子书籍大都采用这种方式。例如，在一本多媒体儿童读物中，当读者选中屏幕上显示的老虎图片、文字时，可以播放一段关于老虎的动画。超媒体可以通过这种集成化的方式，将多媒体的信息联系在一起。

2. WWW 的工作方式

WWW 是以超文本标记语言（HyperText Markup Language，HTML）与超文本传输协议（HyperText Transfer Protocol，HTTP）为基础，能够提供面向 Internet 服务的、一致的用户界面的信息浏览系统。

WWW 系统的结构采用了客户机/服务器模式，其工作原理是：信息资源以主页（也称网页）的形式存储在 WWW 服务器中，用户通过 WWW 客户端程序（浏览器）向 WWW 服务器发出请求；WWW 服务器根据客户端请求内容，将保存在 WWW 服务器中的某个页面发送给客户端；浏览器在接收到该页面后对其进行解释，最终将图、文、声并茂的画面呈现给用户。我们可以通过页面中的链接，方便地访问位于其他 WWW 服务器中的页面，或是其他类型的网络信息资源。

3. URL 与信息定位

在 Internet 中有如此众多的 WWW 服务器，而每台服务器中又包含很多主页，如何找到想看的主页呢？这时，就需要使用统一资源定位器（Uniform Resource Location，URL）。

标准的 URL 由如下三部分组成：服务器类型、主机名和路径及文件名。例如，南开大学的 WWW 服务器的 URL 为

http：//www. nankai. edu. cn/index. html

协议类型　　主机名　　路径及文件名

其中，"http："指出要使用 HTTP 协议，"www. nankai. edu. cn"指出要访问的服务器的主机名，"index. html"指出要访问的主页的路径与文件名。

因此，通过使用 URL 机制，用户可以指定要访问什么服务器、哪台服务器、服务器中的哪个文件。如果用户希望访问某台 WWW 服务器中的某个页面，只要在浏览器中输入该页面的 URL，便可以浏览到该页面。

4. 主页

在 WWW 环境中，信息以信息页的形式来显示与链接。信息页由 HTML 语言来实现，在信息页间可建立超文本链接以便于浏览。

主页（Home Page）是指个人或机构的基本信息页面，用户通过主页可以访问有关的信息资源。

主页一般包含以下几种基本元素：

文本（Text）最基本的元素，就是通常所说的文字。

图像（Image）WWW 浏览器一般只识别 GIF 与 JPEG 两种图像格式。

表格（Table）类似于 Word 中的表格，表格单元内容一般为字符类型。

超链接（Hyperlink）HTML 中的重要元素，用于将 HTML 元素与其他主页相链接。

主页就是通过 Internet 了解一个学校、公司或政府部门的重要手段。WWW 在商业上的重要作用就体现在这里。人们可以使用主页介绍公司的概况、展示公司新产品的图片、介绍新产品的特性，或利用它来公开发行免费的软件等。

5. WWW 浏览器

WWW 浏览器是用来浏览 Internet 上的主页的客户端软件。WWW 浏览器为用户提供了寻找 Internet 上内容丰富、形式多样的信息资源的便捷途径。

现在的 WWW 浏览器的功能非常强大，利用它可以访问 Internet 上的各类信息。更重要的是，目前的浏览器基本上都支持多媒体特性，可以通过浏览器来播放声音、动画与视频，使得 WWW 世界变得更加丰富多彩。

5.4.5　电子公告牌

电子公告牌（BBS）是 Internet 上发布和获取信息最常用的方式之一，可以在那里和朋

友聊天，组织沙龙，谈问题，获得帮助，也可以为别人提供信息。

1. 电子公告牌的含义和功能

电子公告牌（Bulletin Board System，BBS）是 Internet 上一种休闲性信息服务系统，用户可以通过它发布通知和消息，进行各种信息交流。BBS 通常是由某个单位或个人提供的。用户可以根据自己的兴趣访问任何 BBS。和网络新闻不同，Internet 上的电子公告牌相对独立，不同的 BBS 站点的服务内容差别很大，因为建立网站的目的和对象都不同。

不同 BBS 彼此之间并没有特别的联系，但有些 BBS 之间也相互交换信息

2. BBS 工作原理

BBS 采用客户端/服务器模式。客户方不需要特别的软件，只需要通过 Telnet 客户程序登录到 BBS 服务器上。如果是第一次访问某台 BBS 服务器，那么用户可以在 BBS 服务器上为自己申请一个账号，以后就可以用这一账号访问该 BBS 服务器。所以也可以说 BBS 服务器是一个特殊的远程登录系统。BBS 服务器通常运行在 UNIX 工作站上，目前国内的 BBS 系统都支持中文。一般情况下，BBS 服务器可允许上千人同时联机。

电子公告牌的主题多种多样，其范围从科学、政治、文学、艺术到幽默、厨艺、体育、产品、影视、股票、音乐等无所不包。每个 BBS 服务器的风格和内容可能差异很大，但提供的功能都大同小异。BBS 最基本的功能包括以下 6 个：

（1）信息公布栏　这是 BBS 最基本的功能。通常每个 BBS 上都会搜集有关如何使用 BBS、本站规则、国内外 BBS 列表、版主的权利和义务、版权申明、统计信息以及其他讨论区精华汇集等信息。

（2）分类讨论区　这是 BBS 最主要的功能。每个 BBS 都包含各种类别的讨论区，比如计算机技术、人文社会、学术科学、Internet 技术探讨、健身娱乐、站内管理等。在各个讨论区中，用户可以阅读、发表、保存、转发文章，还可以发邮件给文章的作者。

（3）线上聊天　通过该功能，BBS 线上用户可以实时地进行文字聊天，还可以几个人开一个私人会议，是一个非常方便的交流场所。

（4）在线游戏　线上用户可以一起玩游戏，比如象棋、围棋等。

（5）电子邮件　每个 BBS 用户都拥有自己的邮箱，这只是为了站内用户交换信息用的。有的 BBS 站点并不允许用户从外面给站内用户发送邮件。

（6）个人工具箱　在这里用户可以设定个人资料，包括真实姓名、住址、电子邮箱。这些通常是在用户申请 BBS 账号时设定的。还可以编辑和修改个人档案，包括签名档、个人备忘录、离站画面等。

3. 常用的 BBS 软件介绍

通常使计算机成为终端方式来访问 BBS。目前有不少常用的 BBS 客户端软件，包括 telnet、nererm、cterm 等。虽然各具特色，但都具有执行远程登录、地址簿、进行文本的复制和粘贴、对终端进行设置的功能。

目前，越来越多的 BBS 站开设了 WWW 的功能，即能通过浏览器来完成阅读、发表文章等功能。访问方法是在 URL 地址栏中输入 BBS 站的地址，如要通过浏览器来访问清华大学的 BBS，则只需在 URL 中输入 http：//bbs. tsinghua. edu. cn。

5.5　如何接入 Internet

为了使用 Internet 提供的各种服务，查询网上的丰富资源，首先要将计算机接入到 Internet 上。如何将一台计算机以主机的身份接入 Internet，即使对于专业人员来说也是一件困难的工作。而对于普通用户来说，主要关心的是如何用个人计算机浏览 WWW，收发电子邮件以及阅读网络新闻等。

5.5.1　Internet 的连接类型

众所周知，Internet 是网络的网络，因此将一台个人计算机接入到 Internet 中，必须先接入到一个已经连入到 Internet 的网络系统中。这一网络可以是 UNIX 主机系统，也可以是运行 Novell 或 Windows NT 的局域网。在物理形态上，一台计算机接入某一网络，必须通过一定的连接或通信方式，如电缆、电话线等。按照连接的物理方式的不同，可以将连接类型分为 3 种。

1. 局域网连接

当一台计算机是某一局域网的一台工作站的时候，如果此局域网被接入了 Internet，那么作为局域网一个组成部分的工作站计算机也就接入了 Internet。在这种情况下，局域网是 Internet 的一个子网，而工作站计算机也是 Internet 的一个组成部分，它拥有自己固定的 IP 地址。

2. 专线连接

专线连接是指通过铺设专门的线路，将某台计算机网络接入 Internet，这种连接方式主要是为了网络接入服务的。专线连接的费用较高，单个计算机一般不采用这种方式。

随着宽频技术的发展，出现了一种称作 ADSL 的接入方式。ADSL 是专线，但却利用了普通的电话线，因此非常适合单机用户。

3. 电话拨号连接

电话拨号连接是指用户通过普通的电话线和公共电话网将计算机与接入 Internet 的主机连接起来，并进入 Internet 的方法。对于众多个人用户和多数小单位来说，这是最简单、成本最低的接入方式。所以，电话拨号上网也是目前最普遍的上网方式。

随着 Internet 的普及，接入 Internet 的方式也被不断开发出来，如通过有线电视电缆，以及通过普通线等，但电话拨号上网因其灵活性、适应性及不断提高的性能，目前仍是个人用户接入 Internet 的主要方式之一。

5.5.2　电话拨号连接

伴随电话的普及，电话拨号连接目前仍然是连入 Internet 最简单、最常用的方式。下面介绍如何利用现有的家用电话拨号上网。

1. 两种接入方式

在电话拨号连接下，一台个人计算机有两种接入 Internet 的方式。一种方式称为终端仿真，另一种方式称为直接访问。

所谓终端仿真，是指用户的个人计算机通过电话线与主机系统连接之后，有关的通信软件将用户使用的个人计算机仿真成主机的终端，用户操作个人计算机就如同操作一台主机的终端。这里的终端是指只能进行输入和输出的设备，即其本身并不能进行计算机的运算，而只是将用户的输入传递给主机，并将主机运行得到的结果传给用户。终端仿真访问方式的最大优点是，主机系统处理了接入 Internet 过程中大量的引导连接工作，用户上网时，直接操作比较简单，费用较低。但仿真终端只能使用字符界面，不能显示图像和播放声音，也不能用鼠标操作。而且，不能提供多种 Internet 的服务功能。因此，真正使用这种方式的用户很少，绝大多数通过电话拨号上网的用户都采用直接访问的方式。

直接访问方式与终端仿真方式有着根本区别。在终端仿真方式下，用户使用的计算机没有自己的 IP 地址，对 Internet 来说并不是一台真正意义上的计算机。而在直接访问方式下，计算机拥有自己的 IP 地址，可以完成 Internet 中的各项功能。在直接访问方式下，用户可以直接使用 TCP/IP 的各项功能与 Internet 的其他计算机进行通信。通过一定的软件，小小的计算机不仅可以用来访问其他计算机上的资源，如进行 WWW 浏览、下载文件等，而且也可以成为一台服务器，允许别的计算机来访问。理解了这一点，当看到一台通过电话拨号上网的个人计算机竟然可以成为一台 WWW 服务器，便不会感到奇怪了。

2. 拨号接入所需的协议

SLIP/PPP 可使普通电话线呈现出专线的连接特性，这样，用户就可以在本地计算机上运行 TCP/IP 软件，使本地的计算机如同 Internet 主机一样，具有专线连接的所有功能。也就是说，以 SLIP/PPP 方式接入的用户本地计算机是作为 Internet 的一台主机使用的。以主机身份入网的计算机可以享有 Internet 上的全部服务。当以 SLIP/PPP 方式接入网络时，还需要使用拨号软件，通过 MODEM 与 ISP 的远程拨号服务器连接。远程拨号服务器监听到用户的请求后，提示输入个人账号和口令，然后检查输入的账号、口令是否合法。通过检查后，若用户选用动态 IP 地址，服务器还会从未分配的 IP 地址中挑选一个分配给用户的本地计算机，然后服务器就会启动本系统的 SLIP/PPP 驱动程序，设置网络接口。用户的本地系统中也会自动启动相应的 SLIP/PPP、IP 驱动程序并设置相应的网络接口，这时就可以访问 Internet 了。

3. 拨号接入的方法

在通过 SLIP 和 PPP 方式接入时，用户端除了应具备一条电话线、通信软件、用户账号外，对于接入到不同的网络还需要其他设备，如连接到 PSTN 时需要 MODEM，速率可以是 33.6kbit/s 或 56kbit/s；连接到 ISDN 时需要 ISDN 适配器。

用户只要从 ISP 那里申请一个账号，购买一个调制解调器，就可以把自己的计算机接入 ISP 的主机，从而接入 Internet。其接入示意如图 5-8 所示。

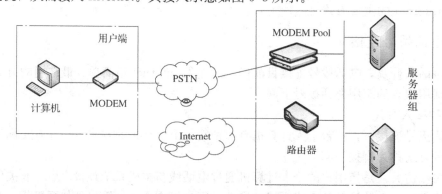

图 5-8　拨号方式入网

5.5.3 ISDN 连接

ISDN（综合业务数字网）是基于公用电话网的数字网络，它能够利用普通的电话线双向传送高速数字信号，实现了端到端全程数字化通信，能承载多项通信业务（包括语音、数据、图像等），几乎综合了各单项电信业务功能。

它的主要特点如下：

1）综合的通信业务：一条电话线可当两条用，可使用两部电话，在上网的同时拨打、接听电话、收发传真；还可以使用两台计算机同时上网。通过配置适当的终端设备，也可实现可视电话或会议电视功能。

2）呼叫速度快：现在通过 MODEM 上网传输速率低、质量差；ISDN 呼叫连接速度快，用户线传输速率是 64kbit/s 或 128kbit/s。

ISDN 用一个网络为用户提供各种通信服务，包括语音、数据、传真、可视图文、电子信箱、可视电话、电视会议、语音信箱等。ISDN 能够综合现有各种公用网的业务，并提供方便用户使用的许多新业务，这些业务在传统上是由一系列专业网络分别提供的，比如传真网提供传真服务、电话网提供语音服务、分组网提供数据业务服务等。ISDN 可分为窄带（N-ISDN）和宽带（B-ISDN）两种。

在网络接口上，ISDN 利用一个标准接口将各种类型的终端设备接入到 ISDN 网络中，用户使用一对用户线、一个 ISDN 号码、一台有 ISDN 标准接口的终端就可以获得进行多种通信的综合服务。

启动 Windows XP 后，选择"开始"→"控制面板"，弹出"控制面板"窗口，单击"网络和 Internet 选项"选项，在弹出的窗口中选择"Internet 属性"。然后在弹出的对话框中，切换至"连接"选项卡，单击"添加"按钮，弹出"新建连接向导"页面，如图 5-9 所示。选中"拨到专用网络"单选项，然后单击"下一步"按钮进行安装。其他操作步骤可以参照电话拨号连接步骤。

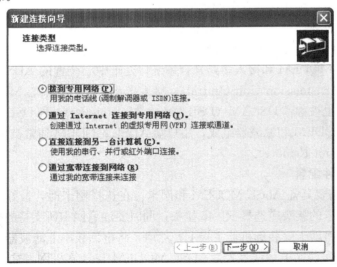

图 5-9 "新建连接向导"页面

5.5.4 ADSL 连接

随着 Internet 的迅猛发展，商业应用和多媒体等服务的广泛推广，ADSL 成为目前最具前景及竞争力的一种宽带接入方式，并且已经成为实现宽带接入的热点。

非对称数字线路连接（Asymmetric Digital Subscriber Line，ADSL）俗称一线通。它利用现有的电话线，将原先语音与数据混用的电话线路，在电话公司的传送端部分，先将数据文件通过 ADSL 调制解调器传送，通过语音调制解调器分离设备，将语音与调制解调器文件分离。进入客户端后，数据文件通过 ADSL 调制解调器接收，语音文件则进入电话机。若上行也是将语音与调制解调器文件分离传输，语音文件则进入电信交换网络（PSTN），而数据文件则由 ADSL 调制解调器接收。利用 ADSL 上网，其上行速率最高可达 1.5Mbit/s，而下行速率最大则可达到 9Mbit/s。

ADSL 属于专线上网方式，可以一天 24h 无限上网，全时联机。使用 ADSL 连接网络，在施工上远比 ISDN 方便，客户端只要增加一部 ADSL 调制解调器即可。但 ADSL 有先天的限制，那就是用户与机房的距离不能太长。若超过 2.7～5.5km，信号就会减弱，甚至无法联机，因此偏远地区将无法享受这项新技术。

与 Cable MODEM 相比，ADSL 技术具有较大的优势。Cable MODEM 的接入方案采用分层树形结构，其优势是带宽比较高（10MB），但这种技术本身是一个比较粗糙的总线型网络，也就是说用户要和邻近的用户分享有限的带宽，当一条线路上的用户增多时，其速度将会减慢。

1. ADSL 的特点

1）仅使用一对用户线，以相应减轻用户的压力，其市场主要是分散的住宅居民用户，也可以扩展至企业集团用户。

2）具有普通电话信道，即使 ADSL 设备出现故障也不影响普通电话业务。

3）下行速率大，不但能够满足目前的 Internet 用户的需要，而且还可以满足将来广播电视、视频点播以及多媒体接入业务的需要。

2. ADSL 接入模式

ADSL 的接入模式主要有中央交换局端模块和远端模块组成。中央交换局端模块包括在中心位置的 ADSL MODEM 和接入多路复合系统，处于中心位置的 ADSL MODEM 被称作 ATU-C（ADSL Transmission Unit-Central）。接入多路复合系统中心 MODEM 通常被组合成一个接入节点，也被称作 DSLAM（DSL Access Multiplexer），即 DSL 接入节点。远端模块由用户 ADSL MODEM 和滤波器组成，用户端 ADSL MODEM 通常被称作 ATU-R（ADSL Transmission Unit-Remote）。

3. ADSL 的硬件配置

安装 ADSL，需要具备 ADSL MODEM 和网卡。在选择网卡时，最好选择 10/100Mbit/s 的网卡；并注意网卡的接头应选择 RJ-45 接头；同时要注意网卡所支持的操作系统。

安装时，首先将网卡安装到机器主板上。然后，将电话线串上滤波器。滤波器与 ADSL MODEM 之间用一条两芯电话线连接，ADSL MODEM 与计算机网卡之间用一条交叉网线连接。

ADSL 安装包括局端线路调整和用户端设备安装。在局端方面，由服务商在用户原有的电话线中串入 ADSL 局端设备，只需 2～3min 即可完成。

4. ADSL 的典型结构

在用户端安装 ADSL 调制解调设备，用户数据经过调制变成 ADSL 信号，可以通过在普通双绞线上传送。如果要在铜线上同时传送电话，就要加一个分离器，分离器能将语音信号和调制好的数字信号放在同一条铜线上传送。信号传送到交换局，再通过一个分路器将语音信号和 ADSL 数字调制信号分离出来，把语音信号交给中心局交换局，把 ADSL 数字调制信号交给 ADSL 中心设备，由中心设备处理，变成信元或数据包后再交给骨干网。

第 6 章　信息安全概述

　　信息领域是当今最充满活力的领域。经济和贸易区域化、全球化使社会信息量急剧增加，信息已成为支撑国家政治、经济、军事、科技的重要战略资源和力量基础。随着计算机在政治、军事、金融、商业等部门的广泛应用，社会对计算机的依赖越来越大，而计算机系统的安全一旦受到破坏，不仅会导致社会的混乱，也会带来巨大的经济损失。世界主要工业国家中每年因利用计算机犯罪所造成的经济损失令人吃惊，远远超过了普通经济犯罪的经济损失。因此，确保计算机系统安全已成为世人关注的社会问题，信息安全已成为信息科学的热点课题。信息与信息系统的安全管理，亦已成为社会公共安全工作的重要组成部分。

　　计算机系统的出现，是人类历史上相当重要的一次信息革命。它从 1946 年诞生至今，经历了科学计算、过程控制、数据加工、信息处理、人工智能等应用发展过程，功能逐步完善，现已进入普及应用的阶段。网络技术的应用，使得在空间、时间上原来分散、独立的信息，形成庞大的信息资源系统。网络资源的共享，大大地提高了信息系统中信息的有效使用价值。

　　计算机信息系统的信息安全是指防止信息资产被故意的或偶然的非法授权泄露、更改、破坏或使用信息被非法辨识、控制，确保信息的保密性、完整性、可用性、可控性。信息安全应用包括物理层面安全、网络层面安全、系统层面安全、应用层面安全等几个方面，同时还涉及国家政治、法律法规、安全管理等多个层面。显然，若没有长期、系统、深入的研究和应用实践，要全面论述信息安全的理论和技术是不可能的。信息安全建设就像建造一座大厦需要事先设计蓝图一样，也需要有一个事实依据，这就是整体上考虑的信息安全体系。信息安全要做成什么"模样"？信息安全建设应该考虑哪些方面？到底什么才是全面而完整的信息安全？这些问题都需要通过安全体系的设计来回答。只有在整体的安全体系指导下，信息安全建设所需的技术、产品、人员和操作等环节才能真正发挥各自的效力。

　　安全法规、安全管理和安全技术，是信息安全保护的三大组成部分。安全法规的贯彻和安全技术的实施都离不开强有力的管理。强化管理意识，增强管理措施，是做好计算机信息系统安全保护工作的有力保障。同时计算机信息系统安全又是动态的。攻击与反攻击、威胁与反威胁是一对永恒的矛盾，水涨船高，安全是相对的，没有一劳永逸的安全防范措施，因此计算机信息系统安全保护工作必须常抓不懈，警钟常鸣。

6.1　信息安全的概念

　　进入 21 世纪，随着信息技术的快速发展和计算机网络的广泛应用，资源共享和网络安全的矛盾不断加大，网络安全问题已经成为世界热门课题之一，网络安全的重要性更加突出，不仅关系到企事业的顺利发展及用户资产和信息资源的风险，也关系到国家安全和社会稳定，不仅成为各国关注的焦点，也成为热门研究和人才需求的新领域。

6.1.1 信息安全的基本概念

信息安全本身包括的范围很大，大到国家军事政治等机密安全，小范围的当然还包括如商业企业机密泄露，防范青少年对不良信息的浏览，个人信息的泄露等。网络环境下的信息安全体系是保证信息安全的关键，包括计算机安全操作系统、各种安全协议、安全机制（数字签名，信息认证，数据加密等），直至安全系统，其中任何一个安全漏洞便可以威胁全局安全。信息安全服务至少应该包括支持信息网络安全服务的基本理论，以及基于新一代信息网络体系结构的网络安全服务体系结构。在提到"安全"词汇时，通常会与计算机、网络、系统、数据和信息相联系，而且具有不同的侧重和含义。

1. 计算机安全

国际标准化组织将"计算机安全"定义为："为数据处理系统建立和采取的技术和管理的安全保护，保护计算机硬件、软件数据不因偶然和恶意的原因而遭到破坏、更改和泄露"。此概念偏重于静态信息保护。也有人将"计算机安全"定义为："计算机的硬件、软件和数据受到保护，不因偶然和恶意的原因而遭到破坏、更改和泄露，系统连续正常运行"。该定义着重于动态意义的描述。

从静态的观点看，计算机安全主要是解决特定计算机设备的安全问题。如果没有今天输入到计算机中的数据，任何一段时间之后仍保留在那里，完好如初并没有被非法读取，那么一般地这台计算机被认为具有一定的安全性。如果存放的程序软件运行的效果和用户所期望的一样，我们就可以判定这台计算机是可以信任的，或者说它是安全的。但是也有人认为：想要自己的计算机安全，首先要把它与外界隔离，不允许任何其他人使用，还要放在保险柜里，用防炸弹的钢板保护，再在房间里放入化学毒气，门外站有一个连的士兵把守。但是，如此这般的计算机仍然不让人感到安全。为什么呢？安全问题是一个动态的过程，不能用僵硬和静止的观点去看待，不仅仅是计算机硬件存在形式的安全，还在于计算机软件特殊形式的安全特性。因为自然灾难和有运行故障的软件同非法存取数据一样对计算机的安全性构成威胁。人为的有意或无意的操作，某种计算机病毒的发作，不可预知的系统故障和运行错误，都可能造成计算机中数据的丢失。

因此，计算机安全的内容应包括两方面，即物理安全和逻辑安全。物理安全指系统设备及相关设施受到物理保护，免于破坏、丢失等。逻辑安全包括信息完整性、保密性和可用性；完整性指信息不会被非授权修改及信息保持一致性等；保密性指仅在授权情况下高级别信息才可以流向低级别的客体与主体；可用性指合法用户的正常请求能及时、正确、安全得到服务和回应。

2. 网络安全

网络安全的根本目的就是防止通过计算机网络传输的信息被非法使用。如果国家信息网络上的数据遭到窃取、更改或破坏，那么它必将关系到国家的主权和声誉、社会的繁荣和稳定、民族文化的继承和发扬等一系列重要问题。为避免机要信息的泄露对社会产生的危害和对国家造成的极大损失，任何网络中国家机密信息的过滤、防堵和保护将是网络运行管理中极其重要的内容。有时网络信息安全的不利影响甚至超过信息共享所带来的巨大效益。从企业和个人的用户角度来看，涉及个人隐私或商业利益的信息在网络上传输时，其保密性、完整性和真实性也应受到应有的关注，避免其他人或商业对手利用窃听、冒充、篡改、抵赖等手段侵犯用户的利益和隐私，造成用户资料的非授权访问和破坏。

网络安全的具体含义涉及社会生活的方方面面，从使用防火墙、防病毒、信息加密、身份确认与授权等技术，到企业的规章制度、网络安全教育和国家的法律政策，直至采用必要的实时监控手段、应用检查安全漏洞的仿真系统和制定灵活有效的安全策略应变措施，加强网络安全的审计与管理。网络安全要求较全面地对计算机和计算机之间相连接的传输线路及信息传输全过程进行管理，特别是要对网络的组成方式、拓扑结构和网络应用进行重点研究。它包括了各种类型的局域网、通信与计算机相结合的广域网，以及更为广泛的计算机互联网络。因此保护网络系统中的硬件、软件及其数据不受偶然或者恶意原因而遭到破坏、更改、泄露，系统连续可靠地正常运行，网络服务不中断，成为网络安全的主要内容。例如，电子邮件系统不能因为安全原因使用户的数据丢失等。

3. 信息安全

信息安全的范围要比计算机安全和网络安全更为广泛，它包括了信息系统中从信息的产生直至信息的应用这一全部过程。我们日常生活中接触的数据比比皆是，考试的分数、银行的存款、人员的年龄、商品的库存量等，按照某种需要或一定的规则进行收集，经过不同的分类、运算和加工整理，形成对管理决策有指导价值和倾向性说明的信息。随着信息化社会的不断发展，信息的商品属性也慢慢显露出来，信息商品的存储和传输的安全也日益受到广泛的关注。如果非法用户获取系统的访问控制权，从存储介质或设备上得到机密数据或专利软件，或根据某种目的修改了原始数据，那么网络信息安全的保密性、完整性、可用性、真实性和可控性都将遭到破坏。如果信息在通信传输过程中，受到不同程度的非法窃取，或被虚假的信息和计算机病毒以冒充等手段充斥最终的信息系统，使得系统无法正常运行，造成真正信息的丢失和泄露，会给使用者带来经济或政治上的巨大损失。

信息安全研究所涉及的领域相当广泛。从信息的层次来看，包括信息的来源、去向、内容真实无误及保证信息的完整性，信息不会被非法泄露扩散保证信息的保密性，信息的发送者和接收者无法否认自己所做过的操作行为而保证信息的不可否认性。从网络层次来看，网络和信息系统随时可用，运行过程中不出现故障，若遇意外打击能够尽量减少损失并尽早恢复正常，保证信息的可靠性。系统的管理者对网络和信息系统有足够的控制和管理能力保证信息的可控性。网络协议、操作系统和应用系统能够互相联接、协调运行、保证信息的互操作性。准确跟踪实体运行达到审计和识别的目的，保证信息的可计算性。从设备层次来看，包括质量保证、设备备份、物理安全等。从经营管理层次来看，包括人员可靠性、规章制度完整性等。由此可见，信息安全实际上是一门涉及计算机科学、网络技术、通信技术、密码技术、信息安全技术、应用数学、数论、信息论等多种学科的综合性学科。

信息安全的概念是与时俱进的，过去是通信保密（COMSEC），今天是信息安全（IN-FOSEC），而今后是侧重信息保障（Information Assurance，IA）。美国国家安全局（NSA）在 iatfv3.1 中提出了深度防御（Defense-in-Deepth）的概念，把信息安全上升到信息保障的高度，并提出了人（People）、技术（Technology）、操作（Operation）三方面并举的核心策略，基于这个核心，IATF 定义了各种环境下的安全需求和技术方案的框架，对现有的信息安全技术提出了许多新的挑战。在信息保障的概念下，把信息安全保障分出了 4 个环节，它们是 PDRR，即保护（P）、检测（D）、反应（R）、恢复（R）。

6.1.2　信息安全的目标及特征

计算机网络安全是一个相对性的概念，世上没有绝对的安全可言，过分提高安全性不仅浪费资源和代价，而且也会降低网络传输速度等方面的性能。

网络安全的目标是在计算机网络的信息传输、存储与处理的整个过程中，提高物理上逻辑上的防护、监控、反应、恢复和对抗的能力。网络安全的最终目标就是通过各种技术与管理手段实现网络信息系统的保密性、可用性、完整性、可靠性、可控性和可审查性。其中保密性、完整性、可用性是网络安全的基本要求。下面的网络信息 5 大特征反映了网络安全的具体目标要求。

（1）保密性　保密性（Confidentiality）也称机密性，是强调有用信息只被授权对象使用的特征，不将有用信息泄露给非授权用户及过程。可以通过信息加密、身份认证、访问控制、安全通信协议等实现，其中信息加密是防止信息非法泄露的最基本手段。

（2）完整性　完整性（Integrity）是指信息在传输、交换、存储和处理过程中，保持信息不被破坏或修改、不丢失和消息未经授权不能改变的特征，也是最基本的安全特征。

（3）可用性　可用性也称有效性（Availability），是指信息资源可被授权实体按要求访问、正常使用或在非正常情况下能恢复使用的特性（系统面向用户服务的安全特性），即在系统运行时能正确存取所需信息，当系统遭到攻击或破坏时，能迅速恢复并投入使用。信息系统只有持续有效，授权用户才能随时随地根据需求访问信息系统提供的服务。可用性是衡量网络信息系统面向用户的一种安全性能。

（4）可靠性与可控性　可靠性（Reliability）是指信息系统正常运行的基本前提，通常是指信息系统能够在规定的条件与时间内完成规定功能的特性。

可控性（Controllability）是指信息系统对信息内容和传输具有控制能力的特性，指网络系统中的信息在一定传输范围和存放空间内的可控程度。在网络系统中传输的信息及具体内容能够进行有效控制特性，即除采用常规站点传播和内容监控形式外，采用加密等策略，并将其算法交给第三方托管时，严格执行可控协议。

（5）可审查性　可审查性又称拒绝否认性（No-repudiation）、抗抵赖性或不可否认性，是指网络通信双方在信息交互过程中确信参与者本身和所提供的信息真实同一性，及所有参与这不可能否认或抵赖本人的真实身份，以及提供信息的原样性和完成的操作与承诺。

6.1.3　安全平衡

作为一个系统，不存在绝对的安全，只要有连通性（Connectivity）就意味着风险。如果允许合法用户访问计算机或网络，无论是本地访问还是远程访问，都会存在滥用的可能。有句流行的谚语说：只有断开网络连接，拔掉电源并锁进保险柜里的计算机才是安全的。尽管这种方案保证了计算机不受侵扰，但却无法达到使用网络计算机的目的。

虽然不能达到绝对安全这一标准，但可以达到如下安全级别：除了那些坚定的并且熟练的黑客外，能够阻止大多数黑客访问系统。合理的安全技术能够将黑客对组织机构的负面效应最小化，甚至可以阻止最坚定的黑客。对于 Internet 安全，一般是通过限制足够的合法用户的账户，使得用户能够完成任务但又不超过限定的访问资源。这种简单措施的好处是，即使黑客窃取了一个合法用户的身份，也只能获取授权给那个用户的访问级别。此方法将限制黑客使用偷来的用户名和账号所带来的其他损失。

安全原则的关键是使用有效的解决方案，但不会增加合法用户访问所需资源的负担。使用繁琐的安全技术并不难，但会造成合法用户漠视甚至废弃这些安全协议。例如，安全策略要求用户每周都改变自己的用户口令，这可能使用户将口令记在纸上并留在可以容易拿到的地方（如键盘下面或用告示贴在显示器上）。黑客们就会经常利用这种似乎不经意的行为。因此，过于频繁的安全策略的有效性比没有安全策略的结果还差。记住，安全策略要对合法用户有效才行。在多数情况下，如果对用户要求的努力付出多于提高安全性的结果，这个策略将降低公司的安全有效级别。

6.1.4　资源保护

信息安全简单讲就是对资源的保护，将信息系统的资源进行合理分类非常重要。为此，我们把它分为 4 种类型，以便采取不同的保护措施。

（1）终端用户资源　终端用户资源包括客户工作站和相关外设。员工在很大程度上还没有意识到双击朋友发来的电子邮件中的附件所引发的危险。还有些员工在短时间离开办公室时，不使用屏幕保护口令去阻止某些人偷窥系统硬盘内容。这种黑客通常被认为是系统窥探者。一旦留下不安全的隐患，这样的资源就成为违法用户用来攻击其他系统的平台。

（2）网络资源　路由器、交换机、集线器、配线柜和墙里的网线都可以被看做网络资源，如果黑客获取了这些资源的控制权，则这个网络就不在自己的控制之下了，黑客通过远程登录或直接干预获取了这些资源的控制权。一旦黑客危及到没有上锁的配线柜的安全，则他将接管网络的控制权。

（3）服务器资源　WWW、E-mail 和 FTP 服务器最容易受到使服务器发生瘫痪的攻击，以至于无法获得它们的服务。与终端用户资源相比，服务器资源更容易成为攻击的目标，因为危及服务器资源的安全可以使黑客们继续控制其他资源。

（4）信息存储资源　数据库服务器通常存储网络中最重要的信息，这些信息是黑客最感兴趣的。数据库中可能包含用户账户信息、人力资源信息和敏感的发票信息。

6.2　网络的脆弱性与面临的威胁

随着全球信息化的飞速发展，我国大量建设的各种信息化系统已经成为国家关键基础设施，其中许多业务要与国际接轨，诸如电信、电子商务、金融网络等。网络信息安全已经成为亟待解决的影响国家全局和长远利益的关键问题之一。信息安全不但是我国发展信息技术的有力保证，而且是对抗霸权主义、抵御信息侵略的重要保障。网络信息安全问题如果解决不好，将威胁到国家政治、军事、经济、文化等各方面的安全，还将使国家处于信息战和经济金融风险的威胁之中。由于网络系统自身所固有的脆弱性，使网络系统面临威胁和攻击的严峻考验。

6.2.1　网络的脆弱性分析

1. 硬件系统的脆弱性

1）计算机信息系统的硬件均需要提供满足要求的电源才能正常工作，一旦切断电源，哪怕是极其短暂的一刻，计算机信息系统的工作也会被间断。

2）计算机是利用电信号对数据进行运算和处理。因此，环境中的电磁干扰能引起处理错误，得出错误结论，并且所产生的电磁辐射会产生信息泄露。

3）电路板焊点过分密集，极易产生短路而烧毁器件。接插部件多，接触不良的故障时有发生。

4）系统中许多设备体积小，重量轻，物理强度差，极易被偷盗或毁坏。

5）电路高度复杂，设计缺陷在所难免，有些不怀好意的制造商还故意留有"后门"。

2. 软件系统的脆弱性

（1）操作系统的脆弱性　任何应用软件均是在操作系统的支持下执行的，操作系统的不安全是计算机信息系统不安全的重要原因。操作系统的脆弱性表现在以下几个方面：

1）操作系统的程序可以动态链接，这种方式虽然为软件开发商进行版本升级时提供了方便，但"黑客"也可以利用此法攻击系统或连接计算机病毒程序。

2）操作系统支持网上远程加载程序，这为实施远程攻击提供了技术支持。

3）操作系统通常提供 DEMO 软件，这种软件在 UNIX 和 Windows NT 操作系统上与其他系统核心软件具有同等的权力，借此摧毁操作系统十分便捷。

4）系统提供了 Debug 与 Wizard，它们可以将执行程序进行反汇编，方便地追踪执行过程。掌握好了这两项技术，几乎可以搞"黑客"的所有事情。

5）操作系统的设计缺陷，"黑客"正是利用这些缺陷对操作系统进行致命攻击。

（2）数据库管理系统的脆弱性　数据库管理系统的核心是数据。存储数据的媒体决定了它易于修改、删除和替代。开发数据管理系统的基本出发点是为了共享数据，而这又带来了访问控制中的不安全因素，在对数据进入访问时一般采用的是密码或身份验证机制，这些很容易被盗窃、破译或冒充。

3. 网络系统的脆弱性

网络采用开放体系架构，OSI 七层模型定义了每层的功能及含义。ISO7498 网络协议形成时，基本上没有顾及到安全的问题，只是后来才加进了 5 种安全服务和 8 种安全机制。其脆弱性表现在如下 5 个方面：

1）互联网是无政府、无组织、无主管的开放系统，其本身就无安全可言。

2）方便的可访问性使网上的任何用户很容易通过 Web 浏览世界各地的信息，因而比较容易得到一些企业、单位以及个人的敏感性信息。受害用户基至自己的敏感性信息已被人盗用却全然不知。

3）IP 对来自物理层的数据包没有进行发送顺序和内容正确与否的确认。

4）TCP 通常总是默认数据包的源地址是有效的，这给冒名顶替带来了机会。

5）UDP 对包顺序的错误也不作修改，对丢失包也不重传，因此极易受到欺骗。

4. 存储系统的脆弱性

存储系统分为内存和外存。内存分为 RAM 和 ROM；外存有硬盘、软盘、磁带和光盘等。它们的脆弱性表现在如下几个方面：

1）RAM 中存放的信息一旦掉电即刻丢失，并且易于在内嵌入病毒代码。

2）硬盘构成复杂。既有动力装置，也有电子电路及磁介质，任何一部分出现故障均导致硬盘不能使用，丢失其内大量软件和数据。

3）软盘及磁带易损坏。它们的长期保存对环境要求高，保存不妥，便会发生霉变现象，导致数据不能读出。此外，盘片极易遭到物理损伤（折叠、划痕、破碎等），从而丢失其内程序和数据。

4）光盘盘片没有附在一起的保护封套，在进行数据读取和取放的过程中容易因摩擦而产生划痕，引起读取数据失败，此外，盘片在物理上脆性较大，已破碎而损坏，导致全盘数据丢失。

5）各种信息存储媒体的存储密度高，体积小，且重量轻，一旦被盗窃或损坏，损失巨大。

6）存储在各种媒体中的数据均具有可访性，数据信息很容易的被复制走而不留任何痕迹。一台远程终端上的用户，可以通过计算机网络连接到你的计算机上，利用一些技术手段。访到你的系统中的所有数据，并按其目的进行复制、删除和破坏。

5. 传输系统的脆弱性

1）信息传输所用的通信线路易遭破坏。通信线路从铺设方式上分为架空明线和地埋线缆两种，其中架空明线更易遭到破坏。一些不法分子，为了贪图钱财，割掉通信线缆作为废金属卖掉，造成信息中断。自然灾害也易造成架空线缆的损坏，如大风、雷电、地震等。地埋线缆的损坏，主要来自人为的因素，各种工程在进行地基处理、深挖沟池、地质钻探等施工时，易损坏其地下埋设的通信线缆。当然，发生塌方、砾石流等地质灾害时，期间的地埋线缆也定会遭到破坏。

2）线路电磁辐射引起信息泄露。市话线路、长途架空明线以及短波、超短波、微波和卫星等无线通信设备都具有相当强的电磁辐射，可通过接收这些电磁辐射来截获信息。

3）架空明线易于直接搭线侦听。

4）无线信道易于遭到电子干扰。无线通信是以大气为信息传输媒体，发射信息时，都将其调制到规定的频率上，当另有一发射机相同或相近频率的电磁波时，两个信号进行了叠加，使接收方无法正确接收信息。

6.2.2 网络面临的威胁

计算机信息网络面临的威胁有来自外部环境、黑客、病毒、间谍及计算机犯罪等的破坏，还有内部人员的不忠，系统自身的脆弱性等。在实施过程中，从技术层面考虑，网络面临的威胁可以从以下几个方面来理解：网络物理是否安全；网络平台是否安全；操作系统是否安全；应用系统是否安全；管理是否安全。针对每一类安全风险，结合企业网的实际情况，我们将具体地分析网络的安全风险。

1. 外部威胁

（1）自然灾害　计算机信息系统仅仅是一个智能的机器，易受火灾、水灾、风暴、地震等破坏以及环境（温度、湿度、振动、冲击、污染）的影响。目前，不少计算机房并没有防震、防火、防水、避雷、防电磁泄漏或干扰等措施，接地系统也疏于周到考虑，抵御自然灾害和意外事故的能力较差。日常工作中因断电使设备损坏，数据丢失的现象时有发生。

（2）黑客的威胁和攻击　计算机信息网络上的黑客攻击事件越演越烈，已经成为具有一定经济条件和技术专长的形形色色攻击者活动的舞台。黑客破坏了信息网络的正常使用状态，造成可怕的系统破坏和巨大的经济损失。

（3）计算机病毒 计算机病毒是指编制或者在计算机程序中插入的破坏计算机功能或者毁坏数据，影响计算机使用，并能自我复制的一种计算机指令或者程序代码。

"计算机病毒"这个称呼十分形象，它像个灰色的幽灵无处不存、无时不在。它将自己附在其他程序上，在这些程序运行时进入到系统中扩散，一台计算机感染上病毒后，轻则系统工作效率下降，部分文件丢失，重则造成系统死机或毁坏，全部数据丢失。1999 年 4 月26 日 CIH 病毒在全球造成的危害，足以显露计算机病毒的可怕。

据一份市场报告表明，我国约有 90％的网络曾遭到过病毒的侵袭，并且其中大部分因此受到损失。病毒危害的泛滥，揭示了计算机系统本身和人们意识在安全方面的薄弱。

（4）垃圾邮件和黄毒泛滥 一些人利用电子邮件地址的"公开性"和系统的"可广播性"进行商业、宗教、政治等活动，把自己的电子邮件强行"推入"别人的电子邮箱，甚至塞满人家的电子邮箱，强迫人家接受它们的垃圾邮件。

国际互联网络的广域性和自身的多媒体功能，也给黄毒的泛滥提供了可乘之机。

（5）经济和商业间谍 通过信息网络获取经济和商业情报和信息的威胁大大增加。大量的国家和社团组织上网，丰富网上内容的同时，也为外国情报收集者提供了捷径，通过访问公告牌、网页以及内部电子邮箱，利用信息网络的高速信息处理能力，进行信息相关分析获取情报。

（6）电子商务和电子支付的安全隐患 计算机信息网络的电子商务和电子支付的应用，展现了一副美好的前景，但由于网上安全措施和手段的缺乏，阻碍了其快速发展。一定要将"信息高速路"上的"运钞车"打造结实，将"电子银行"的"警卫"配备齐全，再开始运营。

（7）信息战的严重威胁 所谓信息战，就是为了国家的军事战略而采取行动，取得信息优势，干扰敌方的信息和信息系统，同时保卫自己的信息和信息系统。这种对抗形式的目标，不是集中打击敌方人员或战斗技术装备标，而是集中打击敌方的计算机信息系统，使其神经中枢似的指挥系统瘫痪。

信息技术从根本上改变了进行战争的方法，信息武器已经成为了继原子武器、生物武器、化学武器之后的第四类战略武器。

在海湾战争中，信息武器首次进入实战。伊拉克的指挥系统吃尽了美国的大亏：仅仅是在购买的智能打印机中，被塞进一片带有病毒的集成电路芯片，加上其他的因素，最终导致系统崩溃，指挥失灵，几十万的伊军被几万的联合国维和部队俘虏。美国的维和部队还利用国际卫星组织的全球计算机网络，为其建立军事目的的全球数据电视系统服务。

所以，未来国与国之间的对抗首先将是信息技术的较量。网络信息安全，应该成为国家安全的前提。

（8）计算机犯罪 计算机犯罪是利用暴力和非暴力形式，故意泄露或破坏系统中的机密信息，以及危害系统实体信息安全的不法行为。《中华人民共和国刑法》对计算机犯罪作了明确定义，即利用计算机技术知识进行犯罪活动并将计算机信息系统作为犯罪对象。

利用计算机犯罪的人，通常利用窃取口令等手段，非法侵入计算机信息系统，利用计算机传播反动和色情等有害信息，或实施贪污、盗窃、诈骗和金融犯罪等活动，甚至恶意破坏计算机系统。

2. 内部威胁

由于计算机信息网络是一个"人机系统"，所以内部威胁主要来自信息网络系统的脆弱性和使用该系统的人。外部的各种威胁因素和形形色色的进攻手段之所以起作用，是由于计算机系统本身存在着脆弱性，抵御攻击的能力很弱，自身的一些缺陷常常容易被非授权用户不断利用。外因通过内因起作用，使用该系统的人的素质也是重要因素。

1）软件工程的复杂性和多样性，使得软件产品不可避免地存在各种漏洞。世界上没有一家软件公司能够做到其开发的产品和设计完全正确而没有缺陷。这些缺陷正是计算机病毒蔓延和黑客"随心所欲"的温床。

2）存储器的容量非常大。一个硬盘甚至一张软盘足以存入一个单位或组织的保密信息，因此，被窃或丢失一张软盘造成的损失，可能造成大量国家、单位机密或敏感信息被窃。利用磁介质的剩磁效应，从一张已经被认为损坏的软盘中也可能恢复得到足够多的有用信息。

3）电子数据的非物质特性。这使得不易发现它们是否被访问或修改过，磁盘上的文件被访问本身不会留下任何痕迹，你自己访问了某个文件与别人访问了这个文件之后，不会有任何不同的特征在文件本身体现出来。

4）电磁辐射也可能泄露有用信息。已有实验表明，在一定的距离以内接受计算机因地线、电源线、信号线或计算机终端辐射导致电池泄露产生的电磁信号，经过处理可复原正在处理的机密或敏感信息。

5）网络环境下的电子数据的可访问性对信息的潜在威胁比传统信息的潜在威胁大的多。非网络环境下，任何一个想要窃密的人都必须先解决潜入秘密区域的难题，而在网络环境下，这个难题已不复存在，只要你有足够的技术能力和耐心。

6）不安全的网络通信信道和通信协议。信息网络自身的运行机制，通过交换协议数据单元来完成，以保证信息流按"包"或"帧"的形式无差错的传输。那么，只要所传的信息格式符合协议所规定的协议数据单元格式，那么，这些信息"包"或"帧"就可以在网上自由通行。至于这些协议数据单元是否来自原发方，其内容是否真实，显然无法保证。这是在早期制定协议时，只考虑信息的无差错传输所带来的固有的安全漏洞，更何况某些协议本身在具体的实现过程中也可能会产生一些安全方面的缺陷。对一般的通信线路，可以利用搭线窃听技术来截获线路上传输的数据包，甚至重放（一种攻击方法）以前的数据包或篡改截获的数据包后再发出（主动攻击），这种搭线窃听并不比用窃听器偷听别人的电话困难多少。对于卫星通信信道而言，则既需要有专门的接收设备（类似于电视信号的地面接收器），对设备的安装又要有较高的技术要求（如天线方位和角度的调整），以及其他参数的设置等。

7）内部人员的不忠诚、人员的非授权操作和内外勾结作案是威胁计算机信息网络安全的重要因素，"没有家贼，引不来外鬼"就是这个道理。它们或因利欲熏心，或因对领导不满，或出于某种政治、经济或军事的特殊使命，从机构内部利用权限或超越权限进行违反法纪的活动。统计表明，信息网络安全事件中 60%～70%起源于内部。我们要牢记："防内重于防外"。

3. 技术层面风险分析

（1）物理安全风险分析　网络的物理安全的风险是多种多样的。主要是指地震、水灾、火灾等环境事故；电源故障；人为操作失误；设备被盗、被毁；电磁干扰；线路截获，以及高可用性的硬件、双机多冗余的设计、机房环境及报警系统、安全意识等。它是整个网络系统安全的前提，在企业网内，由于网络的物理跨度不大，只要制定健全的安全管理制度，做好备份，并且加强网络设备和机房的管理，这些风险是可以避免的。

（2）网络平台的安全风险分析　网络平台的安全涉及网络拓扑平台、网络路由状况及网络的环境等。

企业网内公开服务器（如 WWW、E-mail 等服务器）作为公司的信息发布平台，一旦受到攻击不能运行后，对企业的声誉影响巨大。同时公开服务器本身要为外界服务，必须开放相应的服务；每天，黑客都在试图闯入 Internet 节点，这些节点如果不保持警惕，很可能连黑客怎么闯入的都不知道，甚至会成为黑客入侵其他站点的跳板。因此，规模比较大的网络的管理人员对 Internet 安全事故做出有效反应变得十分重要。有必要将公开服务器、内部网络与外部网络进行隔离，避免网络结构信息外泄；同时还要对外网的服务请求加以过滤，只允许正常通信的数据包到达相应主机，其他的请求服务在到达主机之前就应该遭到拒绝。

安全的应用往往是建立在网络系统之上的。网络系统的成熟与否直接影响安全系统成功的建设。在企业局域网络系统中，只使用了一台路由器，用做与 Internet 连接的边界路由器，网络结构相对简单，具体配置时可以考虑使用静态路由，这就大大减少了因网络结构和网络路由造成的安全风险。

（3）操作系统的安全风险分析　所谓系统的安全显而易见是指整个局域网网络操作系统、网络硬件平台是否可靠且值得信任。网络操作系统、网络硬件平台的可靠性；对于中国来说，恐怕没有绝对的安全操作系统可以选择，无论是 Microsoft 的 Windows NT 或者其他任何商用 UNIX 操作系统，其开发厂商必然有其 Back-Door（后门）。可以这样讲：没有完全安全的操作系统。但是，可以对现有的操作平台进行安全配置、对操作和访问权限进行严格控制，提高系统的安全性。因此，不但要选用尽可能可靠的操作系统和硬件平台，而且必须加强登录过程的认证（特别是在到达服务器主机之前的认证），确保用户的合法性；其次应该严格限制登录者的操作权限，将其完成的操作限制在最小的范围内。

（4）应用系统的安全风险分析　应用系统的安全跟具体的应用有关，它涉及很多方面。应用系统的安全是动态的、不断变化的。应用的安全性也涉及信息的安全性，它包括很多方面。

应用系统的安全是动态的、不断变化的，应用的安全涉及面也很广，以目前 Internet 上应用最为广泛的 E-mail 系统来说，其解决方案有几十种，但其系统内部的编码甚至编译器的 BUG（漏洞）是很少人能够发现的，因此一套详尽的测试软件是必须的。但是应用系统是不断发展且应用类型是不断增加的，其结果是安全漏洞也是不断增加且隐藏越来越深。因此，保证应用系统的安全也是一个随网络发展不断完善的过程。

应用的安全性涉及信息、数据的安全性；信息的安全性涉及机密信息泄露、未经授权的访问、破坏信息完整性、假冒、破坏系统的可用性等。由于企业局域网跨度不大，绝大部分信息都在内部传递，因此信息的机密性和完整性是可以保证的。对于有些特别重要的信息需要对内部进行保密的（比如财务系统传递的重要信息）可以考虑在应用级进行加密，针对具体的应用直接在应用系统开发时进行加密。

（5）管理的安全风险分析　管理是网络安全中最重要的部分。安全管理制度不健全及缺乏可操作性等都可能引起管理安全风险。责权不明，管理混乱，使得一些员工有意无意泄露一些重要信息，而管理上却没有相应制度来约束。

当网络出现攻击行为或网络受到其他一些安全威胁时（如内部人员违规操作等），无法进行实时的检测、监控、报告与预警。同时，当事故发生后，也无法提供黑客攻击行为的追踪线索及破案依据，即缺乏对网络的可控性与可审查性。这就要求我们必须对站点的访问活动进行多层次的记录，及时发现非法入侵行为。

建立全新网络安全机制，必须深刻理解网络并能提供直接的解决方案，因此，最可行的做法是管理制度和管理解决方案的结合。

6.2.3 行业面临的威胁

以上是通用情况下面临的一些威胁，但对于不同的行业威胁的重点是有区别的。如：电信行业更关注骨干网的安全，路由器的安全；金融行业关注内部人员的非授权使用；政府关注有害信息的侵入。下面就几个典型的行业做一个简单分析。

1. 银行系统面临的风险

从安全角度来看银行现状主要突出表现出以下几个问题：

1) 有一定投入，但投入不够，人员不固定，遇有冲突，立刻舍弃；只求速度，不求正常、配套、协调建设。没有从根本上改变以前轻视安全的做法。

2) 对整个网络建设缺乏深入细致、具体的安全体系研究，更缺乏建立安全体系的迫切性。

3) 有制度、措施、标准，但大部分流于形式，缺乏安全宣传教育。

4) 缺乏有效的监督检查措施。

目前银行系统可能存在以下的威胁，比如，银行内部安全认证目前的安全手段是用户的账号与密码。一旦密码被盗用，就可以轻而易举地进入公司的信息系统。各证券商及其他大企业用户可以通过专线进入银行内部，这样有非常大的安全隐患。银行内部员工的违规操作和恶意侵入。实际上在系统入侵事件中，来自系统内部的占 70% 以上。一般银行的清算网和业务综合网虽然在逻辑上互相隔离，但物理上是连接在一起的，所以这实际和两个网联在一起没有太大区别，没有有效隔离，存在安全隐患。

还有很多银行已经开始或即将开始为客户提供网上信息服务和网上银行业务，电子商务的发展要求银行提供网上支付服务，这样大量的黑客会蜂拥而入。再者，银行的一般办公用的计算机使用安全级别较差的 Windows 操作系统，对于用户和他们对储存在计算机上的信息的访问权没有身份验证。而从银行内部网络安全来讲，虽然通过网络设备划分 VLAN 操作系统用户访问控制、口令控制等方法来实现有限的内部安全，但对于有经验的黑客而言，这些都根本无法阻挡他们对系统的破坏行动。

2. 政府面临的威胁

政府可能面临的风险又不一样，如政府目前可能的风险会来源于政府内部涉密网，外部OA（办公自动化）网及直接连到互联网上的门户网站。内部涉密网关注的主要风险就是内部的一些非授权访问行为，如探测系统、猜测口令、安装木马、窃取机密数据等；外部 OA 网则可能会有"法轮功"等有害信息的发布，病毒蠕虫的泛滥；门户网站更多面临着外部黑客的攻击。

3. 运营商面临威胁

运营商的潜在资产价值大，业务结构复杂，所以对于业务要求非常高，不但要保证其业务的可用性，还要保证其连续性和稳定性，这就对运营商的技术要求大大提高，并且运营商的业务一旦出现问题，关系到整个社会，而并不只是某一个企业或组织。所以对运营商来说，非常关心骨干网络的正常运作，而骨干网上却常常会面临蠕虫病毒的堵塞，导致业务不能正常运作，由于路由器存在的安全漏洞可能发生的攻击也是运营商非常关心的，以及其他系统如计费系统面临的攻击。

以上针对某些不同行业面临风险的重心不同作了一些简单分析，当然在实际中及将来的发展中，随着网络结构、机构及业务结构发展变化，风险会随之变化的，这就是安全动态的一个体现。

6.3 信息安全防御

6.3.1 信息安全动态防御模型

网络安全是一项动态的、整体的系统工程。因此，想真正实现信息网络的安全无忧，除了必要的网络安全设备作为基础之外，更需要严格的网络安全管理。也意味着它的安全程度会随着时间的变化而发生改变。在信息技术日新月异的今天，昔日固若金汤的网络安全策略，难免会随着时间的推进和环境的变化，而变得不堪一击。因此，我们需要随着时间和网络环境的变化或技术的发展而不断调整自身的安全策略。同时，网络安全作为一项整体工程，包括了安全管理、安全设备、安全系统等多个方面。从技术上来说，网络安全由安全的操作系统、应用系统、防火墙、网络监控、信息审计、通信加密、灾难恢复、安全扫描等多个安全组件组成，一个单独的组件是无法确保信息网络的安全性。

早期信息安全主导思想是围绕着 P2DR 模型的思想建立一个完整的信息安全体系框架。P2DR 模型是在整体的安全策略的控制和指导下，在综合运用防护工具（如防火墙、操作系统身份认证、加密等手段）的同时，利用检测工具（如漏洞评估、入侵检测等系统）了解和评估系统的安全状态，通过适当的反应将系统调整到"最安全"和"风险最低"的状态。P2DR 模型包含 4 个主要部分：Policy（安全策略）、Protection（防护）、Detection（检测）和 Response（响应）。

不过，P2DR 模型中安全恢复的环节没有足够重视，它把恢复（Recovery）包含在响应环节中，只作为事情响应之后的一项处理措施。随着人们对业务连续性和灾难恢复愈加重视，尤其是"9·11"恐怖事件之后，由 P2DR 模型衍生而来的 PDRR 模型开始得到人们的重视。PDRR 模型与 P2DR 非常相似，唯一的区别就在于把恢复环节提到了和防护、检测、响应等环节同等的高度。在 PDRR 模型中，安全策略、防护、检测、响应和恢复共同构成了完整的安全体系。其中，恢复环节对于信息系统和业务活动的生存起着至关重要的作用，组织只有建立并采用完善的恢复计划和机制，其信息系统才能在重大灾难事件中尽快恢复并延续业务，如图 6-1 表示。

当然，无论是 P2DR 还是 PDRR，都表现为信息安全最终的存在形态，是同一类目标体系和模型，这类体系模型并不关注信息安全建设的工程过程，并没有阐述实现目标体系的途径和方法。此外，此类模型更侧重于技术，对诸如管理这样的重要因素并没有强调。

当信息安全发展到信息保障阶段之后，人们越发认为，构建信息安全保障体系必须从安

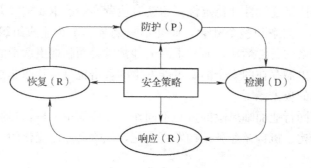

图 6-1　PDRR 模型

全的各个方面进行综合考虑，只有将技术、管理、策略、工程过程等方面紧密结合，安全保障体系才能真正成为指导安全方案设计和建设的有力依据。

现在我们的企业需要一个什么样的科学的信息安全保障体系结构呢？P2DR 或 PDRR 是不是就足够了呢？我们认为要提出这个结构，起码应该考虑以下几个问题：①是保障信息安全，必需哪些环节；②是这些环节应该能够全面衡量信息安全的保障能力；③是应该能够从宏观上指导信息安全保障的体系建设，而且从微观上能够推动具体的技术、政策、管理、法规、标准、产业发展和人员素质的发展和提高等，而且应该把握住相应的评测原则。

我们设想把原来 PDRR 前头加上一个 W，后头加上一个 C，试图用 WPDRRC 这 6 个环节和人员、政策（包括法律、法规、制度、管理）和技术三大要素来构成宏观的信息网络安全保证系统结构的框架，如图 6-2 所示。

图 6-2　WPDRRC 动态模型

它可以反映六大能力，它们是：预警能力、保护能力、检测能力、反应能力、恢复能力、反击能力。6 个环节是有时间关系的，是有动态反馈关系的。因为信息安全保障不是单一因素的，不仅仅是技术问题，而是人员、政策和技术三大要素的结合。三个因素：人员、技术和政策，它们是具有层次关系的，人员是根本；技术是顶端的东西，但是技术是要通过人员，通过相应的政策和策略去操作这个技术的。这 3 个因素在 6 个环节中都是起作用的。这些想法可以涵盖成这样一张图，外围是依次连接的预警、保护、检测、反应、恢复、反击 6 个环节，内层是人员、政策、技术 3 个逐步扩展的同心圆。内圈是人，人是核心，中圈是政策，政策是桥梁，外圈是技术，技术落实在 WPDRRC 这 6 个环节的各个方面，在各个环节中起作用。技术也不是单一的技术，要支持信息系统的安全应用，我们认为密码理论和技术是一个核心，安全协议是一个桥梁，安全体系结构是一个基础，安全的芯片是关键，监控管理是保障，攻击和测评的理论是实践、是考验。

什么是预警？其基本宗旨就是根据以前所掌握系统的脆弱性和了解当前的犯罪趋势，预测未来可能受到的攻击和危害。

预警，首先要分析威胁到底来自什么地方，采用什么方式，系统可能存在什么脆弱性，同时要做出资产评估，用一万元的投入来保护一百元的东西当然不划算。这样就可以分析出还面临着什么风险，用什么强度的保护可以消除、避免、转嫁这个风险，剩下的风险承受得了、还是承受不了？如果认为这是能够承受的适度风险，就可以在这个基础上考虑建设相应的系统。"预则立"是一个系统建设的前提。

一旦系统建成运转起来，这个时间段的预警对下个时间段的后续环节能够起到警示作用，甲地的警示可以为乙地获得后续环节的提前量。如果甲地这个时间段里了解到黑客攻击、病毒泛滥等因素的时候，在乙地得到警示就可能提前打好补丁，为下一个时段带来相应的好处。

保护，就是采用一切的手段保护信息系统的保密性、完整性、可用性、可控性和不可否认性。我国已经提出实行计算机信息系统的等级保护问题，我们应该依据不同等级的系统安全要求来完善自己系统的安全功能、安全机制。目前，这类技术和产品是最丰富的，也是市场竞争相对最激烈的。但是，在其他一些信息保障环节，现在还缺乏很多技术，需要大家去思考。

检测，就是利用高技术提供的工具来检查系统存在的，可能提供黑客攻击、白领犯罪、病毒泛滥等等这样一些脆弱性。因此，要求具备相应的技术工具，形成动态检测的制度，建立报告协调机制，尽量提高这种检测的实时性。检测需要脆弱性扫描、入侵检测、恶意代码过滤等技术。

反应，就是对于危及安全的时间、行为、过程，及时做出响应和处理，防止危害进一步扩大，使得系统力求提供正常的服务。要求通过综合建立反应机制，提高实时性，形成快速响应的能力。当然这个报警、跟踪、处理，处理中间包括封堵、隔离、报告，这些系统都要开发的。

恢复，原来对于天灾提的比较多，现在对人祸的问题也必须考虑，特别是"9.11"事件后，有些公司因数据丢失而瘫痪，但是有的公司（如摩根斯坦利公司）有所有数据的备份和运转机制，大楼被炸后不久就可以运转起来。恢复技术如容错、冗余、替换、修复和一致性保证等都是需要发展的。

反击，就是利用高技术工具，提供犯罪分子犯罪的线索、犯罪依据，依法侦查犯罪分子处理犯罪案件，要求形成取证能力和打击手段，依法打击犯罪和网络恐怖主义分子。国际上已经发展起一个像法医学一样的，有人翻译成计算机取证的学科。我们必须要用法律手段保护自己。但是法律的手段能不能用得起来，在数字化的环境中间，拿到证据是比较困难的。因此需要发展相应的取证、证据保全、举证、起诉、打击等技术，还需开发相应的媒体修复、媒体恢复、数据检查、完整性分析、系统分析、密码分析破译、追踪等等技术工具。

信息安全保障能力，不能仅从技术产品的使用来得到（信息安全产品的研究与开发无疑为信息安全提供技术保障），还需要建立一个宏观的信息安全保障体系结构，这需要大家从各自擅长的方向努力，为我们国家最终解决信息安全问题做贡献，这样，信息革命的成功才能得到保证。

6.3.2　信息安全纵深防御体系

信息安全纵深防御体系由以下几个防御体系组成：法律规范、安全管理、物理安全、网络安全、系统安全和应用安全。

如图 6-3 所示，信息安全是我们的目标，其余可成为安全保护的过程。要保证信息安全

（机密性、完整性、可用性、可控性与可审查性），必须有安全可靠的应用软件系统，如WWW、E-mail、电子政务、PKI等。要保证以上系统应用安全要有安全可靠的计算机系统保障，包括计算机硬件、软件、数据库、操作系统等；其次必须有安全可靠的网络环境，包括身份认证、访问控制、防病毒、防黑客入侵、数据传输的加密与解密等；物理安全是以上安全的基础，如果发生机器被盗、水淹火烧等，则以上工作都是徒劳；业界有句行话，叫做"三分技术七分管理"，充分说明安全管理的重要性，有再好的技术，没有好的安全管理策略和安全管理制度，安全管理就成为一句空话；最后要以法律法规为依据，约束个人行为，提高每个人的安全意识，共同建造信息安全大环境，促进信息化高速发展。

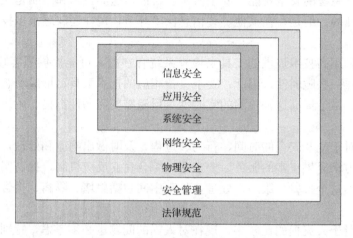

图 6-3　信息安全保护层次分布图

下面就有关信息安全技术相关内容作简要介绍。

1. 物理安全

物理安全是保障计算机信息系统各种设备的安全，是整个计算信息系统安全的前提。主要内容包括环境安全、设备安全和媒体安全。

2. 网络安全

计算机网络是应用数据的传输通道，并控制流入流出内部网的信息流。网络安全最主要的任务是规范其连接方式，加强访问控制，部署安全保护产品，建立相应的管理制度并贯彻实施。主要内容包括访问控制、身份验证、运行安全和内网安全。

3. 系统安全

系统平台安全主要是保护主机上的操作系统与数据库系统的安全，目前操作系统和数据库系统都是非常成熟的产品，安全功能较为完善。对于保证系统平台安全，总体思路实现通过安全加固解决企业管理方面所存在的安全漏洞，然后采用安全技术设备来增强其安全防护能力。主要内容包括安全漏洞、Windows安全、UNIX安全、数据库安全。

4. 应用安全

应用安全是保护应用系统的安全、稳定运行，保障企业和企业用户的合法权益。主要内容包括Web安全、E-mail安全、电子政务、PKI。

6.4 网络安全发展现状及趋势

6.4.1 国外网络安全发展状况

国外发达国家在网络安全发展建设方面主要体现在以下 8 个方面：

1. 完善法律法规和制度建设

世界上许多发达国家从立法、管理、监督和教育等方面都采取了相应的有效措施，加强对网络的规范管理。一些国家以网络实名制进行具体的网络管理，为网络安全奠定了重要基础。如韩国要求申请网站邮箱或聊天账号等用户，必须填写并审核真实的客户资料，以防黑客利用虚假信息从事网络犯罪，同时也起到了一定的威慑作用。

2. 信息安全保障体系

面对各种网络威胁、信息战和安全隐患暴露出的问题，以及新的安全威胁、新的安全需求和新的网络环境等，促使很多发达国家正在不断完善各种以深度防御为重点的整体安全平台——网络信息安全保障体系。

3. 系统安全测评

系统安全测评技术主要包括安全产品测评和基础设施安全性测评技术。针对重要安全机构或部门进一步加强安全产品测评技术，采用世界上先进的新型安全产品并完善和优化管理机制，同时进行严格的安全等级标准、安全测试和其他有效的安全措施。

4. 安全防护技术

在对各种传统的网络安全技术进行更深入的探究的同时，创新和改进新技术新方法，研发新型的智能入侵防御系统、入侵检测系统、漏洞扫描系统、防火墙与加固等多种新技术。研发新型的生物识别、公钥基础设施（Public Key Infrastructure，PKI）和智能卡访问控制技术，并将生物识别与测量技术作为一个新的研究重点，实现远程人脸识别等技术。

5. 应急响应技术

在网络安全体系中，应急响应技术具有极其重要的作用，在很多灾难性事件中得到了充分的体现。主要包括三个方面：突发事件处理（包括备份恢复技术）、追踪取证的技术手段、事件或具体攻击的分析。2001 年 9 月 11 日，美国国防部五角大楼遭到被劫持客机的撞击。由于利用应急响应技术，使得遭受重大袭击后的几个小时就成功地恢复其网络系统的正常运作，得益于在西海岸的数据备份和有效的远程恢复技术。

6. 网络系统生存措施

网络"生存性（Survivability）"问题 1993 年即提出，近年来才得到重视。主要研究内容包括进程的基本控制技术、容错服务、失效分类与检测、服务分布式技术、服务高可靠性控制、可靠性管理、服务再协商技术等。美国等国家已经开始研究当网络系统受到战争等重大攻击或遭遇突发事件、网络被摧毁、中断威胁时，如何使关键功能能够继续提供最基本的服务，并能及时处理和恢复部分或全部服务。利用系统安全技术，从系统整体考虑安全问题，使网络系统更具有柔韧性和抗毁性，从而达到提高系统安全性和可靠性的目的。

7. 安全信息关联分析

美国等国家在捕获攻击信息和新型扫描技术等方面取得了突破。有效地克服了面对各种繁杂多变的网络攻击和威胁。仅对单个系统入侵检测和漏洞扫描，很难及时将不同安全设备和区域的信息进行关联分析，也存在不能快速准确地掌握攻击策略信息等缺点和不足。

8. 密码新技术研究

在深入进行传统密码技术研究的同时，重点进行量子密码等新技术的研究，主要包括两个方面：①是利用量子密码学实现信息加密的密钥管理；②是利用量子计算机对传统密码体制进行分析。

6.4.2 我国网络安全发展现状

我国信息安全及网络安全发展历程主要有 3 个阶段：

1）通信保密阶段（Communication Security，COMSEC）。20 世纪初期，对安全理论和技术的研究只侧重于密码学，这一阶段的信息安全可以简单称为通信安全。

2）信息安全阶段（Information Security，INFOSEC）。20 世纪 60 年代后，人类将信息安全的关注扩展为以保密性、完整性和可用性为目标的信息安全阶段。

3）信息保障阶段（Information Assurance，IA）。20 世纪 90 年代，也称网络信息系统安全阶段，信息安全的焦点衍生出可控性、可审查性、真实性等其他的原则和目标，信息安全也转化为从整体考虑其体系建设的信息保障阶段。

我国非常重视网络安全建设，虽然起步比较晚，但是发展很快，网络安全建设发展情况主要体现在以下 6 个方面：

1. 加强网络安全管理与保障

进一步加强并完善了网络安全方面的法律法规、准则与规范、规划与策略、规章制度、保障体系、管理技术、机制与措施、管理方法和安全管理人员队伍及素质能力等。

2. 安全风险评估分析

以往在构建网络系统时，很容易事先忽略或简化风险分析，导致不能全面准确地认识系统存在的威胁，使制定的安全策略和方案常常不切实际。现在，非常重视网络安全工作，按照相关规范要求必须进行安全风险评估和分析，对现有网络也要定期进行安全风险评估和分析，并及时采取有效措施进行安全管理和防范。

3. 网络安全技术研究

我国对网络安全技术研究非常重视，已经纳入国家"973"计划、"863"计划和国家自然科学基金等重大高新技术研究项目，并在密码技术等方面取得了重大成果。

保证系统具有高安全性的防护，主要采用访问控制、身份认证、防范病毒、隔离、加密、专用协议等一系列安全手段。目前，我国很多计算机软硬件严重依赖国外，而且缺乏网络传输专用安全协议，已成为最大安全缺陷和隐患之一。一旦发生信息战，这些硬件和操作系统很可能成为被利用的工具。我国正在加强操作系统的安全化研究，并加强专用协议、防御技术等研究，增强内部信息传输的保密性。对已有的安全技术体系，包括访问控制技术体系、认证授权技术体系、安全域名解析服务器（DNS）体系、信息安全保障（Information Assurance，IA）、公钥基础设施（PKI）技术体系等，正在制定持续性发展研究计划，并不断发展完善。

4. 安全测试与评估

目前，我国测试评估标准正在不断完善，测试评估的自动化工具有所加强，测试评估的手段不断提高，渗透性测试的技术方法正在增强，评估网络整体安全性进一步提高。

5. 应急响应与系统恢复

应急响应能力是衡量网络系统生存性的重要指标。目前，我国应急处理的能力正在加强，缺乏系统性和完整性问题正在改善，对检测系统漏洞、入侵行为、安全突发事件等方面研究进一步提高。但在跟踪定位、现场取证、攻击隔离等技术研究和产品方面尚存不足。

在系统恢复方面以磁盘镜像备份、数据备份为主，以提高系统可靠性。系统恢复和数据恢复技术的研究仍显不足，应加强先进的远程备份、异地备份技术以及远程备份中数据一致性、完整性、访问控制等关键技术的研究。

6. 网络安全检测技术

网络安全检测是信息保障的动态措施，通过入侵检测、漏洞扫描等技术，定期对系统进行安全检测和评估，及时发现安全问题，进行安全预警和漏洞补修，防止发生重大信息安全事故。我国在安全检测技术和方法领域正在改进，并要将入侵检测、漏洞扫描、路由等安全技术相结合，努力实现跨越多边界的网络攻击事件的检测、追踪和取证。

6.4.3 网络安全技术的发展趋势

网络安全的发展趋势主要体现在以下 5 个方面：

1. 网络安全技术不断提高

随着网络安全威胁的不断增加和变化，网络安全技术也在不断创新和提高，从传统安全技术向可信技术、深度包检测、终端安全管控和 Web 安全技术等新技术发展。同时，也不断出现一些云安全、智能检测、智能防御技术、加固技术、网络隔离、可信服务、虚拟技术、信息隐藏技术和软件安全扫描等新技术。其中，可信技术是一个系统工程，包含可信计算技术、可信对象技术和可信网络技术，用于提供从终端到网络系统的整体安全可信环境。

2. 安全管理技术高度集成

网络安全技术优化集成已成趋势，如杀毒软件与防火墙集成、虚拟网（VPN）与防火墙的集成、入侵检测系统（IDS）与防火墙的集成，以及安全网关、主机安全防护系统、网络监控系统等集成技术。

3. 新型网络安全平台

统一威胁管理（Unified Threat Management，UTM）是实现网络安全的重要手段，也是网络安全技术发展的一大趋势，已成为集多种网络安全防护技术一体化的解决方案，在保障网络安全的同时大量降低运行和维护成本。主要包括网络安全平台、统一威胁管理工具和日志审计分析系统等。

4. 高水平的服务和人才

网络安全威胁的严重性及新变化对解决网络安全技术和经验要求更高，急需高水平的网络安全服务和人才。随着网络安全产业和业务的发展，网络安全服务必将扩展，对网络系统进行定期的风险评估，通过各种措施对网络系统进行安全加固，逐渐交给网络安全服务公司或团队将成为一种趋势。为用户提供有效的网络安全方案是服务的基本手段，对网络系统建设方案的安全评估、对人员安全培训也是服务的重要内容。

5. 特殊专用安全工具

对网络安全影响范围广、危害大的一些特殊威胁，应采用特殊专用工具，如专门针对分布式拒绝服务攻击（DDos）的防范系统，专门解决网络安全认证、授权与计费的 AAA（Authentication Authorization Accounting）认证系统，单点登录系统，入侵防御系统，智能防火墙和内网非法外联系统等。

近年来，世界竞争变得更加激烈，经济从"金融危机"影响下的持续低迷中艰难崛起，企业更注重探寻新的经济增长点、优先保护品牌、用户数据、技术研发和知识产权等。同时，在面临新的挑战中精打细算，减少非生产项目的投入，使用更少的信息安全人员，以更少的预算保护企业资产和资源。

第7章 物理安全

在信息系统安全中，物理安全是基础。如果物理安全得不到保证，如计算机设备遭到破坏或被人非法接触，那么其他的一切安全措施都是空中楼阁。在计算机系统安全中，物理安全就是要保证计算机系统有一个安全的物理环境，对接触计算机系统的人员应该有一套完善的技术控制手段，且充分考虑到自然事件可能对计算机系统造成的威胁并加以避免。物理安全主要包括：环境安全、设备安全和媒体安全。

7.1 环境安全

7.1.1 机房场地的环境选择

计算机系统的技术复杂，电磁干扰、振动、温度和湿度的变化都会影响计算机系统的可靠性、安全性，轻则造成工作不稳定，性能降低，或出现故障，重则会使零部件寿命缩短，甚至是损坏。为了使计算机系统能够长期、稳定、可靠、安全地工作，应该选择一个合适的工作场所。

1. 环境安全性

1）为了防止计算机系统遭到周围不利环境的意外破坏，机房应该尽量建立在远离生产或储存具有腐蚀性、易燃、易爆物品的场所（比如油料库、液化气站和煤场等）。

2）机房应该尽量避开环境污染区（比如化工污染区），以及容易产生粉尘、油烟和有毒气体的区域（比如石灰厂等）。

3）机房应该尽量避免坐落在雷击区。

4）机房应避开重盐害地区。

2. 地质可靠性

1）机房不要建立在杂填土、淤泥、流沙层以及地层断裂的地质区域上。

2）机房不要建立在地震区。

3）建立在山区的机房应该尽量避开滑坡、泥石流、雪崩和溶洞等地质不牢靠区域。

4）机房应该尽量避开低洼、潮湿区域。

3. 场地抗电磁干扰性

1）机房应避开或远离无线电干扰源和微波线路的强磁场干扰场所，如广播电视发射台、雷达站等。

2）机房应避开容易产生强电流冲击的场所，如电气化铁路、高压传输线等。

4. 机房应避开强振动源和强噪声源

1）机房应避开振动源，如冲床、锻床等。

2）机房应避开机场、火车站和影剧院等噪声源。

3）机房应远离主要交通通道，避免机房窗户直接临街。

5. 机房应避免设在建筑物的高层及用水设备的下层和隔壁

计算机机房应该选用专用的建筑物，尽量选择水源充足、电源比较稳定可靠、交通通信方便、自然环境清洁的地方。如果机房是办公大楼的一部分，一般应该设立在第2、3层为宜，避免设在建筑物的高层及用水设备的下层和隔壁，如果处于用水设备的下层，顶部应该有防渗漏措施。

在机房场地的选择中，如果确实不能避开上述不利因素，则应该采取相应的防护措施。设施安全就是对计算机系统的空间进行细致周密的规划，对计算机系统加以物理上的严密保护，以避免可能存在的不安全因素。

7.1.2 计算机机房的安全等级

为了对相应的信息提供足够的保护，而又不浪费资源，应该对计算机机房规定不同的安全等级，机房场地应提供相应的安全保护。根据 GB/T 9361—2011 标准《计算机场地安全要求》，计算机的安全等级分为 A、B、C 3 个基本类型。

A 类：对计算机机房的安全有严格的要求，有完善的计算机机房安全措施。该类机房中放置需要最高安全性和可靠性的系统和设备。

B 类：对计算机机房的安全有较严格的要求，有较完善的计算机机房安全措施。它的安全性介于 A 类和 C 类之间。

C 类：对计算机机房的安全有基本的要求，有基本的计算机机房安全措施。该类机房只需要最低限度的安全性和可靠性的一般性系统。

在具体的建设中，根据计算机系统安全的需要，机房安全可按某一类执行，也可按某些类综合执行。所谓的综合执行是指一个机房可按某些类执行，如某机房按照安全要求，可对电磁波进行 A 类防护，对火灾报警及消防设施进行 C 类防护等。

7.1.3 环境对信息安全的影响

1. 温度、湿度

计算机设备由于集成度高，对环境的要求也比较高。机房的温度过高或过低都会对计算机硬件造成一定的损坏。例如：过高的温度会使电子器件的可靠性降低，还会加速磁介质及绝缘介质老化，甚至可能引起硬件的永久性损坏；太低的温度会使元器件变脆，对硬件也有影响。湿度过高，会使密封不严的元器件腐蚀，会使电器的绝缘性下降；而湿度过低，则会危害更大，不但会使存储介质变形，还易引起静电积累。

根据计算机系统对温度、湿度的要求，将温度、湿度分为 A、B 两级，机房可按某一级执行，也可按某些级综合执行，如某机房按机器要求可选，开机时按 A 级温度、湿度，关机时按 B 级温度、湿度执行。

其他房间的温度、湿度可根据所装设备的技术要求而定。

2. 空气含尘浓度

如果尘埃落入计算机设备，容易引起接触不良，造成机械性能下降，若是导电的尘埃进入计算机设备中，则会引起短路，甚至会损坏设备。

3. 噪声

噪声会使人的听觉下降，精神恍惚，动作失误。为了使机房的工作人员有一个良好的工作环境，一般来说，在计算机系统操作停机条件下，主机房内的噪声在主操作员位置应小于 68dB。

4. 电磁干扰

电磁干扰会使人内分泌失调，危害人的身体健康，同时会引起计算机设备的信号突变，使设备工作不正常。据美国《AD 研究报告》中的实测统计和理论分析，0.07Gs 的磁场变化就可能让计算机设备产生误操作，0.7Gs 的磁场变化就可能让计算机设备损坏。因此对机房的电磁脉冲辐射的防护是十分必要的。一般来说，主机房内无线电干扰强度，在频率为 0.15~100MHz 时，不应大于 126dB。主机房内磁场干扰环境场强度不应大于 800A/m。

5. 振动

振动会使设备接触松动，增大接触电阻，导致设备的电气性能下降，同时也会使设备的绝缘性下降。一般来说，在计算机系统停机的条件下主机房地板表面垂直及水平方向的振动，加速度值不应大于 $0.5m/s^2$。

6. 静电

计算机设备中的 CMOS 器件很容易被静电击穿，造成器件损坏。实践表明，静电是造成计算机损坏的主要原因。当工作人员穿尼龙或丝绸工作服、橡胶拖鞋走动或长时间在工作室，往往会因摩擦产生静电，带静电的工作人员接触或从计算机旁通过时，就会对计算机放电，使机器损坏或引起数据出错。计算机主机房地面及工作台面的静电泄露电阻应符合现行国家标准《计算机机房用活动地板技术条件》的规定。主机房内绝缘体的静电电位不应大于 1kV。主机房内应该采用活动地板，活动地板可由钢、铝或其他阻燃性材料制成。活动地板表面应是导静电的，严禁暴露金属部分。主机房内的工作台面及座椅垫套材料应是导静电的，其体积电阻率应为 1.0×10^7~$1.0\times10^{10}\Omega\cdot cm$。主机房内的导体必须与大地可靠连接，不能有对地绝缘的孤立导体。

基本工作间不用活动地板时，可铺设导静电地面。导静电地面可采用导电胶与建筑地面粘牢，导静电地面的体积电阻率应为 1.0×10^7~$1.0\times10^{10}\Omega\cdot cm$，其导电性能应长期稳定。导静电地面、活动地板、工作台面和座椅垫套必须进行静电接地。

静电接地的连接线应有足够的机械强度和化学稳定性，导静电地面和台面采用导电胶与接地导体粘接时，其接触面积不宜小于 $10cm^2$。静电接地可以经限流电阻及自己的连接线与接地装置相连，限流电阻的阻值宜为 $1M\Omega$。

7. 灯光

为了保证正常的工作，机房内应该有一定的照明条件。根据有关国家标准，机房照度应该满足如下条件：

1）主机房在距地面 0.8m 处，照度不应低于 300lx。

2）基本工作间、第一类辅助房间在距地面 0.8m 处，照度不应低于 200lx。

3）其他房间参照 GB 50034 执行。

4）计算机机房眩光限制标准可分为 3 级。

5）直接型灯具的遮角光不应小于规定。

6）主机房、基本工作间宜采用措施限制工作面上的反射眩光和作业面上的光幕反射。

7）工作区内一般照明的均匀度（最低照度与平均照度之比）不宜小于 0.7，非工作区的照度不宜低于工作区平均照度的 1/5。

8）计算机机房、终端室、已记录的媒体存放间应设事故照明，其照度在距地面 0.8m 处，照度不应低于 5lx。

9）主要通道及有关房间依据需要应设事故照明，其照度在距地面 0.8m 处，照度不应低于 1lx。

10）计算机机房照明线路宜穿钢管暗敷或在吊顶内穿钢管明敷。

11）大面积照明场所的灯具宜分区、分段设置开关。

12）技术夹层内应设照明，采用单独支路或专用配电箱（盘）供电。

8. 接地

为了保证计算机系统的安全和工作人员的安全，机房内必须部署接地装置。根据 GB/T 2887—2000 标准《电子计算机场地通用规范》，机房内接地有 4 种方式。

1）交流工作接地，接地电阻不应大于 4Ω。

2）安全工作接地，接地电阻不应大于 4Ω。

3）直流工作接地，接地电阻不应大于 4Ω。

4）防雷接地，不应大于 10Ω。

根据 GB 50174—1993《电子计算机场地通用规范》，接地时应考虑如下原则：

交流工作接地、安全保护接地、直流工作接地和防雷接地等 4 种接地宜共用一组接地装置，其接地电阻按其中最小值确定。防雷接地单独设置接地装置时，其余 3 种接地宜共用一组接地装置，其接地电阻不应大于其中的最小值，并应按现行标准《建筑防雷设计》执行。

7.1.4 机房组成及面积

1. 机房组成

根据计算机系统的规模、性质、任务、用途、计算机对供电、空调等要求的不同以及管理体制的差异，计算机机房一般由主机房、基本工作间、第一类辅助房间、第二类辅助房间和第三类辅助房间等组成。

1）主机房用以安装主机及其外部设备、路由器、交换机等骨干网络设备。

2）基本工作房间有数据录入室、终端室、网络设备室、已记录的媒体存放间和上机准备间。

3）第一类辅助房间有备件间、未记录的媒体存放、资料室、仪器室、硬件人员办公室和软件人员办公室。

4）第二类辅助房间有维修室、电源室、蓄电池室、发电机室、空调系统用房、灭火钢瓶间、监控室和值班室。

5）第三类辅助房间有储藏室、更衣换鞋室、缓冲间、机房人员休息室等。

当然，以上分类是基本分类方法，在实际使用中，允许一室多用或酌情增减。

2. 机房面积

计算机机房的使用面积应根据计算机设备的外形尺寸布局确定。在计算机设备外形尺寸不完全掌握的情况下，计算机机房的使用面积一般应符合下列规定：

1）机房面积可按下列方法确定。

① 当计算机系统设备已选型时，可按 $A=(5\sim7)\sum S$ 计算。式中 A 为计算机机房使用面积（m²），$\sum S$ 指与计算机机房内所有设备占地面积的总和（m²）。

② 当计算机系统的设备尚未选型时，可按 A＝kN 计算。式中 A 指计算机机房的使用面积（m²）；k 为系数，一般取值为 4.5～6.5m²/台（架）；N 指计算机机房内所有设备台（架）的总数。

2）计算机机房最少使用面积不得小于 30m²。

3）研制、生产用的调机机房的使用面积参照 1）中的规定执行。

4）其他各类房间的使用面积应依据人员、设备及需要而定。

5）在此基础上，考虑到今后的发展，应该留有一定的备用面积。

3. 设备布置

机房内设备的安装布局多种多样，它与主机的结构、外部设备的种类和数量、使用要求、操作人员的习惯等都有很大的关系。总的布局原则是：保证计算机系统处于最佳工作状态，操作维护方便，便于作业流动处理，有利于安全和防护规范的执行，同时尽量使机房内安静整洁，便于工作效率的提高。

7.2 设备安全

计算机信息系统的安全保护，主要包括设备的防盗保护、电源保护、静电防护、防电磁干扰、防线路截获以及防辐射泄漏 6 个方面。

7.2.1 计算机信息系统设备防盗保护

计算中心不但要防护客观因素造成的损失，还要防止人为的盗窃和破坏，特别是存放和处理重要信息的计算机中心，更应注意这个问题。

1. 基本的安全保护措施

对于保密程度要求高、计算机系统及外部设备价值很高的计算机中心，应安装防盗报警装置。为了防止从门窗进入的盗窃，大多是安装简单的防止夜间盗窃的报警系统。较高级的报警系统大多很复杂，需要专业人员来指导购买和安装。

除了安装报警设备，制定计算机中心的安全保护办法和夜间留人值守也是防盗防破坏需采取的重要措施。对于特别重要的部位，应设专门的警卫部门从事此项工作。

2. 安全保护设备简介

计算中心及计算机房的空间保护装置有多种形式，它们涉及许多技术手段，从光电技术、超声技术到一些如光源红外技术等新的科研成果。

（1）光电系统　在光电系统中，由红外发射器发射一些人眼看不到的红外光束，当光束无物体遮挡时，可以被接收器检测到，一旦光束被物体遮挡，接收器便检测不到信号，就会触发引起报警。此外这种装置也是可以使用特殊的镜子，使光线在房间中环绕。

（2）微波系统　这种系统把微波发生器安装在一个特定的容器内，容器尺寸可精确地决定产生的微波的频率。系统的接收部分随时检测传播和反射微波信号，如果有人闯入，就会使信号发生变化，系统会触发报警。

（3）无源红外系统　这种系统的工作原理是，所有的物体都在辐射红外线，这就是所谓的热辐射。任何物体辐射红外线强度取决于它的温度、颜色和表面结构，在任何一个区域里，这种红外辐射一直存在，而且强度变化很慢，如有突然的变化，将意味着有人进入或离开这个区域。无源红外系统中使用的红外检测器的功能就是发现和测量一个区域的红外线，只要辐射强度一发生大的变化就会报警。

总之，计算中心或计算机房是否安装报警系统，安装什么类型的报警系统，要根据机房的安全等级及计算机中心信息与设备的重要性来确定。

3. 防盗技术

除了安装报警设备外还可以用防盗技术，防止计算机及设备被盗。

1）计算机系统和外部设备，特别是微型计算机的每一个部件，都应做上无法去除的标记，这样被盗后可以方便查找赃物，也可以防止有人更换部件。

2）使用一种防盗接线板，一旦有人拔电源插头，就会报警。

3）可以使用火灾报警系统，增加防盗报警功能。

4）利用闭路电视系统对计算机中心的各个部位进行监视，但这种办法造价较高。

防盗技术还有很多种，以上 4 种仅供参考。

7.2.2 计算机信息系统的电源保护

为计算机及其设备提供的电源质量的好坏直接影响着计算机系统的可靠运转。计算机系统对供电电源的质量和连接性要求很高，它不仅取决于电网的电压、频率及电流等基本要求是否符合计算机设备的要求，而且对电网的其他质量措施也有很高的要求。电网的扰动常常影响计算机系统及辅助设备的正常工作，产生误操作甚至造成停机。如高速运转的磁盘机，当电网频率发生变化时，可能会导致错误。

那么什么样的电源才能保证计算机系统的正常运转呢？计算机系统对供配电的要求是什么呢？怎样才能获得满足要求的电源呢？怎样才能有效地保护电源呢？下面就将这些问题分别加以介绍。

1. 基本供电要求

计算机系统及其外部设备对电源的线制、电压、频率及额定容量等有具体的要求。

（1）线制与额定电压　我国电力系统采用的是三相四线制，单相额定电压为 220V，三相额定线制电压为 380V。因此，国产计算机及外围设备应符合国家标准的这一规定。从国外引进的系统，线制与额定电压因国别而异，应该在安装和使用之前仔细阅读说明书，根据具体情况设置专用变压器满足设备的需要。

（2）频率　国产计算机要求供电频率为 50Hz，但也有极少数早期的计算机设备使用中频，其额定频率多用 400Hz 或 1000Hz。从国外引进的计算机系统有的要求供电频率为 60Hz，对于这类计算机系统，需要采用频率变换器将 50Hz 电源转换成 60Hz 电源。

（3）额定容量　计算机要求的额定容量以两种方式给出，第一种是在额定电压下的计算机系统总容量或者是计算机系统的总电流。第二种是各计算机单机和设备所要求的工作电流，指设备稳态工作时的额定值。有些外部设备具有较大的启动电流，比额定电流大若干倍，这些参数为设计计算机的配电柜、选取供电电缆等提供了必要的参数。

以上几项只是计算机系统对机房供电系统的基本要求，如果不了解这些参数，特别是对引进的计算机系统不弄清其供电要求，在安装时往往会出现问题，造成不必要的损失。

根据计算机的用途，其供电方式可分为三类：

• 一类供电：需建立不间断供电系统

- 二类供电：需建立备用的供电系统
- 三类供电：按一般用户供电

（4）计算机信息系统对电网波动的要求　电网在运行过程中，由于各种因素的影响，总是处于波动状态。这种波动如果超出了计算机及其外设所用的 50 Hz 电源允许的范围，就会使其不能稳定工作，出现错误甚至造成停机。因此计算机系统对电网波动在如下几项参数上提出要求，这些参数包括：

- 电压波动
- 频率波动
- 波形失真率
- 瞬变浪涌和瞬变下跌
- 瞬变脉冲
- 瞬时停电
- 三相不平衡

不同的计算机系统对以上这些指标要求不同，每个参数的具体允许范围请参考有关书籍及标准，此处不做详细讨论。在实际的电源设计中对这些指标要给予充分的考虑，否则使用不稳定的电源将直接影响计算机系统稳定可靠运行。

2. 电气干扰的主要形式

与电源有关的计算机故障是普遍存在的，而很多故障的起因，与电气干扰有关。电气干扰主要有 3 种形式：

（1）配电线路和周围环境的电气噪声　电气噪声可以由电源线路本身产生，也可以由电子电气设备产生。它一般有两种类型，一种是电磁干扰，简称 EMI，它是配电线路产生的。另一种是射频干扰，简称 RFI，它是由电气设备中的元器件产生的。

（2）电压波动　电压波动是一种常见现象，它可以分为两种情况，一种是电压高于或低于正常值，第二种是电压间断地或持续地保持较高或较低的数值。

（3）断电　如果电流中断就产生了断电，瞬间断电称为瞬时停电，长时间的断电称为停电。

以上 3 种电气干扰如果大于规定的允许值，就会使计算机设备的正常工作受到影响，信息传送出现错误，甚至损坏计算机或外部设备。

3. 电源保护装置

（1）线路稳压器　线路稳压器可以防止电压波动对计算机系统的影响，线路稳压器中还包括一个隔离变压器，可以减少共态噪声。由于使用线路稳压器造价较低，所以在不十分重要部位的微型计算机系统中可以采用，对于高级计算机系统则必须使用不间断电源。

（2）不间断供电电源（UPS）　UPS 能提供高级的电源保护功能，特别是对断电更具保护作用。当供电中断时 UPS 利用自身的电池给计算机系统继续供电，保证计算机系统的正常供电。在选择和购买 UPS 系统时要弄清楚很多问题，其中包括计算机系统在停电后需由 UPS 继续供电的时间，计算机系统的供电容量，UPS 的电池类型及后备电源的供电方式等。

总之，通过采取减少电气噪声的措施，使用满足计算机系统及外部设备对电源要求的供电设备，使用 UPS 供电等方式，可以给计算机系统提供良好的电源，使计算机系统安全、稳定、正常地运行。

7.2.3 计算机信息系统的静电防护

在前面谈到温度、湿度对计算机设备的影响时曾简单介绍了静电对计算机系统的影响，由于静电是引起计算机故障的重要因素之一，它引起的故障往往还是随机的，重复性不强，难以排除，在此对静电的防护问题作专门叙述。

1. 静电对计算机系统影响

1）静电放电现象在一定条件下可能会成为火源，造成火灾的发生。

2）静电对计算机设备中的半导体器件会造成不良影响，特别是在半导体器件的容量增大和体积减小时，静电过大会损坏半导体器件（特别是大 MOS 电路为主组成的存储器件）。

3）静电还会引起计算机的误动作，原因是静电带电体触及电子计算机或其他外部设备时，对它们放电，有可能使计算机接收到错误信号，导致计算机产生误动作出错。

4）高速运转的磁带机、打印机等外部设备，高速运转时会产生静电，也有可能引起设备的动作出错。

2. 静电产生的原因

静电主要是由物体间相互摩擦、接触和分离产生的，但也可因其他原因而产生。在物体产生静电荷的过程中，因一部分电荷没有消失，储存在物体上，这个物体就叫做"静电带电体"，电阻越大的物体带电越多。计算机机房的静电主要有 3 个来源。

（1）计算机房用的地板　人在机房内地板上穿着塑料底或皮革底的鞋行走时，会由于摩擦引起静电。静电的高低与地板表面的材料电阻值有关。

（2）机房使用的设施　在机房中大量使用的各类工作站、台架、柜等，其表面往往由容易产生静电的材料制成，在使用过程中，不可避免地要进行摩擦而产生静电。当其电压达到一定程度并在一定条件下就会放电。

（3）工作人员的衣着　化纤制品的服装在穿着过程中，由于摩擦会产生静电，并传给人体使人体带电，而且在一定环境条件下其电压很高。例如在 20℃ 且相对湿度为 40％ 时，若穿着丙烯纤维的裤子，聚酯人造丝的上衣，其工作服的静电电压高达 39.9kV。随着温度、湿度和衣着材料的不同工作服及人体带电电压会不同，但只要穿着化纤服装，其带电电压都会很高。

3. 静电的防止和消除

从前面介绍的静电对计算机设备的影响和静电产生的原因可知，要绝对避免产生静电是很困难的。而减少静电对计算机系统的影响主要应从以下几方面着手，减少静电来源。

1）接地与屏蔽。接地是最基本的防静电措施，要求计算机系统本身应有一套合理的接地与屏蔽系统，而屏蔽可以切断电噪声的侵入。

2）机房地板。计算机机房的地板是静电产生的主要来源，对于各种类型的机房地板，都要保证从地板表面到接地系统的电阻在 $10^5 \sim 10^8 \Omega$ 之间，下限值是为了保证人身防触电的安全电阻值，上限则是为了防止因电阻值过大而产生静电。

3）机房家具。机房中所使用的各种家具、工作台、柜等，要选择产生静电小或不产生静电的材料。

4）工作人员的着装。工作人员的服装，要采用不易产生静电的衣料制作，鞋要选用低阻值的材料制作。

5）保护 MOS 电路。在硬件维修时，要使用金属板台面的专用维修台。温度过低时，要采用加湿器保证机房的湿度在规定范围之内。

6）在机房中使用静电消除剂和静电消除器等，以进一步减少静电的产生。

关于计算机机房的防静电问题，由于其对计算机系统造成的不良影响，正逐步引起人们的重视，但在机房静电的防护方法和措施上还存在很多需要进一步研究的课题，为防止危害计算机系统的静电找到新的理论根据和实践方法。

7.2.4 计算机信息系统防电磁干扰

计算机设备还会受到各种各样的电磁场干扰和影响。电磁场的干扰形式不一、大小不等，它们会导致设备不能工作。电磁场对计算机设备的影响来自计算机的内部和外部。内部的干扰主要是由于计算机内部电路中存在着寄生耦合现象。在计算机内部的电路上，各元器件及导线周围都存在着一定大小的磁场，从而形成了计算机内部及设备间的干扰。控制和减少这种干扰主要是由计算机厂家设计计算机及外设来完成。电子计算机的外部干扰，主要是通过辐射、传导或辐射和传导共存的方式对计算机形成干扰，这类干扰主要有以下几种形式：

1）各种电气设备的外部干扰、计算机房中的荧光灯、吸尘器等也能成为计算机的瞬间干扰。

2）广播电线、雷达天线的电波以及无线电收发报机的辐射电场，也是对电子计算机产生干扰的一种外部干扰源。

3）雷电产生的感应火花是一种外部干扰源。雷电产生时，在传输线上形成的冲击电压有时可高达几千伏甚至上万伏，对计算机设备的破坏作用很大。

4）传输线或线圈附近空间产生的磁场，对其他元器件会产生干扰，同时电磁感应对磁带机、磁盘机等使用磁介质的设备也有影响。因此对磁介质的存放保管应注意这方面因素，使用铁制的磁盘柜是一个好方法。

在实际应用中，抑制电磁干扰的手段是接地和屏蔽。接地是防止外界电磁干扰和设备间寄生耦合干扰，提高设备工作可靠性的必要措施，同样，屏蔽也是削弱电磁场干扰的有效方法。根据实际的需要，可进行电屏蔽、磁屏蔽或电磁屏蔽。屏蔽可对信号线、电源线、机械或整个机房进行，但环境的电磁场如果在规定的范围之内，就不必对整个机房进行屏蔽。

7.2.5 计算机信息系统防线路截获

对计算机信息系统通信线路进行保护，应防止线路短路或断路，防止并联盗窃，防止感应窃取传输资料，防止外界对通信线路的干扰。

1）预防线路截获，使线路截获设备无法正常工作。

2）检测线路截获，发现线路截获的事件并报警。

3）定位线路或截获，发现线路截获窃取设备的精确位置。

4）对抗线路截获，阻止线路截获窃取设备的使用。

通信线路能对截获者做到预防、探测、定位、对抗这几个步骤，我们就能比较有效地防止线路上截获信息，保证及时有效地准确传输到指定的地址。

7.2.6　计算机信息系统防辐射泄漏

计算机信息的辐射泄漏，是指计算机设备在工作时其主机以及计算机外部设备所产生的电磁辐射和计算机的电源线、信号线以及地线所产生的传导发射。计算机所产生的辐射频带很宽，大约10～600kHz。这些含有信息的电磁波，很容易被截获。一般只要用一台家庭用的普通电视进行稍加改制，就可以成为一台简易的接收机。用这种简易接收机，就可以接受方圆几十米之内正在工作的计算机辐射信息。如果使用专用的接收设备，接收距离将远远超过以上的接收距离。在西方比较发达的国家，利用电磁辐射窃取有价值信息的案例比较普遍。利用接收电磁辐射的非法手段窃取信息，窃取者不用冒很大的风险，便可以从容地坐在汽车里或者在计算机机房附近的房间中窃取计算机所产生的电磁辐射信息。这方面的例子很多，说明在各个国家的政治、军事以及经济领域中的计算机设备和系统都受到电磁辐射泄漏的威胁。

对广大计算机用户，尤其是从事机要工作的人员，了解和掌握计算机设备辐射泄漏的规律及有关方面的知识，是非常必要的。

1. 电磁兼容性（EMC）

在介绍 EMC 之前，我们先从 EMI 的基本概念着手。EMI 即电磁干扰，也常常被称为无线电频率干扰，它是一种不希望存在的信号，它对电子设备或系统的正常工作造成有害影响。几乎每一种电子设备都会产生不同程度的 EMI 信号，这些信号可能以电磁辐射的形式发射出来，也可以通过电缆进行传导发射。同样，几乎所有的电子设备对其他设备产生干扰信号都很敏感。

所谓的电磁兼容性（EMC）是指设备、分系统、系统在共同的电磁环境中能一起执行各自功能的共存状态，即该设备不会由于受到同一电磁环境中其他设备的电磁发射导致不允许的降级；它也不会使同一电磁环境中的其他设备、分系统、系统因受到电磁发射而导致不允许的降级。

从电磁兼容性概念可以看出，要达到电磁兼容，就必须抑制 EMI 的发生。也就是说，要想做到电磁兼容性（EMC），只要设法减弱发射源的信号电平或者切断传播路径，或者对接收器进行保护而使其免受电磁干扰。

所谓电磁兼容性故障是指，由于电磁干扰或敏感性原因，使系统或有关的分系统及设备失灵，从而导致使用寿命缩短、运载工具受损、飞机失事或系统效能发生永久性下降。

2. 关于 TEMPEST 的解释

近年来，TEMPEST 一词经常出现在国内外一些计算机刊物和 EMC（电磁兼容）杂志上。TEMPEST 是英文 Transient Electro Magnetic Pulse Emantion Standard 的缩写，其中文的解释为防止泄漏发射。而现在往往将 TEMPEST 作为对电子信息系统的泄漏发射所进行研究和控制的代名词。例如，我们经常见到的 TEMPEST 标准、TEMPEST 设备、TEMPEST 计算机、TEMPEST 测试、TEMPEST 防护等。

TEMPEST 问题是电子设备的电磁泄密的问题，与 EMC 和 EMI 问题有一定的相似之处。但是，由于 TEMPEST 只涉及含有信息的电磁泄漏，而 EMC 和 EMI 问题不管电磁泄漏是否含有信息，因此 TEMPEST 与 EMC 和 EMI 之间有较大的差别。其差别体现为：

1) 从 EMC 和 EMI 的角度上，只要是电子设备的电磁泄漏不超过规定的电平，或者电子设备在规定的电磁干扰电平下能正常工作（即灵敏度要求），则认为该电子设备符合

EMC/EMI 要求。但是，TEMPEST 问题，需要保护泄漏电磁场中有可能被检测或分析出来的保密信息。因此，不仅需要规定电子设备的允许泄漏电平，还需要设计泄漏信号的频率、脉冲带宽、脉冲上下沿时间和脉冲重复频度等。TEMPEST 规定的频率范围和带宽都远远超过 EMC/EMI 的要求。根据国外的 TEMPEST 测试接收机性能上看，TEMPEST 规定的电磁辐射测试频率可从 1kHz 达到 18GHz，而一般 EMC/EMI 要求的电磁辐射频率为 1GHz，军用要求达到 10GHz。另外，TEMPEST 要求测试带宽达到 500MHz。

2）TEMPEST 不规定敏感度要求。这是因为 TEMPEST 主要是电磁泄漏防护，因而对电子设备只限于其电磁辐射的强度。

3）TEMPEST 有所谓红和黑的概念，它把信息有关的系统、部件、电路、元件和连线列为红区，而把与信息无关的系统、部件、电路、元件和连线列为黑区。对于红区部分要求严格，而对于黑区部分的要求相对较低。这样划分，不仅使系统和设备在设计制造商更为经济、灵活，而且对 TEMPEST 测试、检查和管理也提供了方便。

4）TEMPEST 除了采用物理方法（屏蔽、接地、隔离、布线等）来抑制电磁辐射外，还可以采用电的方法加以防护。例如，除了用产生噪声的假信号来掩盖工作辐射频率外，还可采用扩频技术、调频技术等的电子对抗手段达到防护的目的。从这个概念上讲，要比 EMC/EMI 防护手段更加广泛。假定，某台设备经 EMI 测试超过规定的标准，但经 TEM-PEST 测试后，无法从泄漏的电磁信号中分析出设备所处理的信息，仍可以认为设备符合 TEMPEST 标准。以上仅是假定，实际上 TEMPEST 设备应符合有关的 EMI 标准。

5）由于上述特点，TEMPEST 测试要比 EMC/EMI 测试更加复杂。它需要有严格的测试环境，既有实时测量，又有事后分析，进行一次 TEMPEST 测试花费较大，时间较长。

3. 泄漏发射

指无意的、与数据有关的或载有情报内容的信号，这样的信号一旦被截获和分析，就可能造成信息泄露。将未授权的敏感信息暴露或丢失。这里所讲的敏感信息，就是需要某种等级保护的信息。

4. 控制区（安全半径）

所谓控制区，是指用半径来表示的空间。该空间包围着用于处理敏感信息的设备，并在有物理和技术的控制之下，以防止未授权的进入或泄漏。

5. 发射安全

指为了不让未授权的人员从泄漏发射中截获和分析出有价值的信息，而采用的各种保护措施。

7.3 媒体安全

对于计算机信息系统而言，有大量存储信息的媒体，主要包括：
- 纸介质：记录纸
- 磁介质：硬盘、软盘
- 半导体介质：ROM、RAM
- 光盘：CD-ROM、DVD

媒体安全就是对媒体数据和媒体本身进行安全保护。

对媒体的安全保护。目的是保护存储在媒体上的信息，如媒体实体的防盗、防毁、防霉和防砸等。

对媒体所记录数据信息的保护。对媒体数据的安全删除和媒体的安全销毁是为了防止被删除的或被销毁的敏感数据被他人恢复。

在计算机信息系统中磁媒体是应用最广泛的一种记录信息的媒体。在计算机系统中存储着大量的数据信息，它们依使用者和数据本身的性质，而具有不同的重要和机密程度。有些信息一旦损毁是很难用金钱来衡量其价值的，特别是处理国家机密和企业内部机密的计算机系统更是如此，因此如何保护这些数据，如何处理和保护存储这些信息的磁媒体，已成为一个非常重要的工作。

7.3.1　数据的保护

由于计算机系统所处理和存储的数据其机密和重要程度不同，因此有必要对数据进行分类，从而对不同类别的数据采用不同的保护措施，对那些必须保护的数据提供足够的保护，而对那些不重要的数据就不必提供多余的保护。

1. 数据的分类

1）关键性数据（一类）。这些数据是指那些计算机设备的正常运行来说是最重要的，不可替换的，一旦被毁不能再复制的数据信息。如操作系统、关键性的程序、设备分配图表和加密算法、密钥等密级很高的数据信息。

2）重要的数据（二类）。这些数据是很重要的，具有很高的使用价值或具有很高的机密程度的数据信息。

3）有用数据（三类）。这些数据是那种一旦丢失会引起很大不便，但可以很快复制并已留有备份的程序和一些数据属于此类。

4）不重要数据（四类）。这些数据是指在程序调试和软件系统中很少应用的那些数据。

2. 数据的复制要求

从对数据的重要性分类可以看到，有些数据是很重要的，如一、二类数据，一旦丢失或被毁又没有复制备份，可能会造成无法补救的巨大损失，因此在实际应用中，把所有的一、二类数据都应进行复制，而且最少应复制两套（双备份），还要把复制品按规定异地存放。对于三、四类数据，可根据情况进行备份，原则上讲，所有的程序和数据只要有一定的用途，都应留有备份，一旦原始数据受损，可尽快恢复。因为目前存储备份数据所使用的磁介质都具有容量大、价格低、使用存放方便的基本特点，所以备份数据要付出的代价将远远低于一旦数据丢失所产生损失。

3. 数据的防护要求

在数据的磁介质存储过程中，应满足下面的要求：

1）留在计算机机房中的数据信息，应该是系统运行所需要的最少数据。不必要的数据不应留在计算机中或保留在机房中。

2）复制的备份数据，应遵循异地存放的原则，在机房附近的某个部位存放一份，在远离计算机机房的某个房间存放另一份备份数据。一、二类数据更应如此，而且应存放在具有防火、防高温、防水、防震等多功能的容器中。三类数据应存放在密闭的金属文件柜中。

3）存放一、二类数据的远离机房的存放间，必须符合 GBJ 45—1982 中规定的一级耐火

144

等级。若磁介质为存放在密闭的金属箱柜中或其他不燃材料的容器中，那么该房间应有自动灭火系统。

4）加强备份磁介质和磁介质库的管理。

4. 磁介质和磁介质库管理基本要求

1）对磁介质和磁介质库的维护和访问，应当限于介质库管理和调度人员。必要时，可以允许由计算机系统管理人员指定的人员，对磁介质和磁介质库进行临时性访问。

2）所有的磁介质，包括磁盘、磁带及光盘等，都应建立包括下列信息的目录清单。

- 文件所有者
- 文件名称
- 卷标
- 项目编号
- 建立日期
- 保留期限

从外边借来的磁介质，也应建立相应的目录清单。

3）新磁带、新磁盘在介质库中应定期检查，并进行登记。损坏的磁介质在销毁前要进行数据清除，而且此项工作要有专人负责。

4）所有介质在不使用时都应存放在库内。

5）磁介质库中的磁介质出入库要有专人管理登记，对一些存储重要信息的磁介质，出入库要由计算中心负责人批准。

6）磁介质库的温度应控制在 $15\sim25℃$ 之间，相对湿度应当在 $45\%\sim65\%$ 之间。

7）磁介质长期不使用，应定期进行检查，时间应定为 6 个月左右。因为长时间不使用磁介质进行读写操作，可能会使数据丢失。

7.3.2 文件和数据的处理

在计算机中心除了用磁介质存储数据的信息外，还有很多用纸介质印刷的文件和数据，下面就介绍一下对它们的处理方法。

1. 计算中心的文件库

文件库是计算中心所有当前系统文件、编程和操作用的文件和源程序文件的储藏所。数据管理部门负责检查和管理存在文件库中的材料。对文件库的访问仅限于数据管理部门人员。他们负责管理和登记从文件库中取走和新送到的文件库中的所有文件和材料。同时也是负责检查用户并确认用户是否被批准使用他所取走的文件信息。

2. 文件和数据的存储处理手续

文件和数据常常包含有非常机密的信息，当不使用时应妥善保管，当确认文件和数据无用时应当把它们和与有关的其他废物放在一起销毁，然后再进行最终处理。当磁介质不用并转交给别人使用之前，必须把存在上面的保密数据删除。

在处理非常敏感的数据时，管理人员应该在场，在处理过程中，仅限于被批准使用这些数据人员进入机房工作。当处理结束时，应把计算机内存消零。作为中转存储所使用的磁介质上的数据也要清除。所有敏感数据不使用时，必须存放在文件库或磁介质库中。整个处理过程中产生的废弃物在处置之前也要先进行粉碎处理。

第 8 章 网络安全

网络安全最主要的任务是规范网络的连接方式，加强访问控制，部署安全保护产品，建立相应的管理制度并贯彻实施。主要内容包括访问控制、身份验证、运行安全和内网安全。

8.1 身份认证技术

在客观现实中，对用户的身份认证基本方法有 3 种：用户物件认证（What do you have? 你有什么），如身份证、护照、驾驶证等各类证件；用户有关信息确认（What do you know? 你知道什么）和体貌特征识别（Who are you? 你是谁）。在网络环境中，也同样需要一定的技术手段或方法来确认网络用户与实际操作者的一致性。

8.1.1 身份认证的概念

1. 身份认证

认证（Authentication）是指对主客体身份进行确认的过程。认证主要解决用户主体本身的信用和客体对主体实时访问的信任问题，是一个最基本的要素，并为下一步进行的授权和提供信息等其他工作奠定重要基础，也是对用户身份和认证信息的生成、存储、同步、验证和维护的整个生命周期的管理。

身份认证（Identity Authentication）是指网络用户在进入系统或访问受限系统资源时，系统对用户身份的鉴别过程。身份认证是用户在进入计算机网络系统或访问不同保护级别的系统资源时，系统确认该用户的身份是否具有真实性、合法性和唯一性的过程，是保证计算机网络系统及信息资源安全的重要措施之一。

身份认证是保护网络资源安全的第一道关口，极为重要。计算机网络中一切信息，包括用户身份等信息都以一组特定数据来表示，计算机只能识别用户的数字身份，所有对用户的授权也是针对用户数字身份的授权。身份认证是为了保证以数字身份进行操作的操作者是其合法拥有者，且保证操作者的物理身份与数字身份相一致，以确保用户身份的真实、合法和唯一性，从而起到防止未授权用户登录系统、访问受控信息、通过非法操作获取不正当利益、恶意破坏系统数据完整性等情况的发生，以保障系统的第一道关口防线的安全。

2. 认证技术的类型

认证技术是用户身份认证与鉴别的重要手段，也是计算机系统安全中的一项重要内容。从鉴别对象上看，分为消息认证和用户身份认证两种。

（1）消息认证 用于保证信息的完整性和不可否认性。通常用来检测主机收到的信息是否完整，以及检测信息在传递过程中是否被修改或伪造。

（2）身份认证 鉴别用户身份。包括识别和验证两部分。识别是鉴别访问者的身份，验证是对访问者身份的合法性进行确认。

从认证关系上看，身份认证也可分为用户与主机间的认证和主机之间的认证，本章只讨论用户与主机间的身份认证。主要基于一些确认因素：用户所知道的事物（信息），如口令、密码等；用户拥有的物品，如印章、智能卡（如信用卡）等；用户所具有的生物特征，如指纹、声音、视网膜、签字、笔迹等。随着生物识别等新兴技术的发展，身份认证技术也逐渐丰富起来。从早期的用户名密码方式，到最近发展起来的指纹识别、虹膜识别、掌纹识别、声纹识别等，都成为身份认证与访问控制的重要手段。

认证技术的种类，除了上述分类方法之外，也可从认证方式等方面进行分类，实际采用何种分类法，应视具体情况而定。

8.1.2 常用的身份认证方式

网络系统中常用的身份认证方式主要有以下 5 种：

1. 静态密码方式

静态密码方式是指以用户名及密码认证的方式，是最简单最常用的身份认证方法。每个用户的密码由用户自己设定，只有用户本人知道。只要能够正确输入密码，计算机就认为操作者是合法用户。实际上，很多用户为了方便起见，经常用生日、电话号码等具有用户自身特征的字符串作为密码，这种简单的密码设置方法往往为系统安全留下隐患。同时，由于密码是静态数据，系统在验证过程中需要在网络介质中传输，很容易被木马程序或监听设备截获。因此，用户名及密码方式是安全性比较低的身份认证方式。

2. 动态口令认证

动态口令是应用较广的一种身份识别方式。基于动态口令认证的方式主要有动态短信密码和动态口令牌（卡）两种方式，口令一次一密。前者是以系统发给用户注册手机的动态短信密码进行身份认证；后者则以发给用户动态口令牌进行认证。很多世界 500 强企业运用其保护登录安全，广泛应用在 VPN、网上银行、电子商务等领域。

3. USB Key 认证

近几年来，USB Key 认证方式得到了广泛应用。主要采用软硬件相结合、一次一密的强双因素（两种认证方法）认证模式，很好地解决了安全性与易用性之间的矛盾。以一种 USB 接口的硬件设备，内置单片机或智能卡芯片，可存储用户的密钥和数字证书，利用其内置的密码算法实现对用户身份的认证。其身份认证系统主要有两种认证模式：基于冲击/响应模式和基于 PKI 体系的认证模式。

4. 生物识别技术

生物识别技术是指通过可测量的生物信息和行为等特征进行身份认证的一种技术。认证系统测量的生物特征一般是用户唯一生理特征或行为方式。生物特征分为身体特征和行为特征两类。身体特征包括指纹、掌形、视网膜、人体气味、脸形、手的血管和 DNA 等；行为特征包括签名、语音、行走步态等。

5. CA 认证

国际认证机构（Certification Authority，CA）是对申请者发放、管理、取消数字证书的机构。用于检查证书持有者身份的合法性，并签发证书，以防证书被伪造或篡改。随着网上银行及电子商务等广泛应用，在线支付手段的不断完善，网络交易已变得更加大众化，安全问题更加重要。网络间的身份认证成为安全发展的关键。认证机构如同一个权威可信的中间方，可核实交易各方身份，负责电子证书的发放和管理。每个机构或个人上网用户都要有各自的网络身份证作为唯一识别。其发放、管理和认证是一个复杂的过程，即 CA 证书的类型和主要功能描述，见表 8-1。

表 8-1　CA 证书的类型和主要功能描述

证 书 名 称	证 书 类 型	主要功能描述
个人证书	个人证书	个人网上交易、网上支付、电子邮件等相关网络作业
单位证书	单位身份证书	用于企事业单位网上交易、网上支付等
	E-mail 证书	用于企事业单位内安全电子邮件通信
	部门证书	用于企事业单位内某个部门的身份认证
服务器证书	企业证书	用于服务器、安全站点认证等
代码签名证书	个人证书	用于个人软件开发者对其软件的签名
	企业证书	用于软件开发企业对其软件的签名

注：数字证书标准有：X. 509 证书、简单 PKI 证书、PGP 证书和属性证书。

CA 作为网络安全可信认证及证书管理机构，其主要职能是管理和维护所签发的证书，并提供各种证书服务，包括证书的签发、更新、回收和归档等。CA 系统的主要功能是管理其辖域内的用户证书，所以 CA 系统功能及 CA 证书的应用将围绕证书进行管理。

CA 的主要职能体现在以下三个方面：

1）管理和维护客户的证书和证书作废表（CRL）。

2）维护整个认证过程的安全。

3）提供安全审计的依据。

数字证书在安全通信过程中，是证明用户合法身份和提供用户合法公钥的凭证，是建立保密通信的基础。在各类证书服务中，除了证书的签发过程需要人为参与控制外，其他服务都可利用通信信道交换用户与 CA 证书服务消息。

8.1.3　身份认证系统概述

1. 身份认证系统的构成

身份认证系统的组成一般包括三个部分：认证服务器、认证系统客户端和认证设备。系统主要通过身份认证协议和认证系统软硬件进行实现。其中，身份认证协议又分为单项认证协议和双向认证协议。若通信双方只需一方鉴别另一方的身份，则称为单向认证协议；如果双方都需要验证身份，则称为双向认证协议。图 8-1 所示为认证系统网络结构。

用户在访问网络系统时，先要经过身份认证系统识别身份检测访问权限，系统根据用户的身份和授权数据库中相应的权限，决定用户所能访问的资源。授权数据库由系统安全管理员按规定及需求进行配置，审计系统根据审计设计并记录用户的请求和行为，访问控制和审计系统都要依赖于身份认证系统提供的"认证信息"鉴别用户的身份，因此，身份认证是安全系统中的第一道关卡。

2. 常用认证系统及认证方法

在网络系统中，各网络节点之间以数字认证方式确定用户身份。网络中的数据库和各种计算资源也需要认证机制的安全保护。通常，认证机制与授权机制紧密地结合在一起，通过认证的用户均可获得其使用权限。下面主要介绍因特网最为常用的口令方式和双安全因素安

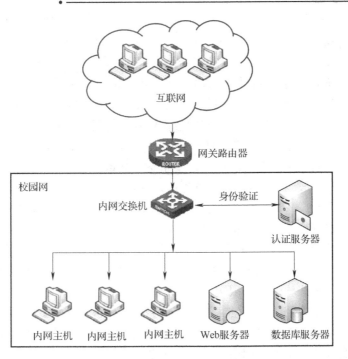

图 8-1 认证系统网络结构

全令牌两种认证方法。

（1）固定口令认证 在网络上最为通用的认证系统是常见的固定口令认证，是一种依靠检验由用户设定的固定字符串进行系统认证方式。当通过网络访问网站资源时，系统会要求输入用户的账户名和密码。在账户和密码被确认后，用户便可访问各种资源。

固定口令认证的方式简单明了，但由于其相对固定，很容易受到多种方式攻击：

1）网络数据流窃听（Sniffer）。由于认证信息要通过网络传递，并且很多认证系统的口令是未经加密的明文，攻击者通过窃听网络数据，就很容易分辨出某种特定系统的认证数据，并提取出用户名和口令。

2）认证信息截取/重放（Record/Replay）。有的系统会将认证信息进行简单加密后再传输，如果攻击者无法用第一种方式推算出密码，可以使用截取/重放方式。

3）字典攻击。攻击者使用字典中收集的单词尝试用户的密码。所以大多数系统都建议用户在口令中加入特殊字符，以增加口令的安全性。

4）穷举尝试（Brute Force）。这是一种特殊的字典攻击，使用字符串的全集作为字典。如果用户的密码较短，很容易被穷举出来，因此，很多系统都建议用户使用长口令。

5）窥探密码。攻击者利用与被攻击系统接近的机会，安装监视器或亲自窥探合法用户输入口令密码的过程。

6）社会工程攻击。通过冒充合法用户发送邮件或打电话给管理人员，骗取用户口令。

7）垃圾搜索。攻击者通过搜索被攻击者的丢弃物，得到与攻击系统有关的信息。

（2）一次性口令密码体制 为了改进固定口令的安全问题，提出了一次性口令（One Time Password，OTP）认证体制：主要在登录过程中加入不确定因素，使每次登录过程中传送的信息都不相同，从而提高系统安全性。一次性口令认证系统由以下几个部分组成：

1）生成不确定因子。生成不确定因子的方式很多，常用的有以下 3 种：

• 口令序列方式。口令为一前后相关的单项序列，系统只记录第 N 个口令。用户以第 N-1 口令登录时，系统用单向算法得出第 N 个口令与所存的第 N 个口令匹配，可判断用户的合法性。由于 N 有限，用户登录 N 次后必须重新初始化口令序列。

• 挑战/回答方式。用户登录时得到系统发送的一个随机数，通过某种单向算法将口令和随机数混合后发送给系统，系统以同样的方法验算，即可验证用户身份。

• 时间同步方式。以用户登录时间作为随机因素，此方式对双方的时间准确性要求较高，一般以分钟为时间单位，对时间误差的要求达±1min。

2）生成一次性口令。利用不确定因子生成一次性口令的方式主要有以下两种：

• 硬件卡（Token Card）。在一具有计算功能的硬件卡上输入不确定因子，卡中集成的计算逻辑对输入数据进行处理，并将结果反馈给用户作为一次性口令。基于硬件卡的一次性口令大多属于挑战/回答方式，一般配备有数字按键，便于不定因子的输入。

• 软件（Soft Token）。与硬件卡基本原理类似，以软件代替其计算逻辑。软件口令生成方式灵活性较高，某些软件还可限定用户登录的地点。

（3）双因素安全令牌及认证系统　在现代信息社会，以口令方式提供系统的安全认证已无法满足用户的需求。目前虽然该方法仍在大量使用，但其中一直存在较多的安全隐患。首先，账号口令的配置非常繁琐，网络中的每一个节点都需要进行配置；其次，为了保证口令的安全性，必须经常更改口令，耗费大量的人力和时间。同时，系统各自为政，缺乏授权和审计的功能，难以根据用户级别进行分级授权，也不能提供用户访问设备的详细审计信息。

安全令牌是重要的双因素认证方式。目前，双因素安全令牌认证系统已经成为认证系统的主要手段。下面仅以 E-Securer 安全身份认证系统为例，简单介绍一下双因素安全令牌及认证系统。

1）E-Securer 的组成：E-Securer 由安全身份认证服务器、安全令牌、认证代理、认证应用开发包等组成。

① 安全身份认证服务器主要提供数据存储、AAA 服务、认证管理等功能，是整个认证系统的核心部分。

② 双因素安全令牌（Securer Key）用于生成用户当前登录的动态口令，是安全身份认证的最直接体现。动态口令采用了可靠设计，可抵御恶意用户读取其中的重要信息。

③ 安装有认证代理（Authentication Agent）的被保护系统，通过认证代理向认证服务器发送认证请求，从而可保证系统身份认证的安全。系统提供简单、易用的认证 API 开发包供开发人员使用，有助于应用系统的快速集成与定制。E-Securer 安全认证系统如图 8-2 所示。

2）E-Securer 的安全性：E-Securer 系统一句动态口令机制实现动态身份认证，很好地解决了远程/网络环境中的用户身份认证问题。同时，系统具有集中用户管理和日志审计功能，便于管理员对整个企业员工进行集中的管理授权和事后日志审计。

3）双因素身份认证系统的技术特点与优势主要体现在以下 7 个方面：

• 系统与安全令牌相配合，通过双因素认证保障网络系统的安全。

• 通过配置用户访问权限，可有效控制访问权限并有针对性地实现用户职责分担。

• 为系统提供详尽的相关安全审计和跟踪信息。

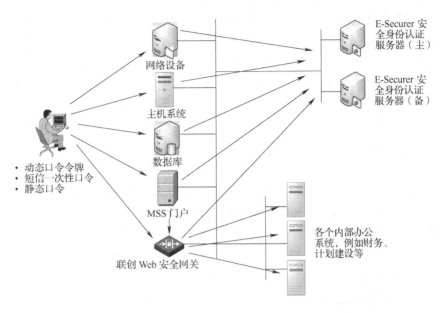

图 8-2   E-Securer 安全认证系统

• 采用先进的 RADIUS、Tacacs＋、LDAP 等国际标准协议，具有高度的通用性。

• 可在多个协议模块之间实现负载均衡，且两台统一认证服务器之间可实现热备份，同时认证客户端可以在两台服务器之间自动切换。

• 提供 Web 图形化管理界面，可极大地方便网络管理员对系统进行集中管理、维护和审计等工作。

• 技术产品可支持主流的软硬件设备。

8.1.4　数字签名的概念及功能

1. 数字签名的概念及种类

数字签名（Digital Signature）又称公钥数字签名或电子签章，是以电子形式存储于数据信息中或作为其附件或逻辑上与之有联系的数据，可用于辨识数据签署人的身份，并表明签署人对数据中所包含信息的认可。数字签名是一种认证鉴别来源数据信息真实可靠性的方法，以保证信息来源的真实性、数据传输的完整性和可审查性。它类似一种写在纸上的普通的物理签名，主要通过采用公钥加密技术实现。

基于公钥密码体制和私钥密码体制都可获得数字签名。目前主要是基于公钥密码体制的数字签名，包括普通数字签名和特殊数字签名两种。第一种签名算法有 RSA、Elgamal、Fiat-Shamir、Guillou-Quisquarter、Schnorr、Ong-Schnorr-Shamir 数字签名算法、Des/DSA 椭圆曲线数字签名算法和有限自动机数字签名算法等。第二种签名有盲签名、代理签名、群签名、不可否认签名、公平盲签名、门限签名和具有消息恢复功能的签名等，与具体应用环境关系密切。实现数字签名的技术方法包括基于 PKI 公钥密码技术的数字签名；以生物特征统计学为基础的生物特征识别；能识别发件人身份的密码代号、密码或个人识别码 PIN 等。

数字签名广泛应用于电子银行、电子商务和电子政务等方面，还涉及认证法律问题，其中美国联邦政府基于有限域上的离散对数问题制定了相关的数字签名标准（DSS）。

2. 数字签名的功能

数字签名的主要功能是保证信息传输的完整性、发送者的身份认证、防止交易中的抵赖行为发生。数字签名技术是将摘要信息用发送者的私钥加密，与原文一起传送给接收者。接收者只有用发送的公钥才能进行解密，然后用 Hash 函数对收到的原文产生一个摘要信息，与解密的摘要信息对比。无论采用上述哪种具体算法及实现方法，其最终目的都是为了实现以下 6 种安全保障功能：

1) 签名必须可信：文件的接收者确信发送且签名者是慎重地在文件上签的名。
2) 签名无法抵赖：发送者事后不能抵赖对报文的签名，可以进行比对核实。
3) 签名不可伪造：签名可以证明是签字者而非其他人在文件上签的名。
4) 签名不能重用：签名是文件的一部分，不可将其签名再移到其他文件上。
5) 签名不许变更：签名和文件在整个传输过程中不可修改或分离。
6) 签名处理速度快：可以根据具体业务的实际需求进行广泛应用。

3. 数字签名的原理及过程

为了实现数字签名的传输文件信息的真实性、完整性和不可抵赖性功能，主要依靠数字签名的算法、基本原理和过程。

（1）数字签名算法的组成　一个数字签名算法主要由两部分组成，签名算法和验证算法。签名者可使用一个秘密的签名算法签署一个数据文件，所得的签名可通过一个公开的验证算法进行验证。

常用的数字签名技术主要是公钥加密（非对称加密）算法的典型应用。数字签名中两部分算法的应用过程是：数据源发送方使用自己的签名算法私钥对"数据文件"进行加密处理，完成对"数据文件"的合法"签名"后进行发送，数据接收方则利用对方的验证算法公钥进行解密，阅读收到的带有数字签名的"数据文件"，并将解读结果用于对"数据文件"的认证检验，以确定签名的真实合法有效性。

（2）数字签名的基本原理及过程　在网络系统虚拟环境中，数字签名技术是确认身份的重要技术，完全可以代替现实过程中的"亲笔签名"，在技术和法律上有保证。在公钥与私钥管理方面，数字签名应用与加密邮件 PGP（Pretty Good Privacy）技术恰好相反。在数字签名应用中，发送者的公钥可以很方便地得到，但其私钥则需要严格保密。

在很多场合传输的原文件需要保密，未经允许他人不能接触。要求对原文件进行加密的数字签名实现还涉及如同通常邮寄信件信封的"数字信封"问题。整个数字签名的基本原理采用的是双加密方式，先将原文件用对称密钥加密后进行传输，并将其密钥用接收方公钥加密发送给对方。如同将对称密钥放在同一个数字信封中，接收方收到数字信封，用自己的私钥解密信封，取出对称密钥解密得到原文件。一套完整的数字签名通常定义签名和验证两种互补的运算。单独的数字签名只是一个加密的过程，数字签名验证则是一个解密的过程。经过数字签名的文件，其完整性和可审查性很容易验证，无须一般重要信件或多页文件的骑缝章与骑缝签名，更无须笔迹专家验证。

数字签名的基本原理及过程如图 8-3 所示。

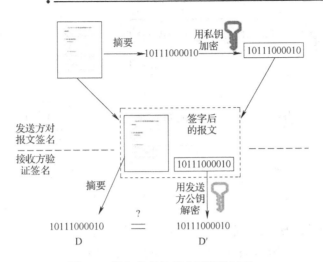

图 8-3 数字签名的基本原理及过程

8.2 访问控制技术

8.2.1 访问控制

1. 访问控制的概念及要素

访问控制（Access Control）指系统对用户身份及其所属的预先定义的策略组限制其使用数据资源能力的手段。通常用于系统管理员控制用户对服务器、目录和文件等网络资源的访问。访问控制是系统保密性、完整性、可用性和合法使用性的重要基础，是网络安全防范和资源保护的关键策略之一，也是主体依据某些控制策略或权限对客体本身或其资源进行的不同授权访问。

访问控制的主要目的是限制访问主体对客体的访问，从而保障数据资源在合法范围内得以有效使用和管理。为了达到上述目的，访问控制需要完成两个任务：识别和确认访问系统的用户，决定该用户可以对某—系统资源进行何种类型的访问。

访问控制包括 3 个要素：主体、客体和控制策略。

1）主体 S（Subject）：是指提出访问资源具体请求方。

2）客体 O（Object）：是指被访问资源的实体。

3）控制策略 A（Attribution）：是主体对客体的相关访问规则集合，即属性集合。

2. 访问控制的功能及原理

访问控制的主要功能包括：保证合法用户访问授权保护的网络资源，防止非法的主体进入受保护的网络资源，或防止合法用户对受保护的网络资源进行非授权的访问。访问控制首先需要对用户身份的合法性进行验证，同时利用控制策略进行选用和管理工作。在用户身份和访问权限验证之后，还需要对越权操作进行监控。因此，访问控制的内容包括认证、控制策略实现和安全审计，如图 8-4 所示。

（1）认证 包括主体对客体的识别及客体对主体的检验确认。

（2）控制策略 通过合理地设定控制规则集合，确保用户对信息资源在授权范围内的合

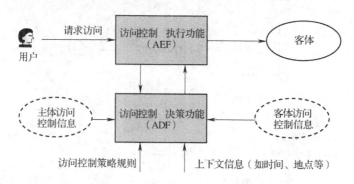

图 8-4　访问控制的功能及原理

法使用。既要确保授权用户的合理使用，又要防止非法用户侵权进入系统，使重要信息资源泄露，同时对合法用户也不能越权行使权限以外的功能及访问范围。

（3）安全审计　系统可以自动根据用户的访问权限，对计算机网络环境下的有关活动或行为进行系统的、独立的检查验证，并做出相应评价与审计。

3. 访问控制的类型

访问控制的类型有 3 种模式：自主访问控制、强制访问控制和基于角色的访问控制。

（1）自主访问控制　自主访问控制（Discretionary Access Control，DAC）是一种接入控制服务，通过执行基于系统实体身份及其到系统资源的接入授权（包括在文件、文件夹和共享资源中设置许可），用户有权对自身所创建的文件、数据表等访问对象进行访问，并可将其访问权授予其他用户或收回其访问权限。允许访问对象的属主制定针对该对象访问的控制策略，通常可通过访问控制列表来限定针对客体可执行的操作。

1）每个客体有一个所有者，可按照各自意愿将客体访问控制权限授予其他主体。

2）各客体都拥有一个限定主体对其访问权限的访问控制列表（ACL）。

3）每次访问时都以基于访问控制列表检查用户标志，实现对其访问权限控制。

4）DAC 的有效性依赖于资源的所有者对安全政策的正确理解和有效落实。

DAC 提供了适合多种系统环境的灵活方便的数据访问方式，是应用最广泛的访问控制策略。然而，它所提供的安全性可被非法用户绕过，授权用户在获得访问某资源的权限后，可能传送给其他用户。在自主访问策略中，用户获得文件访问权后，如果不限制对该文件信息的操作，就不可能限制数据信息的分发，因此 DAC 提供的安全性相对较低，无法对系统资源提供严格保护。

（2）强制访问控制　强制访问控制（Mandatory Access Control，MAC）是系统强制主体服从访问控制策略，是由系统对用户所创建的对象，按照规定的规则控制用户权限及操作对象的访问。主要特征是对所有主体及其所控制的进程、文件、段、设备等客体实施强制访问控制。在 MAC 中，每个用户及文件都被赋予一定的安全级别，只有系统管理员才可确定用户和组的访问权限，用户不能改变自身或任何客体的安全级别。系统通过比较用户和访问文件的安全级别，决定用户是否可以访问该文件。此外，MAC 不允许通过进程生成共享文件，以通过共享文件将信息在进程中传递。MAC 可通过使用敏感标签对所有用户和资源强制执行安全策略，一般采用 3 种方法：限制访问控制、过程控制和系统控制。MAC 常用于多级安全军事系统，对专用或简单系统较有效，但对通用或大型系统并不太有效。

MAC 的安全级别有多种定义方式，常用的分为 4 级：绝密级（Top Secret）、秘密级（Secret）、机密级（Confidential）和无级别级（Unclassified），其安全级别顺序为 T＞S＞C＞U。所有系统中的主体（用户、进程）和客体（文件、数据）都分配有安全标签，以标识安全等级。

通常 MAC 与 DAC 结合使用，并实施一些附加的、更强的访问限制。一个主体只有通过自主与强制性访问限制检查后才能访问其客体。用户可利用 DAC 来防范其他用户对自己客体的攻击，由于用户不能直接改变强制访问控制属性，因此强制访问控制提供了一个不可逾越的、更强的安全保护层，以防范偶然或故意地滥用 DAC。

（3）基于角色的访问控制　角色（Role）是一定数量的权限的集合，指完成一项任务必须访问的资源及相应操作权限的集合。角色作为一个用户与权限的代理层，表示为权限和用户的关系，所有的授权应该给予角色而不是直接给用户或用户组。

基于角色的访问控制（Role-Based Access Control，RBAC）是通过对角色的访问所进行的控制。使权限与角色相关联，用户通过成为适当角色的成员而得到相应角色的权限，可极大地简化权限管理。为了完成某项工作创建角色，可对用户依其责任和资格分派相应的角色，角色可依新需求和系统合并赋予新权限，也可根据需要从某角色中收回特定权限。减小了授权管理的复杂性，降低了管理开销，提高了企业安全策略的灵活性。

RBAC 的授权管理方法主要有 3 种：

1）根据任务需要确定具体不同的角色。

2）为不同角色分配资源和操作权限。

3）给一个用户组（Group，权限分配的单位与载体）指定一个角色。

RBAC 支持 3 个著名的安全原则：最小权限原则、责任分离原则和数据抽象原则。

4. 访问控制机制

访问控制机制是检测和防止系统未授权访问，并对保护资源所采取的各种措施。访问控制机制是在文件系统中广泛应用的安全防护方法，一般是在操作系统的控制下，按照事先确定的规则决定是否允许主体访问客体，并贯穿于系统全过程。

访问控制矩阵（Access Control Matrix）是最初实现访问控制机制的概念模型，以二维矩阵规定主体和客体间的访问权限。

主要采用以下两种方法：

（1）访问控制列表　访问控制列表（Access Control List，ACL）是应用在路由器接口的指令列表，用于路由器利用源地址、目的地址、端口号等的特定指示条件对数据包的抉择。

（2）能力关系表　能力关系表（Capabilities List）是以用户为中心建立访问权限表。与 ACL 相反，表中规定了该用户可访问的文件名及权限，利用此表可方便地查询一个主体的所有授权。相反，检索具有访问某特定客体的所有授权主体则需查遍所有主体的能力关系表。

5. 访问控制的安全策略

访问控制的安全策略是指在某个自治区域内（属于某个组织的一系列处理和通信资源范畴），用于所有与安全相关活动的一套访问控制规则。

（1）安全策略实施原则　访问控制安全策略原则集中在主体、客体和安全控制规则及三者之间的关系。

1）最小特权原则。在主体执行操作时，按照主体所需权利的最小化原则分配给主体权力。优点是最大限度地限制了主体实施授权行为，可避免来自突发事件、操作错误和未授权主体等意外情况的危险。为了达到一定目的，主体必须执行一定操作，但只能做被允许的操作，禁止做其他操作。这是抑制特洛伊木马和实现可靠程序的基本措施。

2）最小泄露原则。主体执行任务时，按其所需最小信息分配权限，以防泄密。

3）多级安全策略。主体和客体之间的数据流向和权限控制，按照安全级别的绝密（TS）、秘密（S）、机密（C）、限制（RS）和无级别（U）5级来划分。其优点是避免敏感信息扩散。具有安全级别的信息资源，只有高于安全级别的主体才可访问。

在访问控制实现方面，实现的安全策略包括8个方面：入网访问控制、网络权限限制、目录级安全控制、属性安全控制、网络服务器安全控制、网络监测和锁定控制、网络端口和节点的安全控制及防火墙控制。

（2）安全策略的类型　安全策略有三种类型：基于身份的安全策略、基于规则的安全策略和综合访问控制方式。

1）基于身份的安全策略。主要是过滤主体对数据或资源的访问。只有通过认证的主体才可以正常使用客体的资源。这种安全策略包括基于个人的安全策略和基于组的安全策略。

① 基于个人的安全策略。是以用户个人为中心建立的策略，主要由一些控制列表组成。这些列表针对特定的客体，限定了不同用户所能实现的不同安全策略的操作行为。

② 基于组的安全策略。基于个人策略的发展与扩充，主要指系统对一些用户使用同样的访问控制规则，访问同样的客体。

2）基于规则的安全策略。在基于规则的安全策略系统中，所有数据和资源都标注了安全标记，用户的活动进程与其原发者具有相同的安全标记。系统通过比较用户的安全级别和客体资源的安全级别判断是否允许用户进行访问。这种安全策略一般具有依赖性与敏感性。

3）综合访问控制策略。综合访问控制策略（HAC）继承并吸取多种主流访问控制技术优点，有效地解决了访问控制问题，保护数据的保密性和完整性，保证授权主体能访问客体和拒绝非授权访问。HAC具有良好灵活性、可维护性、可管理性、更细粒度的访问控制性和更高的安全性，给信息系统设计人员和开发人员提供了访问控制安全功能的解决方案。

HAC 主要包括：

- 入网访问控制
- 网络的权限控制
- 目录级安全控制
- 属性安全控制
- 网络服务器安全控制
- 网络监控和锁定控制
- 网络端口和节点的安全控制

8.2.2　防火墙技术

"防火墙"是一种形象的说法，它是一种由计算机硬件和软件的组合，在互联网与内部网之间建立起一个安全网关（Security Gateway），从而保护内部网免受非法用户的侵入，是一个把互联网与内部网（通常是局域网或城域网）隔开的屏障。

按实现方式上划分，防火墙又分为硬件防火墙和软件防火墙两类。通常意义上讲的防火墙为硬件防火墙，它是通过硬件和软件的结合来达到隔离内、外部网络的目的，价格较贵，但效果较好，一般小型企业和个人很难实现。软件防火墙是通过纯软件的方式来达到，价格很便宜，但这类防火墙只能通过一定的规则来达到限制一些非法用户访问内部网的目的。

1. 防火墙的分类

防火墙技术可根据防范的方式和侧重点的不同而分为很多种类型，但总体来讲可分为两大类：分组过滤和应用代理。

分组过滤（Packet Filtering）：作用在网络层和传输层，它根据分组包头源地址、目的地址、端口号和协议类型等标志确定是否允许数据包通过。只有满足过滤逻辑的数据包才被转发到相应的目的地出口端，其余数据包则从数据流中丢弃。

应用代理（Application Proxy）：也叫应用网关（Application Gateway），它作用在应用层，其特点是完全"阻隔"了网络通信流，通过对每种应用服务编制专门的代理程序，实现监视和控制应用层通信流的作用。实际中的应用网关通常由专用工作站实现。

（1）分组过滤型防火墙　分组过滤型防火墙如图 8-5 所示。

分组过滤也叫包过滤，是一种通用、廉价、有效的安全手段。之所以通用，是因为它不针对各个具体的网络服务采取特殊的处理方式；之所以廉价，是因为大多数路由器都提供分组过滤功能；之所以有效，是因为它能很大程度地满足企业的安全要求。

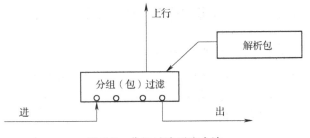

图 8-5　分组过滤型防火墙

包过滤在网络层和传输层起作用。它根据分组包的源、宿地址，端口号及协议类型、标志确定是否允许分组包通过。所根据的信息来源于 IP、TCP 或 UDP 包头。

包过滤的优点是不用改动客户机和主机上的应用程序，因为它工作在网络层和传输层，与应用层无关。但其弱点也是明显的：根据包过滤判别的只有网络层和传输层的有限信息，因而各种安全要求不可能充分满足；在许多过滤器中，过滤规则的数目是有限制的，且随着规则数目的增加，性能会受到很大的影响；由于缺少上下文关联信息，不能有效地过滤如 UDP、RPC 一类的协议；另外，大多数过滤器中缺少审计和报警机制，且管理方式和用户界面较差；对安全管理人员素质要求高，建立安全规则时，必须对协议本身及其在不同应用程序中的作用有较深入的理解。因此，过滤器通常是和应用网关配合使用，共同组成防火墙系统。

（2）应用代理型防火墙　应用代理型防火墙如图 8-6 所示。

应用代理型防火墙是内部网与外部网的隔离点，起着监视和隔绝应用层通信流的作用。同时也常结合过滤器的功能。它工作在 OSI 模型的最高层，掌握着应用系统中可用作安全决策的全部信息。

（3）复合型防火墙　由于对更高安全性的要求，常把基于包过滤的方法与基于应用代理的方法结合起来，形成复合型防火墙产品。这种结合通常有以下两种方式：

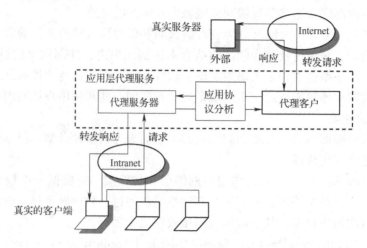

图 8-6 应用代理型防火墙

屏蔽主机防火墙体系结构：在该结构中，分组过滤路由器或防火墙与 Internet 相连，同时一个堡垒机安装在内部网络，通过在分组过滤路由器或防火墙上过滤规则的设置，使堡垒机成为 Internet 上其他节点所能到达的唯一节点，这确保了内部网络不受未授权外部用户的攻击。

屏蔽子网防火墙体系结构：堡垒机放在一个子网内，形成非军事化区，两个分组过滤路由器放在这一子网的两端，使这一子网与 Internet 及内部网络分离。在屏蔽子网防火墙体系结构中，堡垒主机和分组过滤路由器共同构成了整个防火墙的安全基础。

2. 体系结构

防火墙一般提供 3～6 个网络接口，能够将网络划分成若干区域，即 LAN（内部网）、DMZ（DeMilitarized Zone 开放区）、Control（控制区）以及外部网。其中与外部网连接的是外部网络接口，其他为内部网络接口。建议在安装防火墙时将这 4 个区域隔离开，即安装 4 块网络接口。

LAN 是被保护的安全区，它不对外开放，也不对外提供任何服务，所以外部用户检测不到它的 IP 地址，也难以对它进行攻击。

DMZ 区又称非军事化区，它对外提供服务，系统开放的信息都放在该区，由于它的开放性，就使它成为黑客们攻击的对象，但由于它与内部网是隔离开的，所有即使受到了攻击也不会危及内部网。

Control 是专为配置防火墙的用户而设定的一个接口，对防火墙的所有设置都在该区进行。它只对防火墙进行设置和操作，不接受其他任何服务，也不对外提供服务，这就为防火墙的安全提供了双重保证。

当然，上述结构是根据一般用户环境提出的建议，用户安全可以根据自身的实际情况灵活地使用防火墙的各个网络接口。

防火墙以 TCP/IP 和相关的应用协议为基础。开放式系统互联模型分成 7 个层次，防火墙分别在应用层、传输层、网络层与数据链路层对内外通信进行监控。应用层主要侧重于对连接所用的具体协议内容进行检测；在传输层和网络层主要实现对 IP、ICMP、TCP 和 UDP 等协议的安全策略进行访问控制；在数据链路层实现 MAC 地址检查，防止 IP 欺骗。

采用这样的体系结构，形成立体的防卫，防火墙能够实现最直接的安全保障。

3. 防火墙的功能

（1）防火墙是网络安全的屏障　一个防火墙（作为阻塞点、控制点）能极大地提高一个内部网络的安全性，并通过过滤不安全的服务而降低风险。由于只有经过精心选择的应用协议才能通过防火墙，所以网络环境变得更安全。如防火墙可以禁止众所周知的不安全的NFS协议进出受保护的网络，这样外部的攻击者就不可能利用这些脆弱的协议来攻击内部网络。防火墙同时可以保护网络免受基于路由的攻击，如IP选项中的源路由攻击和ICMP重定向中的重定向路径。防火墙应该可以拒绝所有以上类型攻击的报文并通知防火墙管理员。

（2）防火墙可以强化网络安全策略　通过以防火墙为中心的安全方案配置，能将所有安全软件（如口令、加密、身份认证、审计等）配置在防火墙上。与将网络安全问题分散到各个主机上相比，防火墙的集中安全管理更经济。例如，在网络访问时，一次性密码口令系统和其他的身份认证系统完全可以不必分散在各个主机上，而集于防火墙一身。

（3）对网络存取和访问进行监控审计　如果所有的访问都经过防火墙，那么，防火墙就能记录下这些访问并做日志记录，同时也能提供网络使用情况的统计数据。当发生可疑动作时，防火墙能进行适当的报警，并提供网络是否受到监测和攻击的详细信息。另外，收集并保存网络的使用和误用情况也是非常重要的。通过日志及统计数据可以分析防火墙是否能抵挡攻击者的探测和攻击，防火墙的控制是否充足。而网络审计对网络需求分析和威胁分析等也是非常重要的。

（4）防止内部信息的外泄　通过利用防火墙对内部网络的划分，可实现内部网重点网段的隔离，从而限制了局部重点或敏感网络安全问题对全局网络造成的影响。再者，隐私是内部网络非常关心的问题，一个内部网络中不引人注意的细节可能包含了有关安全的线索而引起外部攻击者的兴趣，甚至因此而暴露了内部网络的某些安全漏洞。使用防火墙就可以隐蔽那些透漏内部细节如DNS等服务。Finger显示了主机所有用户的注册名、真名、最后登录时间和使用shell类型等，但是Finger显示的信息非常容易被攻击者所获悉。攻击者可以知道一个系统使用的频繁程度，这个系统是否有用户正在连线上网，这个系统是否在被攻击时引起注意等。防火墙可以阻塞有关内部网络中的DNS信息，这样一台主机的域名和IP地址就不会被外界所了解。

4. 防火墙的关键技术

（1）实时的连接状态监控功能　包过滤是防火墙中的一项主要安全技术，它通过防火墙对进出网络的数据流进行控制与操作。系统管理员可以设定一系列规则，指定允许哪些类型的数据包可以流入或流出内部网络；哪些类型的数据包传输应该被拦截。防火墙不仅根据数据包的地址、方向、协议、服务、端口、访问时间进行访问控制，同时还对任何网络连接和会话的当前状态进行分析和监控。

传统防火墙的包过滤只是与规则表进行匹配，对符合规则的数据包进行处理，不符合规则的则丢弃。由于是基于规则的检查，属于同一连接的不同包毫无任何联系，每个包都要依据规则顺序过滤，这样随着安全规则的增加，势必会使防火墙的性能大幅度的降低，造成网络拥塞。甚至黑客会采用IP欺骗的办法将自己的非法包伪装成属于某个合法的连接。这样的包过滤既缺乏效率又容易产生安全漏洞。

防火墙采用了基于连接状态检查的包过滤，将属于同一连接的所有包作为一个整体的数据流看待，通过规则表与连接状态表的共同配合，大大地提高了系统的性能和安全性。

尤其值得一提的是，对于基于 UDP、ICMP 的应用来说，是很难用简单的包过滤技术进行处理的，因为 UDP 本身对于顺序错误或丢失的包，是不做纠错和重传的。而 ICMP 与 IP 位于同一层，它被用来传送 IP 差错和控制信息。防火墙在对基于 UDP 的连接处理时，会为 UDP 建立虚拟的连接，同样能够对连接过程状态进行监控。通过规则与连接状态的共同配合，达到包过滤的高效与安全。可以这么说，能够实现对 UDP、ICMP 的实时状态监控。

（2）动态过滤技术　在进行网络通信时，应用程序的端口必须打开才能进行通信。传统防火墙一般采用的是静态过滤技术，即事先打开很多端口以满足各种应用的需要，但是有时某些应用程序的端口是动态变化的，如 FTP、H.323、视频会议等应用，事先打开的端口很难满足这种动态变化的需要，而且如果事先打开的端口过多，可能造成很多不安全的隐患，为了解决这些问题，在某些防火墙中，使用了动态过滤技术。动态过滤技术指的是根据实际应用的需要，为合法的访问连接动态地打开其所需要的端口，在访问结束时自动地将打开的端口关闭。这样在实际应用中，事先只需打开极少数必须打开的端口，在建立合法的访问连接时再适当打开某些需要的端口，当连接结束时，自动地关闭相应的端口，这样能够有效地防止系统存在的"开口"隐患，解决了事先打开的端口不能满足应用程序的需求等问题，并能在最大程度上挫败黑客的恶意进攻。

（3）基于网络 IP 和 MAC 地址绑定的包过滤　每一块网络接口都具有一个唯一的物理标识号码，也就是 MAC 地址。IP 与 MAC 捆绑保护了内部网任意一台机器的 IP 地址不被另一台内部机器盗用。防火墙提供了将网络接口的 IP 地址同它的 MAC 地址进行绑定的功能，因此即使某一用户盗用 IP 地址，在通过防火墙时也因接口的 MAC 地址不匹配而拒绝通过。

同时防火墙给用户提供一种自动搜索局域网内给定网段的 MAC 地址的方法，能够自动获取所有 IP 地址对应的 MAC 地址。这样，防火墙能够主动地探寻到内部网络 MAC 的盗用情况。

（4）网络地址转换　防火墙利用网络地址转换（NAT）技术对内部地址做转换，使外部网络无法了解内部网络的结构，使黑客很难对内部网的一个用户发起攻击。同时允许内部网络使用自己定制的 IP 地址和专用网络，防火墙能详尽记录每一个主机的通信，确保每个分组送往正确的地址。

防火墙不仅提供了传统的"内部网到外部网"、"外部网到内部网"NAT 功能，而且提供了任意接口的源地址和目的地址的转换。NAT 技术支持两种方式的静态网络地址转换，一种为一对一的地址映射，即外部地址和内部地址一对一的映射，使内部地址的主机既可以访问外部网络，也可以接受外部网络提供的服务。另一种是更灵活的方式，可以支持多对一的映射，即内部的多个机器可以通过一个外部有效地址访问外部网络。由内部网络访问外部网络的源地址转换的工作过程如图 8-7 所示。

防火墙同时支持动态地址映射。动态地址映射是一种更为灵活的转换方式，用户不必事先指定一个具体的转换地址，可以只指定一个地址池，地址池中包含了一系列合法的转换地址，当数据包通过防火墙时，防火墙将从该地址池中随机选取一个地址做 NAT 转换。

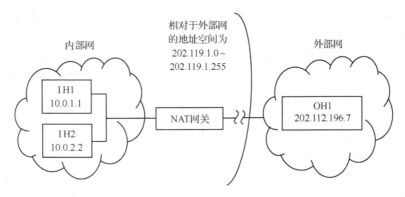

图 8-7　NAT 工作过程示意图

防火墙的 NAT 技术实现了在任何网络接口进行地址转换，规则能够根据源地址范围、目的地址范围、端口以及协议等精密匹配。为了适应复杂的网络结构，防火墙还提供外部网络到内部网络的源地址转换功能。

（5）透明代理（Transparent Proxy）　防火墙中对 FTP、TELNET、HTTP、SMTP、POP3 和 DNS 等应用实现了代理服务。这些代理服务对用户是透明的，即用户意识不到防火墙的存在，便可完成内外网络的通信。当内部用户需要使用透明代理访问外部资源时，用户不需要进行设置，代理服务器会建立透明的通道，让用户直接与外界通信，这样极大地方便了用户的使用，避免使用中的错误，降低使用防火墙时固有的安全风险和出错概率。

代理服务器可以屏蔽内部网的细节，使非法分子无法探知内部网结构。能够屏蔽某些特殊的命令，禁止用户使用容易造成攻击的不安全的命令，从根本上抵御攻击。同时，还能阻止非法攻击，如 ActiveX、Java、Cookies、JavaScript 以及进行邮件过滤。

防火墙的代理服务器提供了连接流量的控制功能，系统管理员可以根据内部网络的需要增大或减少某一代理（FTP，TELNET，HTTP，SMTP，POP3，DNS 等）的流量，这样能更有效地利用资源，也减轻了防火墙的负荷。同时，防火墙采用了多线程、多连接技术，使系统可以对出入防火墙的所有应用层连接进行统一的管理，处理速度快，处理进程多，保证了系统的高效性。

（6）URL 级的信息过滤　在日常网络管理中，管理员经常需要控制内部网络对某些站点的访问，如禁止用户访问某些站点（如暴力、色情、言辞反动的主页等）或站点中的某些目录或文件；仅允许用户访问某些站点或站点中的某些目录或文件等。这就需要有方便有效的管理工具来给管理员提供严格管理控制的手段，有效地实现地址过滤的功能，拒绝对被禁止地址的访问，而只允许对许可地址的访问。某些防火墙提供 URL 级拦截、过滤功能。管理员可以根据用户的需要，建立禁止或仅允许访问的站点列表，防火墙将自动控制用户对这些站点的访问。

防火墙提供 URL 级屏蔽的另一大特点，是能够控制屏蔽用户通过其他代理服务器访问的 Web 站点。用户在访问 Web 站点时可以指定使用由 ISP 提供的代理服务器，因为用户发往代理服务器的访问请求采用了专门的标准格式，只利用 IP 层的地址截获是无法识别的。而具有 URL 级屏蔽功能的防火墙能够对这种请求包进行过滤，在应用层分析出用户的最终目的地是哪个网站及该网站的哪个页面，然后根据管理员设置，决定是放行还是阻拦。

（7）流量控制管理　基于 IP 地址与用户的流量控制可以对通过防火墙各个网络接口的流量进行控制，监视所有使用 TCP/UDP 和 ICMP 通过防火墙的数据连接，可以在单位时间内统计任意两个 IP 地址之间的流量以及特定用户的流量，并且可以对用户访问的服务进行流量控制。这样可以防止某些应用或用户占用过大的资源以及资源的不正常消耗，从而保证了关键接口以及重要用户的连接，有效地管理网络资源，更有效地利用宝贵的带宽资源，进而保证网络的正常运行，防止网络阻塞。

5. 防火墙的局限性

尽管利用防火墙可以保护内部网免受外部黑客的攻击，但其目的只是能够提高网络的安全性，不可能保证网络绝对安全。事实上仍然存在着一些防火墙不能防范的安全威胁，如防火墙不能防范不经过防火墙的攻击，例如，如果允许从受保护的网络内部向外拨号，一些用户就可能形成与 Internet 的直接连接；另外，防火墙很难防范来自于网络内部的攻击以及病毒的威胁。

8.2.3　物理隔离技术

物理隔离产品是用来解决网络安全问题的。当那些需要绝对保证安全的保密网、专网和特种网络与互联网进行连接时，为了防止来自互联网的攻击和保证这些高安全性网络的保密性、安全性、完整性、防抵赖和高可用性，几乎全部要求采用物理隔离技术。

学术界一般认为，最早提出物理隔离技术的，应该是以色列和美国的军方。但是到目前为止，并没有完整的关于物理隔离技术的定义和标准。从不同时期的用词也可以看出，物理隔离技术一直在演变和发展。较早的用词为 Physical Disconnection，Disconnection 有使断开、切断、不连接的意思，直译为物理断开。这种情况是完全可以理解为，保密网与互联网连接后，出现很多问题，在没有解决安全问题或没有解决问题的技术手段之前，先断开再说。后来有 Physical Separation，Separation 有分开、分离、间隔和距离的意思，直译为物理分开。后期发现完全断开也不是办法，互联网总还是要用的，采取的策略多为该连的连，不该连的不连。这样，该连的部分与不该连的部分要分开。也有 Physical Isolation，Isolation 有孤立、隔离、封闭、绝缘的意思，直译为物理封闭。事实上，没有与互联网相连的系统不多，互联网的用途还是很大，因此，希望能将一部分高安全性的网络隔离封闭起来。再后来多使用 Physical Gap，Gap 有活口、裂口、缺口和差异的意思，直译为物理隔离，意为通过制造物理的豁口，来达到隔离的目的。到这个时候，Physical 这个词显得非常僵硬，于是有人用 Air Gap 来代替 Physucal Gap。Air Gap 意为空气豁口，很明显在物理上是隔开的。但有人不同意，理由是空气豁口就物理隔离了吗？没有，电磁辐射、无线网络、卫星等都是空气豁口，却没有物理隔离，甚至连逻辑上都没有隔离。现在，一般称 Gap Technology，意为物理隔离，成为互联网上一个专用名词。

1. 物理隔离的定位

采用物理隔离技术，其目的并不是要代替防火墙、入侵检测、漏洞扫描和防病毒系统，相反，它是用户"深度防御"的安全策略的另外一块基石。物理隔离技术，是要解决互联网的安全问题。物理隔离要解决目前防火墙存在的根本问题如下：

1）防火墙对操作系统的依赖，因为操作系统也有漏洞。

2）TCP/IP 的协议漏洞。

3）防火墙、内网和 DMZ 同时直接连接。

4）应用协议的漏洞，因为命令和指令可能是非法的。

5）文件带有病毒和恶意代码，不支持 MIME，只支持 TXT 或杀毒软件或恶意代码检查软件。

物理隔离的指导思想与防火墙有很大的不同：防火墙的思路是在保障互联互通的前提下，尽可能安全，而物理隔离的思路是在保证必须安全的前提下，尽可能互联互通。

2. 物理隔离的技术路线

目前物理隔离的技术路线有 3 种：网络开关（Network Switcher），实时交换（Real-time Switch）和单向链接（One Way Link）。

网络开关是比较容易理解的一种。在一个系统里安装两套虚拟系统和一个数据系统，数据被写到一个虚拟系统，然后交换到数据系统，再交换到另一个虚拟系统。

实时交换，相当于在两个系统之间，公用一个交换设备，交换设备连接到网络 A，得到数据，然后交换到网络 B。

单向连接，早期指数据向一个方向移动，一般指从高安全性的网络向安全性低的网络移动。

3. 物理隔离的技术原理

物理隔离的技术架构在隔离上。物理隔离原理如图 8-8 图所示，图 8-8 可以给我们一个清晰的概念，物理隔离是如何实现的。外网是安全性不高的互联网，内网是安全性很高的内部专用网络。正常情况下，隔离设备和外网、隔离设备和内网，外网和内网是完全断开的。隔离设备可以理解为纯粹的存储介质和一个单纯的调度和控制电路。

图 8-8　物理隔离原理

当外网需要有数据到达内网的时候，以电子邮件为例，外部的服务器立即发起对隔离设备的非 TCP/IP 的数据连接，隔离设备将所有的协议剥离，将原始的数据写入存储介质。根据不同的应用，可能有必要对数据进行完整性和安全性检查，如防病毒和恶意代码等。

一旦数据完全写入隔离设备的存储介质，隔离设备立即中断与外网的连接。转而发起对内网的非 TCP/IP 的数据连接。隔离设备将存储介质内的数据推向内网。内网收到数据后，立即进行 TCP/IP 的封装和应用协议的封装，并交给应用系统。这个时候内网电子邮件系统就收到了外网的电子邮件系统通过隔离设备转发的电子邮件。在控制台收到完整的交换信号之后，隔离设备立即切断隔离设备与内网的直接连接。如果这时，内网有电子邮件要发出，隔离设备收到内网建立连接的请求之后，建立与内网之间的非 TCP/IP 的数据连接。隔离设备剥离所有的 TCP/IP 和应用协议，得到原始的数据，将数据写入隔离设备的存储介质。必要的话,对其进行防病毒处理和防恶意代码检查,然后中断与内网的直接连接。

一旦数据完全写入隔离设备的存储介质,隔离设备立即中断与内网的连接。转而发起对外网的非 TCP/IP 的数据连接。隔离设备将存储介质内的数据推向外网。外网收到数据后,立即进行 TCP/IP 的封装和应用协议的封装,并交给系统控制台收到信息处理完毕后,立即中断隔离设备与外网的连接,恢复到完全隔离状态。每一次数据交换,隔离设备经历了数据的接收、存储和转发三个过程。由于这些规则都是在内存与内核里完成的,因此速度上有保障,可以达到 100% 的总线处理能力。

物理隔离的一个特征,就是内网与外网永不连接,内网与外网在同一时间最多只有一个同隔离设备建立非 TCP/IP 的数据连接。其数据传输机制是存储和转发。

物理隔离的好处是明显的,即使外网在最坏的情况下,内网不会有任何破坏。修复外网系统也非常容易。

8.3 运行安全

8.3.1 数据容灾、备份与恢复

1. 系统备份

系统备份也称系统冗余,就是用两台或多台设备共同完成一项工作,一般分为冷备份和热备份两种。

(1)冷备份 冷备份是为容易出现故障的设备提供备机、备件,如双电源供电系统,备用的打印机、计算机、服务器等。

(2)热备份 所谓热备份一般指双机热备份,就是一台主机作为工作机,另一台主机作为备份机,在系统正常情况下,工作机为信息系统提供支持,备份机监视工作机的运行情况(工作机也同时监视备份机工作是否正常,有时备份机因某种原因出现异常,工作机可尽早通知系统管理工作人员,确保下一次切换的可靠性)。当工作机出现异常,不能支持信息系统运营时,备份机主动接管工作机的工作,继续支持信息的运营,从而保证信息系统能不间断地运行。常见的热备份有服务器的双机热备份,防火墙的双机热备份,在线式 UPS 电源的热备份等。

2. 数据容灾与数据备份的关系

企业关键数据丢失会中断企业正常业务运行,造成巨大经济损失。要保护数据,企业需要备份容灾系统。但是很多企业在搭建了备份系统之后就认为高枕无忧了,其实还需要搭建容灾系统。数据容灾与数据备份的联系主要体现在以下几个方面:

(1)数据备份是数据容灾的基础 数据备份是数据高可用的最后一道防线,其目的是为了遇到系统数据崩溃时能够快速地恢复数据。虽然它也算一种容灾方案,但这种容灾能力非常有限,因为传统的备份主要是采用数据内置或外置的磁带机进行冷备份,备份磁带同时也在机房中统一管理,一旦整个机房出现了灾难(如火灾、盗窃和地震等灾难)时,这些备份磁带也随之销毁,所存储的磁带备份也起不到任何容灾功能。

(2)容灾不是简单备份 真正的数据容灾就是要避免传统冷备份所具有的先天不足,它能在灾难发生时,全面、及时地恢复整个系统。按容灾能力的高低容灾可分为多个层次,例

如，国际标准 SHARE78 定义的容灾系统有 7 个层次：从最简单的仅在本地进行磁带备份，到将备份的磁带存储在异地，再到建立应用系统实时切换的异地备份系统，恢复时间也可以从几天到小时级到分钟级、秒或 0 数据丢失等。

无论是采用哪种容灾方案，数据备份还是最基础的。没有备份的数据，任何容灾方案都没有现实意义。但光有备份是不够的，容灾也必不可少。容灾对于 IT 而言，就是提供一个能防止各种灾难的计算机信息系统。从技术上看，衡量容灾系统有两个主要指标：RPO（Recovery Point Object）和 RTO（Recovery Time Object），其中 RPO 代表了当灾难发生时允许丢失的数据量；而 RTO 则代表了系统恢复的时间。

（3）容灾不仅是技术　容灾是一个工程，而不仅仅是技术。目前很多客户还停留在对容灾技术的关注上，而对容灾的流程、规范及其具体措施还不太清楚。也从不对容灾方案的可行性进行评估，认为只要建立了容灾方案即可高枕无忧，其实这具有很大的风险。特别是在一些中小企业中，认为自己的企业为了数据备份和容灾，整年花费了大量的人力和财力，而结果几年下来根本就没有发生任何大的灾难，于是放松了警惕。可一旦发生了灾难时，后悔晚矣！这一点国外的跨国公司就做得非常好，尽管几年下来的确未出现大的灾难，备份了那么多磁带，几乎没有派上任何用场，但他们仍一如既往、非常认真地做好每一步，并且基本上每月都有对现行容灾方案的可行性进行评估，进行实地的演练。

3. 异地容灾技术

在建立容灾备份系统时会涉及多种技术，如：SAN（存储区网络）或 NAS（网络存储设备）技术、远程镜像技术、虚拟存储、基于 IP 的 SAN 互联技术、快照技术等。

（1）远程镜像技术　远程镜像技术应用于主数据中心和备援中心之间的数据备份。镜像是在两个或多个磁盘或磁盘子系统上产生同一个数据的镜像视图的信息存储过程，一个叫主镜像系统，另一个叫从镜像系统。按主从镜像存储系统所处的位置可分为本地镜像和远程镜像。

远程镜像又叫远程复制，是容灾备份的核心技术，同时也是保持远程数据同步和实现灾难恢复的基础。远程镜像按请求镜像的主机是否需要远程镜像站点的确认信息，又可分为同步远程镜像和异步远程镜像。

同步远程镜像（同步复制技术）是指通过远程镜像软件，将本地数据以完全同步的方式复制到异地，每一本地的 I/O 事务均需等待远程复制的完成确认信息方予以释放。同步镜像使远程备份总能与本地机要求复制的内容相匹配。当主站点出现故障时，用户的应用程序切换到备份的代替站点后，被镜像的远程副本可以保证业务继续执行而没有数据的丢失。但它存在往返传播、延时较长的缺点，只限于在相对较近的距离上应用。

异步远程镜像（异步复制技术）保证在更新远程存储前完成向本地存储系统的基本 I/O 操作，而由本地存储系统提供给请求镜像主机的 I/O 操作完成确认信息。远程的数据复制是以后台同步的方式进行的，这使本地系统性能受到的影响很小，传输距离长（可达1000km 以上），对网络带宽要求小。但是，许多远程的从属存储子系统的写没有得到确认，当某种因素造成数据传输失败，可能出现数据一致性问题。为了解决这个问题，目前大多采用延迟复制的技术，即在确保本地数据完好无损后再进行远程数据更新。

（2）快照技术　远程镜像技术往往同快照技术结合起来实现远程备份，即通过镜像把数据备份到远程存储系统中，再用快照技术把远程存储系统中的信息备份到远程磁带库、光盘库中。

快照是通过软件对要备份的磁盘子系统的数据快速扫描，建立一个要备份数据的快照逻辑单元号 LUN 和快照 Cache，在快照扫描时，把备份过程中即将要修改的数据块同时快速复制到快照 Cache 中。快照 LUN 是一组指针，它指向快照 Cache 和磁盘子系统中不变的数据块（在备份过程中）。在正常业务进行的同时，利用快照 LUN 实现对原数据的一个完全的备份。它可使用户在正常业务不受影响的情况下，实时提取当前在线业务数据。其"备份窗口"接近于零，可大大增加系统业务的连续性，为实现系统真正的连续运转提供了保证。

快照是通过内存作为缓冲区（快照 Cache），由快照软件提供系统磁盘存储的即时数据映像，它存在缓冲区调度的问题。

（3）互连技术　早期的主数据中心和备援中心之间的数据备份，主要是基于 SAN 的远程复制（镜像），即通过光纤通道（FC）把两个 SAN 连接起来，进行远程镜像（复制）。当灾难发生时，由备援数据中心替代主数据中心保证系统工作的连续性。这种远程容灾备份方式存在一些缺陷，如：实现成本高、设备的互操作性差、跨越的地理距离短（10km 等），这些因素阻碍了它的进一步推广和应用。

目前，出现了多种基于 IP 的 SAN 的远程数据容灾备份技术。它们是利用基于 IP 的 SAN 的互连协议，将主数据中心 SAN 中的信息通过现有的 TCP/IP 网络，远程复制到备援中心 SAN 中。当备援中心存储的数据量过大时，可利用快照技术将其备份到磁带库或光盘库中。这种基于 IP 的 SAN 的远程容灾备份，可以跨越 LAN、MAN 和 WAN，成本低、可扩展性好，具有广阔的发展前景。

（4）虚拟存储　在有些容灾方案产品中，还采取了虚拟存储技术，如西瑞公司异地方案。虚拟化存储技术在系统弹性和可扩展性上开创了新的局面。它将几个 IDE 或 SCSI 驱动等不同的存储设备串联为一个存储池。存储集群的整个存储容量可分为多个逻辑卷，并作为虚拟分区进行管理。存储由此成为一种功能而非物理属性，而这正是基于服务器的存储结构存在的主要限制。

虚拟存储系统还提供了动态改变逻辑卷大小的功能。事实上，存储卷内的容量可以在线随意增加或减少。可以通过在系统中增加或减少物理磁盘的数量来改变群体中逻辑卷的大小。这一功能允许卷的容量随用户的即时要求动态改变。另外，存储卷能够很容易地改变容量、移动和替换。安装系统时，只需为每个逻辑卷分配最小的容量，并在磁盘上留出剩余的空间。随着业务的发展，可以用剩余空间根据需要扩展逻辑卷。也可以将数据线从旧驱动器转移到新的驱动器上，而不用中断服务的运行。

存储虚拟化的一个关键优势是它允许异质系统和应用程序共享存储设备，而不用管它们位于何处。企业用户将不再需要在每个分部的服务器上都连接一台磁带设备。

4. 数据备份与恢复

（1）数据失效的原因分析

1）计算机软硬件故障：

① 发生情况：对于企业来说，计算机软硬件故障发生可能性最大，也最频繁，并且可能导致工作不能正常进行，严重的可能导致公司重要数据丢失，造成巨大的经济损失。这是经常发生的一类故障。

② 解决方法：本地做双机热备份，最好是实现系统冗余，增强业务系统的高可用性。

2）人为操作故障：

① 发生情况：在管理较严、人员素质较高的企业，这样的事故并不常见；但是在管理较松、人员培训不足的企业，就会经常发生。但是不管是那种情况，只要发生人为的操作故障，就会引起工作的停顿，带来不小的损失。

② 解决方法：提高公司系统自动化运行管理水平，做好本地数据冷备份，减少人为因素对操作的干预，对工作人员要进行培训或制定严格的管理规范，尽量避免误操作。

3）资源不足引起的计划性停机：

① 发生情况：对于一些企业来说，随着业务的快速增长，发生软、硬件升级、系统资源扩充等事件的情况越来越多，业务增长越快的企业，发生就越频繁。

② 解决方法：公司有目的、有计划地升级系统，对原有的数据和系统做本地双机，系统冗余。

4）生产地点灾难：

① 发生情况：一些不可抗拒的因素（如自然灾害、战争）所造成的，损失往往十分巨大。

② 解决方法：建立灾难恢复中心。

（2）备份策略及恢复计划　日常备份制度描述了每天的备份以什么方式、使用什么备份介质进行，是系统备份方案的具体实施细则。在制定完毕后，应严格按照制度进行日常备份，否则将无法达到备份方案的目标。数据备份有多种方式：全备份、增量备份、差分备份、按需备份等。

- 全备份：备份系统中所有的数据。
- 增量备份：只备份上次备份以后有变化的数据。
- 差分备份：只备份上次完全备份以后有变化的数据。
- 按需备份：根据临时需要有选择地进行数据备份。

全备份所需时间最长，但恢复时间最短，操作最方便，当系统中数据量不大时，采用全备份最可靠；但是随着数据量的不断增大，将无法每天做全备份，而只能在周末进行全备份，其他时间采用用时更少的增量备份或采用介于两者之间的差分备份。各种备份的数据量不同：全备份＞差分备份＞增量备份。在备份时要分解它们的特点灵活使用。

1）数据备份基本策略的设定。

① 数据库全备份：选择在周五（或周六）自动进行。

② 数据库增量备份：每晚做批前和批后由 UNIX 或其他主机系统执行，批处理人员触发或由系统自动执行。

③ 文件全备份：将主机系统和其他服务器的数据作全备份，选择在周日自动进行。

④ 文件增量备份：在周一到周四（或周五）之间备份文件的增量。

⑤ 系统全量：在月初的周日备份系统及数据库的全量。

⑥ 系统增量：在其余的时间仅备份系统和数据库配置的增量。

⑦ 跟踪备份：实时备份系统增量（事务日志备份）。

2）数据备份工作过程。

① 自动备份进程由备份服务器发动：每天晚上，自动按照事先制订的时间表所要求内容，进行增量或全量的备份。由于每天的备份被适当地均衡，峰值备份数据量在周五（或周

六）和周日发生。

② 批前及批后备份在主机端发起：批处理人员键入触发备份命令，自动按要求备份数据库有关内容。

③ 其他文件的自由备份：进入软件交互菜单，选择要求备份的文件后备份。

④ 在线跟踪备份：配合数据存储管理软件的数据库在线备份功能，可定义实时或定时将日志备份。

⑤ 灾难备份异地存放介质的克隆。自动复制每日完成后的数据，存放异地作灾难恢复。

3）灾难恢复。灾难恢复措施在整个备份制度中占有相当重要的地位，因为它关系到系统在经历灾难后能否迅速恢复。灾难恢复操作通常可以分为两类。第一类是全盘恢复，第二类是个别文件恢复，还有一种值得一提的是重定向恢复。

① 全盘恢复：全盘恢复一般应用在服务器发生意外灾难导致数据全部丢失、系统崩溃或是有计划的系统升级、系统重组等，也称为系统恢复。

② 个别文件恢复：由于操作人员的水平不高，经常出现个别文件丢失或损坏的情况，因此个别文件恢复可能要比全盘恢复常见得多，利用网络备份系统的恢复功能，很容易恢复受损的个别文件。只需浏览备份数据库或目录，找到该文件，触动恢复功能，软件将自动驱动存储设备，加载相应的存储媒体，然后恢复指定文件。

③ 重定向恢复：重定向恢复是将备份的文件恢复到另一个不同的位置或系统上去，而不是进行备份操作时它们当时所在的位置。重定向恢复可以使整个系统恢复也可以使个别文件恢复。重定向恢复时需要慎重考虑，要确保系统或文件恢复后的可用性。

为了防备数据丢失，需要做好详细的灾难恢复计划，同时还要定期进行灾难演练。每过一段时间，应进行一次灾难演习。可以利用淘汰的机器或多余磁盘进行灾难模拟，以熟练灾难恢复的操作过程，并检验所生成的灾难恢复软盘和灾难恢复备份是否可靠。

8.3.2 信息加密技术

信息加密技术是保障信息安全的核心技术。信息安全的技术主要包括监控、扫描、检测、加密、认证、防攻击、防病毒以及审计等几个方面，其中加密技术是信息安全的核心技术，已经渗透到大部分安全产品之中，并正向芯片化方向发展。通过数据加密技术可以在一定程度上提高数据传输的安全性，保证传输数据的完整性。一个数据加密系统包括加密算法、明文、密文以及密钥，密钥控制加密和解密过程，一个加密系统的全部安全性是基于密钥的，而不是基于算法，所以加密系统的密钥管理是一个非常重要的问题。

数据加密过程就是通过加密系统把原始的数字数据（明文），按照加密算法变换成与明文完全不同的数字数据（密文）的过程。

下面先学习一些名词概念：

• 加密系统：由算法以及所有可能的明文、密文和密钥组成。

• 密码算法：密码算法也叫密码（Cipher），适用于加密和解密的数学函数（通常情况下，包含有两个相关的函数，一个用于加密，一个用于解密）。

• 明文（Plaintext）：未被加密的消息。

• 密文（Ciphertext）：已被加密的消息。

• 加密（Encrypt）、解密（Decrypt）：用某种方法伪装数据以隐藏它原貌的过程称为加密；相反的过程叫解密。

· 密钥（Key）：密钥就是参与加密及解密算法的关键数据。没有它明文不能变成密文，密文也不能恢复成明文。

有时候，加密密钥＝解密密钥（对称加密时）。假设 E 为加密算法，D 为解密算法，P 为明文，则数据的加密解密数学表达式为：P＝D（KD，E（KE，P））。

1. 数据加密技术

数据加密技术主要分为数据传输加密和数据存储加密。数据传输加密技术主要是对传输中的数据流进行加密，常用的有链路加密、节点加密和端到端加密 3 种方式。

1）链路加密是传输数据仅在物理层上的数据链路层进行加密，不考虑信源和信宿，它用于保护通信节点间的数据。接收方是传送路径上的各节点机，数据在每台节点机内都要被解密和再加密，依次进行，直至到达目的地。

2）与链路加密类似的节点加密方法是在节点处采用一个与节点机相连的密码装置，密文在该装置中被解密并被重新加密，明文不通过节点机，避免了链路加密节点处易受攻击的缺点。

3）端到端加密是为数据从一端到另一端提供的加密方式。数据在发送端被加密，在接收端解密，中间节点处不以明文的形式出现。端到端加密是在应用层完成的。在端到端加密中，数据传输单位中除报头外的报文均以密文的形式贯穿于全部传输过程，只是在发送端和接收端才有加/解密设备，而在中间任何节点报文均不解密。因此，不需要有密码设备，同链路加密相比，可减少密码设备的数量。另一方面，数据传输单位是由报头和报文组成的，报文为要传送的数据集合，报头为路由选择信息等（因为端到端传输中要涉及路由选择）。在链路加密时，报文和报头两者均需加密。而在端到端加密时，由于通路上的每一个中间节点虽不对报文解密，但为将报文传送到目的地，必须检查路由选择信息。因此，只能加密报文，而不能对报头加密。这样就容易被某些通信分析发觉，而从中获取某些敏感信息。链路加密对用户来说比较容易，使用的密钥较少，而端到端加密比较灵活，对用户可见。在对链路加密中各节点安全状况不放心的情况下也可使用端到端加密方式。

2. 数据加密算法

数据加密算法有很多种，密码算法标准化是信息化社会发展的必然趋势，是世界各国保密通信领域的一个重要课题。按照发展进程来分，经历了古典密码、对称密钥密码和公开密钥密码阶段。古典密码算法有替代加密、置换加密；对称加密算法包括 DES 和 AES；非对称加密算法包括 RSA、背包密码、McEliece 密码、Rabin、椭圆曲线、ElGamal D_H 等。目前在数据通信中使用最普遍的算法有 DES 算法、RSA 算法和 PGP 算法等。

（1）DES 加密算法 　DES 是一种对二元数据进行加密的算法，数据分组长度为 64 位，密文分组长度也是 64 位，使用的密钥为 64 位，有效密钥长度为 56 位，其余 8 位用于奇偶校验，解密时的过程和加密时相似，但密钥的顺序正好相反。

DES 算法的弱点是不能提供足够的安全性，因为其密钥容量只有 56 位。由于这个原因，后来又提出了三重 DES 或 3DES 系统，使用 3 个不同的密钥对数据块进行 3 次（或两次）加密，该方法比进行 3 次普通加密快。其强度大约和 112 位的密钥强度相当。

（2）RSA 算法 　RSA 算法既能用于数据加密，也能用于数字签名。RSA 的理论依据为：寻找两个大素数比较简单，而将它们的乘积分解开的过程则异常困难。在 RSA 算法中，包含两个密钥，加密密钥 PK 和解密密钥 SK，加密密钥是公开的，其加密与解密方程为：PK= {e, n}, SK= {d, n}。

其中 n＝p×q, p∈ [0, n-1]，p 和 q 均为很大的素数，这两个素数是保密的。

RSA 算法的优点是密钥空间大，缺点是加密速度慢，如果 RSA 和 DES 结合使用，则正好弥补 RSA 的缺点。即 DES 用于明文加密，RSA 用于 DES 密钥的加密。由于 DES 加密速度快，适合加密较长的报文；而 RSA 可解决 DES 密钥分配的问题。

3. 数据加密技术的发展

（1）密码专用芯片集成　密码技术是信息安全的核心技术，无处不在，目前已经渗透到大部分安全产品之中，正向芯片化方向发展。在芯片设计制造方面，目前微电子工艺已经发展到很高水平，芯片设计的水平也很高。我国在密码专用芯片领域的研究起步落后于国外，近年来我国集成电路产业技术的创新和自我开发能力得到了加强，微电子工业得到了发展，从而推动了密码专用芯片的发展。加快密码专用芯片的研制将会推动我国信息安全系统的完善。

（2）量子加密技术的研究　量子技术在密码学上的应用分为两类：一类是利用量子计算机对传统密码体制的分析；另一类是利用单光子的测不准原理在光纤一级实现密钥管理和信息加密，即量子密码学。量子计算机相当于一种传统意义上的超大规模并行计算系统，利用量子计算机可以在几秒钟内分解 RSA129 的公钥。根据互联网的发展，全光纤网络将是今后网络连接的发展方向，利用量子技术可以实现传统的密码体制，在光纤一级完成密钥交换和信息加密，其安全性是建立在 Heisenberg 测不准原理上的，如果攻击者企图接收并检测信息发送方的信息（偏振），则将造成量子状态的改变，这种改变对攻击者而言是不可恢复的，而对收发方则可很容易地检测出信息是否受到攻击。目前量子加密技术仍然处于研究阶段（在我国处于领先地位），其量子密钥分配（QKD）在光纤上的有效距离还达不到远距离光纤通信的要求。

4. 数据加密标准 DES 思想

1973 年，美国国家标准局（NBS）在认识到建立数据保护标准既明显又急迫的情况下，开始征集联邦数据加密标准的方案。1975 年 3 月 17 日，NBS 公布了 IBM 公司提供的密码算法，以标准建议的形式在全国范围内征求意见。经过两年多的公开讨论之后，1977 年 7 月 15 日，NBS 宣布接受这个建议，作为联邦信息处理标准 46 号数据加密标准（Data Encryption Standard，DES）正式颁布，供商业界和非国防性政府部门使用。

根据密钥类型不同将现代密码技术分为两类：一类是对称加密（秘密钥匙加密）系统，另一类是公开密钥加密（非对称加密）系统。目前最著名的对称加密算法有数据加密标准（DES）和欧洲数据加密标准 IDEA 等。随后 DES 成为全世界使用最广泛的加密标准。

对称式密码是指收发双方使用相同密钥的密码，而且通信双方都必须获得这把钥匙，并保持钥匙的秘密。传统的密码都属于对称式密码。非对称式密码是指收发双方使用不同密钥的密码，现代密码中的公共密钥密码就属于非对称式密码。

对称加密算法的主要优点是加密和解密速度快，加密强度高，且算法公开，但其最大的缺点是实现密钥的秘密分发困难，在有大量用户的情况下密钥管理复杂，而且无法完成身份认证等功能，不便于应用在网络开放的环境中。加密与解密的密钥和流程是完全相同的，区别仅仅是加密与解密使用的子密钥序列的施加顺序刚好相反。DES 密码体制的安全性应该不依赖于算法的保密，其安全性仅以加密密钥的保密为基础。

但是，经过多年的使用，已经发现 DES 很多不足之处，对 DES 的破解方法也日趋有效。AES（高级加密标准）将会替代 DES 成为新一代加密标准。

非对称加密算法的优点是能适应网络的开放性要求，密钥管理简单，并且可方便地实现数字签名和身份认证等功能，是目前电子商务等技术的核心基础。其缺点是算法复杂，加密数据的速度和效率较低。因此在实际应用中，通常将对称加密算法和非对称加密算法结合使用，利用 DES 或者 IDEA 等对称加密算法来进行大容量数据的加密，而采用 RSA 等非对称加密算法来传递对称加密算法所使用的密钥，通过这种方法可以有效地提高加密的效率并能简化对密钥的管理。

对称密码系统的安全性依赖于以下两个因素。第一，加密算法必须是足够强的，仅仅基于密文本身去解密信息在实践上是不可能的；第二，加密方法的安全性依赖于密钥的秘密性，而不是算法的秘密性，因此，没有必要确保算法的秘密性，却需要保证密钥的秘密性。对称加密系统的算法实现速度极快，从 AES 候选算法的测试结果看，软件实现的速度都达到了每秒数兆或数十兆比特。对称密码系统的这些特点使其有着广泛的应用。因为算法不需要保密，所以制造商可以开发出低成本的芯片以实现数据加密。这些芯片有着广泛的应用，适合于大规模生产。

对称加密系统最大的问题是密钥的分发和管理非常复杂、代价高昂。比如对于具有 n 个用户的网络，需要 n(n−1)/2 个密钥，在用户群不是很大的情况下，对称加密系统是有效的。但是对于大型网络，当用户群很大并分布很广时，密钥的分配和保存就成了大问题。对称加密算法另一个缺点是不能实现数字签名。

通过定期在通信网络的源端和目的端同时改用新的 Key，便能更进一步提高数据的保密性，这正是现在金融交易网络的流行做法。

公开密钥加密系统采用的加密钥匙（公钥）和解密钥匙（私钥）是不同的。由于加密钥匙是公开的，密钥的分配和管理就很简单，比如对于具有 n 个用户的网络，仅需要 2n 个密钥。公开密钥加密系统还能够很容易地实现数字签名。因此，最适合于电子商务应用需要。在实际应用中，公开密钥加密系统并没有完全取代对称密钥加密系统，这是因为公开密钥加密系统是基于尖端的数学难题，计算非常复杂，它的安全性更高，但它的实现速度却远赶不上对称密钥加密系统。在实际应用中可利用二者各自的优点，采用对称加密系统加密文件，采用公开密钥加密系统加密"加密文件"的密钥（会话密钥），这就是混合加密系统，它较好地解决了运算速度问题和密钥分配管理问题。因此，公钥密码体制通常被用来加密关键性的、核心的机密数据，而对称密码体制通常被用来加密大量的数据。

DES 算法在 POS、ATM、磁卡及智能卡（IC 卡）、加油站、高速公路收费站等领域被广泛应用，以此来实现关键数据的保密，如信用卡持卡人的 PIN 的加密传输，IC 卡与 POS 间的双向认证、金融交易数据包的 MAC 校验等，均用到 DES 算法。

DES 算法的入口参数有 3 个：Key、Data 和 Mode。其中 Key 为 8 个字节共 64 位，是 DES 算法的工作密钥；Data 也为 8 个字节 64 位，是要被加密或被解密的数据；Mode 为 DES 的工作方式，有两种：加密或解密。

DES 算法是这样工作的：如 Mode 为加密，则用 Key 去把数据 Data 进行加密，生成 Data 的密码形式（64 位）作为 DES 的输出结果；如 Mode 为解密，则用 Key 去把密码形式的数据 Data 解密，还原为 Data 的明码形式（64 位）作为 DES 的输出结果。在通信网络的两端，双方约定一致的 Key，在通信的源点用 Key 对核心数据进行 DES 加密，然后以密码形式在公共通信网（如电话网）中传输到通信网络的终点，数据到达目的地后，用同样的 Key 对密码数据进行解密，便再现了明码形式的核心数据。这样，便保证了核心数据（如 PIN、MAC 等）在公共通信网中传输的安全性和可靠性。

通过定期在通信网络的源端和目的端同时改用新的 Key，便能更进一步提高数据的保密性，这正是现在金融交易网络的流行做法。

5. 公开密钥算法

公开密钥算法（Public-Key Algorithm）也叫非对称算法：作为加密的密钥不同于作为解密的密钥，而且解密密钥不能根据加密密钥计算出来（至少在合理假定的长时间内）。之所以叫做公开密钥算法，是因为加密密钥能够公开，即陌生人可以用加密密钥加密信息，但只有用相应的解密密钥才能解密信息。

加密密钥也叫做公开密钥（Public Key，公钥），解密密钥叫作私人密钥（Private Key，私钥）。

注意，上面说到的用公钥加密、私钥解密是应用于通信领域中的信息加密。在共享软件加密算法中，常用的是用私钥加密、公钥解密，即公开密钥算法的另一用途——数字签名。关于公开密钥算法的安全性我们引用一段话："公开密钥算法的安全性都是基于复杂的数学难题。根据所给予的数学难题来分类，有以下三类系统目前被认为是安全和有效的：大整数因子分解系统（代表性的有 RSA），离散对数系统（代表性的有 DSA、ElGamal）和椭圆曲线离散对数系统（代表性的有 ECDSA）"。

常见的公开密钥算法列示如下：

- RSA：能用于信息加密和数字签名。
- ElGamal：能用于信息加密和数字签名。
- DSA：能用于数字签名。
- ECDSA：能用于信息加密和数字签名。

由于公开密钥算法的安全性好，因此它将成为共享软件加密算法的主流，以 RSA 为例，当 N 的位数大于 1024 后（强素数），现在认为分解困难。

公开密钥最主要的特点就是加密和解密使用不同的密钥，每个用户保存着一对密钥：公开密钥 PK 和秘密密钥 SK。因此，这种体制又称为双钥或非对称密钥密码体制。

在这种体制中，PK 是公开信息，用做加密密钥，而 SK 需要由用户自己保密，用做解密密钥。加密算法 E 和解密算法 D 也都是公开的。虽然 SK 与 PK 是成对出现，但却不能根据 PK 计算出 SK。公开密钥算法的特点如下：

- 用加密密钥 PK 对明文 X 加密后，再用解密密钥 SK 解密，即可恢复出明文，或写为：$DSK(EPK(X))=X$。
- 加密密钥不能用来解密，即 $DPK(EPK(X))\neq X$。
- 在计算机上可以容易地产生成对的 PK 和 SK。
- 从已知的 PK 实际上不可能推导出 SK。
- 加密和解密的运算可以对调，即 $EPK(DSK(X))=X$。
- 在公开密钥密码体制中，最有名的一种是 RSA 体制。它已被 ISO/TC97 的数据加密技术分委员会 SC20 推荐为公开密钥数据加密标准。

6. RSA 公开密钥密码系统

1976 年，Dittie 和 Hellman 为解决密钥管理问题，在他们的奠基性的工作"密码学的新方向"一文中，提出一种密钥交换协议，允许在不安全的媒体上通过通信双方交换信息，安全地传送秘密密钥。在此新思想的基础上，很快出现了非对称密钥密码体制，即公钥密码体制。在公钥体制中，加密密钥不同于解密密钥，加密密钥公之于众，谁都可以使用；解密密钥只有解密人自己知道。它们分别称为公开密钥和秘密密钥。在迄今为止的所有公钥密码体系中，RSA 系统是最著名、使用最多的一种。RSA 公开密钥密码系统是由 R. Rivest、A. Shamir 和 L. Adleman 于 1977 年提出的。RSA 的取名就是来自于这三位发明者的姓的第一个字母。

下面主要讲述 RSA 算法的基本要素。

RSA 的安全性依赖于大数分解。公开密钥和私有密钥都是两个大素数（大于 100 个十进制位）的函数。下面描述密钥对是如何产生的。

第一步：选择两个大素数 p 和 q，计算 $n=p\times q$，$\varphi(n)=(p-1)\times(q-1)$。

第二步：随机选择和 $\varphi(n)$ 互质的数 d，要求 $d<\varphi(n)$。

第三步：利用 Euclid 算法计算 e，满足：$e\times d\equiv 1\bmod[(p-1)\times(q-1)]$，即 d、e 的乘积和 1 模 $\varphi(n)$ 同余。

于是，数 (n, e) 是加密密钥，(n, d) 是解密密钥。两个素数 p 和 q 不再需要，应该丢弃，不要让任何人知道。

加密信息 m 时，首先把 m 分成等长数据块 m_1，m_2，…，m_i，块长 s，其中 $2^s\leq n$，s 尽可能的大。对应的密文

$$c_i=m_i^e\bmod n \tag{8-1}$$

解密时做如下计算：

$$m_i=C_i^d\bmod n \tag{8-2}$$

RSA 也可用于数字签名，方案是用式（8-1）签名，式（8-2）验证。具体操作时考虑到安全性和 m 信息量较大等因素，一般是先做 Hash 运算。

对于巨大的素数 p 和 q，计算乘积 $n=p\times q$ 非常简便，而逆运算却非常难，这是一种"单向性"，相应的函数称为"单向函数"。任何单向函数都可以作为某一种公开密钥密码系统的基础，而单向函数的安全性也就是这种公开密钥密码系统的安全性。

RSA 算法安全性的理论基础是大数的因子分解问题至今没有很好的算法，因而公开 e 和 n 不易求出 p、q 及 d。RSA 算法要求 p 和 q 是两个足够大的素数（例如 100 位十进制数）且长度相差比较小。

为了说明该算法的工作过程，下面给出一个简单例子（例中用了两个很小的素数，在实际应用上为了保证安全，所用的数字要大得多）。

例：选取 p=3，q=11，则 n=33，$\varphi(n)=(p-1)\times(q-1)=20$。选取 d=13（大于 p 和 q 的数，且小于 $\varphi(n)$，并与 $\varphi(n)$ 互质，即最大公约数是 1），通过 $e\times 13=1\bmod 20$，计算出 e=17（大于 p 和 q，与 $\varphi(n)$ 互质）。

假定明文为整数 M=8。则密文 C 为

$C=M^e\bmod n$

$= 8^{17} \bmod 33$

$= 2\,251\,799\,813\,685\,248 \bmod 33$

$= 2$

复原明文 M 为

$M = C^d \bmod n$

$= 2^{13} \bmod 33$

$= 8192 \bmod 33$

$= 8$

因为 e 和 d 互逆，公开密钥加密方法也允许采用这样的方式对加密信息进行"签名"，以便接收方能确定签名不是伪造的。

假设 A 和 B 希望通过公开密钥加密方法进行数据传输，A 和 B 分别公开加密算法和相应的密钥，但不公开解密算法和相应的密钥。A 和 B 的加密算法分别是 ECA 和 ECB，解密算法分别是 DCA 和 DCB，ECA 和 DCA 互逆，ECB 和 DCB 互逆。若 A 要向 B 发送明文 P，不是简单地发送 ECB（P），而是先对 P 施以其解密算法 DCA，再用加密算法 ECB 对结果加密后发送出去。

密文 C 为

$C = ECB（DCA（P））$

B 收到 C 后，先后施以其解密算法 DCB 和加密算法 ECA，得到明文 P。

ECA（DCB（C））

$= ECA（DCB（ECB（DCA（P））））$　　　　　/* DCB 和 ECB 相互抵消 */

$= ECA（DCA（P））$　　　　　　　　　　　　/* DCA 和 ECA 相互抵消 */

$= P$

这样 B 就确定报文确实是从 A 发出的，因为只有当加密过程利用了 DCA 算法，用 ECA 才能获得 P，只有 A 才知道 DCA 算法，任何人，即使是 B 也不能伪造 A 的签名。

在 CA 系统中，公开密钥系统主要用于对秘密密钥的加密过程。每个用户如果想要对数据进行加密和解密，都需要生成一对自己的密钥对（Key Pair）。密钥对中的公开密钥和非对称加密解密算法是公开的，但私有密钥则应该由密钥的主人妥善保管。对数据信息进行加密传输的实际过程是：发送方生成一个秘密密钥并对数据流用秘密密钥（控制字）进行加密，然后用网络把加密后的数据流传输到接收方。

发送方生成一对密钥，用公开密钥对秘密密钥（控制字）进行加密，然后通过网络传输到接收方。

接收方用自己的私有密钥（存放在接收机智能卡中）进行解密后得到秘密密钥（控制字），然后用秘密密钥（控制字）对数据流进行解密，得到数据流的解密形式。

因为只有接收方才拥有自己的私有密钥，所以其他人即使得到了经过加密的秘密密钥（控制字），也因为无法进行解密而保证了秘密密钥（控制字）的安全性，从而也保证了传输数据流的安全性。实际上，在数据传输过程中实现了两个加密解密过程，即数据流本身的加解密和秘密密钥（控制字）的加密解密，这分别通过秘密密钥（控制字）和公开密钥来实现。

RSA 公开密钥密码体制的安全性取决于从公开密钥（n，e）计算出私有密钥（n，d）

的困难程度，而后者则等同于从 n 找出它的两个质因数 p 和 q。因此，寻求有效的因数分解的算法就是寻求击破 RSA 公开密钥密码系统的关键。

显然，选取大数 n 是保障 RSA 算法的一种有效办法，RSA 实验室认为，512 位的 n 已不够安全，1997 年或 1998 年后应停止使用。RSA 实验室建议，现在的个人应用需要用 768 位的 n，公司要用 1024 位的 n，极其重要的场合应该用 2048 位的 n。RSA 实验室还认为，768 位的 n 可望到 2004 年仍保持安全。

不对称密钥密码体制（即公开密钥密码体制）与对称密钥密码体制相比较，确实有其不可取代的优点，但它的运算量远大于后者，超过几百倍、几千倍甚至上万倍，要复杂得多。

在公共媒体网络上全都用公开密钥密码体制来传送机密信息是没有必要的，也是不现实的。在计算机系统中使用对称密钥密码体制已有多年，既有比较简便可靠的、久经考验的方法，如以 DES（数据加密标准）为代表的分块加密算法（及其扩充 DESX 和 Triple DES）；也有一些新的方法发表，如由 RSA 公司的 Rivest 研制的专有算法 RC2、RC4 和 RC5 等，其中 RC2 和 RC5 是分块加密算法，RC4 是数据流加密算法。

如果传送机密信息的网络用户双方使用某个对称密钥密码体制（例如 DES），同时使用 RSA 不对称密钥密码体制来传送 DES 的密钥，就可以综合发挥两种密码体制的优点，即 DES 的高速简便性和 RSA 密钥管理的方便和安全性。

另外，RSA 算法还有以下缺点：

1）产生密钥很麻烦，受到素数产生技术的限制，因而难以做到一次一密。

2）安全性，RSA 的安全性依赖于大数的因子分解，但并没有从理论上证明破译 RSA 的难度与大数分解难度等价，而且密码学界多数人士倾向于因子分解不是 NPC 问题。目前，人们已能分解 140 多个十进制位的大素数，这就要求使用更长的密钥，速度更慢；另外，目前人们正在积极寻找攻击 RSA 的方法，如选择密文攻击，一般攻击者是将某一信息做一下伪装（Blind），让拥有私钥的实体签署。然后，经过计算就可得到它所想要的信息。实际上，攻击利用的都是同一个弱点，即存在这样一个事实：乘幂保留了输入的乘法结构。即 $(XM)^d = X^d \times M^d \bmod n$。

前面已经提到，这个固有的问题来自于公钥密码系统的最有用的特征——每个人都能使用公钥。但从算法上无法解决这一问题，主要措施有两条：一条是采用好的公钥协议，保证工作过程中实体不对其他实体任意产生的信息解密，不对自己一无所知的信息签名；另一条是绝不对陌生人送来的随机文档签名，签名时首先使用 One-Way Hash Function 对文档做 Hash 处理，或同时使用不同的签名算法。除了利用公共函数，人们还尝试利用解密指数或 $\varphi(n)$ 等攻击。

3）速度太慢，由于 RSA 的分组长度太大，为保证安全性，n 至少也要 600 位以上，使运算代价很高，尤其是速度较慢，较对称密码算法慢几个数量级；且随着大数分解技术的发展，这个长度还在增加，不利于数据格式的标准化。目前，SET（Secure Electronic Transaction）协议中要求 CA 采用 2048 位的密钥，其他实体使用 1024 位的密钥。为了解决速度问题，目前人们广泛使用单、公钥密码结合使用的方法，优缺点互补：单钥密码加密速度快，人们用它来加密较长的文件，然后用 RSA 来给文件密钥加密，极好地解决了单钥密码的密钥分发问题。

7. 密钥管理

密钥既然要求保密，这就涉及密钥的管理问题。任何保密都是相对的，而且是有时效的。要管理好密钥还要注意以下两个方面：

（1）密钥的使用要注意时效和次数　如果用户可以一次又一次地使用同样的密钥与别人交换信息，那么密钥也同其他任何密码一样存在着一定的安全性问题，虽然说用户的私钥是不对外公开的，但是也很难保证长期不泄露。使用一个特定密钥加密的信息越多，提供给窃听者的材料也就越多，从某种意义上来讲也就越不安全。因此，一般强调仅将一个对话密钥用于一条信息或一次对话中，或者建立一种按时更换密钥的机制以减小密钥泄露的可能性。

（2）多密钥的管理　在大企业中，要使任意两人之间进行秘密对话，就需要每个人记住很多密钥。Kerberos 提供了一种较好的解决方案，它使密钥的管理和分发变得十分容易，虽然这种方法本身还存在一定的缺点，但它建立了一个安全的、可信任的密钥分发中心（KDC），每个用户只要知道一个和 KDC 进行会话的密钥就可以了。

假设用户甲想要和用户乙进行秘密通信，则用户甲先和 KDC 通信，用只有用户甲和 KDC 知道的密钥进行加密，用户甲告诉 KDC 他想和用户乙进行通信，KDC 会为用户甲和用户乙之间的会话随机选择一个对话密钥，并生成一个标签，这个标签由 KDC 和用户乙之间的密钥进行加密，并在用户甲和用户乙对话时，由用户甲把这个标签交给用户乙。这个标签的作用是让用户甲确信和他交谈的是用户乙，而不是冒充者。因为这个标签是由只有用户乙和 KDC 知道的密钥进行加密的，所以即使冒充者得到用户甲发出的标签也不可能进行解密，只有用户乙收到后才能够进行解密，从而确定了与用户甲对话的人就是用户乙。

当 KDC 生成标签和随机会话密码时，就会把它们用只有用户甲和 KDC 知道的密钥进行加密，然后把标签和会话密钥传给用户甲，加密的结果可以确保只有用户甲能得到这个信息，只有用户甲能利用这个会话密钥和用户乙进行通话。同理，KDC 会把会话密码用只有 KDC 和用户乙知道的密钥加密，并把会话密钥给用户乙。

用户甲会启动一个和用户乙的会话，并用得到的会话密钥加密自己和用户乙的会话，还要把 KDC 传给它的标签传给用户乙以确定用户乙的身份，然后用户甲和用户乙之间就可以用会话密钥进行安全会话了，而且为了保证安全，这个会话密钥是一次性的，这样黑客就更难进行破解。同时由于密钥是一次性由系统自动产生的，则用户不必记很多密钥，从而方便了人们的通信。

8. 密码分析与攻击

密码分析学是在不知道密钥的情况下恢复出明文的科学。密码分析也可以发现密码体制的弱点。

传统的密码分析技术主要是基于穷尽搜索。它破译 DES 需要若干人/年的时间。

现代密码分析技术包括差分密码分析技术、线性密码分析技术和密钥相关的密码分析。它改善了破译速度，但是破译速度还是很慢。

新一代密码分析技术主要是基于物理特征的分析技术，它们包括电压分析技术、故障分析技术、侵入分析技术、时间分析技术、简单的电流分析技术、差分电流分析技术、电磁辐射分析技术、高阶差分分析技术和汉明差分分析技术。利用这些技术，攻击者可以在获得密码算法运行载体（计算机、保密机、加密盒、IC 卡等）的情况下，快速地获得密钥，从而破译整个密码系统。例如：破译 IC 卡的 DES 只需 10min。

这些技术在 1998 年被验证简单实用之后，世界上的密码学家、半导体厂商、IC 卡生产厂商、政府及军事机构都集中人力和物力研究、查验抵抗技术。人们已经发明了许多专利和技术来抵抗这些分析技术，但是，这些专利和技术只能是增加了这些分析的困难性，并没有实际的技术能力来完全抵抗这些攻击。

例如，使用随机数的方法只是增加了这些分析的难度，但却严重地增加了加密和解密的时间，并且这些分析技术同样可以破译这种使用随机数的方法。

物理上使用硬件做加密线路并没有从根本上抵抗这种攻击。西门子公司在存储器中采用加密方式，并且使用硬件加密总线。然而，真正在加密和解密中所用的密钥仍然以明文的形式在 CPU 中出现，分析者可以用 DPA 方法获得该密钥。

基于物理特征的密码分析技术从 1996 年开始有公开发表的学术论文，第一批研究成果是韩永飞等人和 Shamir 等人分别独立发表的基于存储体出错的密码分析方法，1996 年年底，Cambridge 大学的 Anderson 等人发表了基于不同电压的密码分析方法，美国人 Butch 发表的基于时间和基于差分电压分析的密码分析技术震动了信息安全领域。从 1999 年起发达国家的政府开始组织力量研究基于物理特征的密码分析技术。

（1）基于密文的攻击

1）唯密文攻击（Ciphertext-only Attack）。密码分析者有一些消息密文，这些消息都用同一加密算法加密。密码分析者的任务是恢复尽可能多的明文，或者最好是能推算出加密消息的密钥来，以便采用相同的密钥解算出其他被加密的消息。

2）已知密文攻击（Known-Plaintext Attack）。密码分析者不仅可以得到一些消息的密文，而且也知道这些消息的明文。分析者的任务就是用加密信息推出用来加密的密钥或者导出一个算法，此算法可以对用同一密钥加密的任何新的消息进行解密。

3）选择密文攻击（Chosen-Ciphertext Attack）。密码分析者能选择不同的被加密的密文，并可得到对应的解密的明文。例如，密码分析者选择一个防篡改的自动解密盒，其任务是推出密钥。这种攻击主要用于公开密钥算法，选择密文攻击有时也可有效地用于对称算法（有时选择明文攻击和选择密文攻击一起称作选择文本攻击——Chosen-Text Attack）。

这个攻击的前提是分析者能够获得一个密封的解密盒，也就是一个已经固化的专门用于对用某一个特定密钥加密过的密文进行解密的硬件。攻击的方法就是随机产生一个伪密文（不一定是合法的），让解密盒进行解密，将所得到的明文和密文进行比较，得到关于密钥或者算法的相关信息。这种攻击实际上和选择明文攻击相类似（就是它的逆过程），只是明文变成密文肯定能够成功，但是逆过程则不一定成功。同时，一般加密算法的设计对于从加密后的密文里面泄露密钥信息是比较注意的，但是从明文里面泄露消息则考虑得相对较少。此外，如果是非对称加密算法，两个破解方向由于密钥长度的不同会引起破解难度的巨大差别。因此选择密文攻击很可能得到比选择明文攻击更多的信息。

（2）基于明文的密码攻击

1）选择明文攻击（Chosen-Plaintext Attack）。分析者不仅可得到一些消息的密文和相应的明文，而且他们也可选择被加密的明文。这比一个明文攻击更有效。因为密码分析者能选择特定的明文块去加密，这些块可能产生更多关于密钥的信息，分析者的任务是推出用来加密消息的密钥或者导出一个算法，此算法可以对用同一密钥加密的任何新的消息进行解密。

2）自适应选择明文攻击（Adaptive-Chosen-Plaintext Attack）。这是选择明文攻击的特殊情况。密码分析者不仅能选择被加密的密文，而且也能给以前加密的结果修正这个选择。先选取较小的明文块，然后再基于第一块的结果选择另一明文块，以此类推。

（3）中间人攻击。中间人攻击（Man-in-the-Middle Attack，MITM）是一种"间接"的入侵攻击。这种攻击模式是通过各种技术手段将受入侵者控制的一台计算机虚拟放置在网络连接中的两台通信计算机之间，这台计算机就称为"中间人"。然后入侵者把这台计算机模拟一台或两台原始计算机，使"中间人"能够与原始计算机建立活动连接并允许其读取或修改传递的信息，然而两个原始计算机用户却认为它们是在互相通信。通常，这种"拦截数据—修改数据—发送数据"的过程就被称为"会话劫持"（Session Hijack）。

一些因特网服务提供商（ISP）开发了试图对抗中间人攻击和电子邮件欺骗的过滤做法。例如，许多ISP只授权用户通过ISP服务器发送电子邮件，并且根据对抗垃圾邮件的需要来验证此限制。但是，此项限制同样阻止了授权用户使用第三方提供的合法电子邮件服务，这使得许多高级用户十分不满。一些电缆ISP尝试阻止音频或视频通信，试图强制用户使用自己的IP语音或视频流服务。其他事例包括：试图禁止某些形式的虚拟专用网络（VPN）通信，原因是VPN是一项需要较高订购费用的商务服务，以及禁止用户在家中运行服务器。

ISP筛选器通常通过使用路由器的硬件功能来实施，此类路由器在特定协议类型（用户数据报协议或传输控制协议）、端口号或TCP标志（初始连接包，且无数据或确认码）上运行。如果使用IPsec有效地禁用了此类过滤，这就给ISP带来了两个非常极端的选择：要么禁止所有IPsec通信，要么禁止与某些已标识的对等端之间的通信。如果广泛使用了IPsec，则这两种选择都将造成消费者的对抗性反应。

8.4 内网安全

内网是网络应用中的一个主要组成部分，其安全性也受到越来越多的重视。据官方统计，70%的网络安全事件来自于内网。要提高内网的安全，可以使用的方法很多，比如，采用安全交换机，划分子网及利用VLAN技术来实现对内部子网的物理隔离；采用入侵检测技术实时监控，如防火墙、防病毒、数据加密、密码策略等。下面就VLAN和IDS分别加以介绍。

8.4.1 虚拟局域网技术

虚拟局域网（Virtual Local Area Network，VLAN）是指在交换局域网的基础上，采用网络管理软件构建的可跨越不同网段、不同网络的端到端的逻辑网络。一个VLAN组成一个逻辑子网，即一个逻辑广播域，它可以覆盖多个网络设备，允许处于不同地理位置的网络用户加入到一个逻辑子网中。

通过在交换机上划分VLAN可以将这个网络划分为几个不同的广播域，实现内部一个网段与另一个网段的物理隔离。这样，就能防止影响一个网段的问题穿过整个网络传播。针对某些网络，在某些情况下，它的一些局域网的某个网段比另一个网段更受信任，或者某个网段比另一个更敏感。通过将信任网段与不信任网段划分在不同的VLAN段内，就可以限制局部网络安全问题对全局网络造成的影响。

VLAN 是建立在物理网络基础上的一种逻辑子网,因此建立 VLAN 需要相应的支持 VLAN 技术的网络设备。当网络中的不同 VLAN 间进行相互通信时,需要路由的支持,这时就需要增加路由设备,要实现路由功能,即可采用路由器,也可采用 3 层交换机来完成。

1. 划分 VLAN 的基本策略

从技术角度讲,VLAN 的划分可依据不同原则,一般有以下 3 种划分方法:

(1) 基于端口的 VLAN 划分 这种划分是把一个或多个交换机上的几个端口划分一个逻辑组,这是最简单、最有效的划分方法。该方法只需网络管理员对网络设备的交换端口进行重新分配即可,不用考虑该端口所连接的设备。

(2) 基于 MAC 地址的 VLAN 划分 MAC 地址其实就是网卡的标识符,每一块网卡的 MAC 地址都是全球唯一且固定化在网卡上的。MAC 地址用 12 位 16 进制数表示,前 8 位为厂商标识,后 4 位为网卡标识。网络管理员可按 MAC 地址把一些工作站点划分为一个逻辑子网。

(3) 基于路由的 VLAN 划分 路由协议工作在网络层,相应的工作设备有路由器和路由交换机(即三层交换机)。该方式允许一个 VLAN 跨域多个交换机,或一个端口位于多个 VLAN 中。

目前,划分 VLAN 主要采用第一种方式或第三种方式。

2. 使用 VLAN 的优点

(1) 控制广播风暴 一个 VLAN 就是一个逻辑广播域,通过对 VLAN 的创建,隔离了广播,缩小了广播范围,可以控制广播风暴的产生。

(2) 提高网络整体安全性 通过路由访问列表和 MAC 地址分配等 VLAN 划分原则,可以控制用户访问权限和逻辑网段大小,将不同用户群划分在不同 VLAN 种,从而提高交换式网络的整体性能和安全性。

(3) 网络管理简单、直观 对于交换式以太网,如果对某些用户重新进行网段分配,需要网络管理员对网络系统的物理结构重新进行调整,甚至需要最佳网络设备,增大网络管理的工作量。而对于采用 VLAN 技术的网络来说,一个 VLAN 可以根据部门职能、对象组或者应用将不同地理位置的网络用户划分为一个逻辑网段。在不改动网络物理连接的情况下可以任意地将工作站在工作组或子网之间移动。利用虚拟网络技术,大大减轻了网络管理和维护工作的负担,降低了网络维护费用。在一个交换网络中,VLAN 提供了网段和机构的弹性组合机制。

8.4.2 入侵检测技术

企业经常在 Internet 入口处部署防火墙系统来保证安全,依赖防火墙建立网络的组织往往是"外紧内松",无法阻止来自内部人员的攻击,对信息流的控制缺乏灵活性,从外面看似非常安全,但内部缺乏必要的安全措施。据统计,全球的 80% 以上的入侵来自内部。并且由于性能的限制,防火墙通常不能提供实时的入侵检测能力,对于企业内部人员所做的攻击,防火墙如同虚设。

入侵检测是对防火墙的有益的补充,入侵检测系统能在入侵攻击对系统发生危害前,检测到入侵攻击,并利用报警与防护系统驱逐入侵攻击。在入侵攻击过程中,能减少入侵攻击所造成的损失。在被入侵攻击后,收集入侵攻击的相关信息,作为防范系统的知识,添加入知识库内，增强系统的防范能力，避免系统再次受到入侵。入侵检测被认为是防火墙之后的第二道安全闸门，在不影响网络性能的情况下能对网络进行监听，从而提供对内部攻击、外部攻击和误操作的实时保护，大大提高了网络的安全性。

1. 入侵检测的概念

入侵检测（Intrusion Detection，ID），顾名思义，是对入侵行为的检测。它通过收集和分析计算机网络或计算机系统中若干关键点的信息，检查网络或系统中是否存在违反安全策略的行为和被攻击的迹象。进行入侵检测的软件与硬件的组合便是入侵检测系统（Intrusion Detection System，IDS）。

入侵检测的研究最早可以追溯到詹姆斯·安德森在1980年为美国空军做的题为《计算机安全威胁监控与监视》的技术报告，报告中第一次详细阐述了入侵检测的概念。他提出了一种对计算机系统风险和威胁的分类方法，并将威胁分为外部渗透、内部渗透和不法行为这3种，还提出了利用审计跟踪数据监视入侵活动的事项。他的理论成为入侵检测系统设计及开发的基础，他的工作成为基于主机的入侵检测系统和其他入侵检测系统的出发点。

Denning在1987年所发表的论文中，首先对入侵检测系统模式做出定义：一般而言，入侵检测通过网络封装或信息的收集，检测可能的入侵行为，并且能在入侵行为造成危害前及时发出报警通知系统管理员并进行相关的处理措施。为了达到这个目的，入侵检测系统应包括3个必要功能的组件：信息来源、分析引擎和响应组件。

信息来源（Information Source）：为检测可能的恶意攻击，IDS所检测的网络或系统必须能够提供足够的信息给IDS，资料来源收集模块的任务就是要收集这些信息作为IDS分析引擎的资料输入。

分析引擎（Analysis Engine）：利用统计或规则的方式找出可能的入侵行为并将事件提供给响应组件。

响应组件（Response Component）：能够根据分析引擎的输出来采取应有的行动。通常具有自动化机制，如主动通知系统管理员、中断入侵者的连接和收集入侵信息等。

2. 入侵检测系统的分类

入侵检测系统依照信息来源、收集方式的不同，可以分为基于主机（Host-Based IDS）和基于网络（Network-Based IDS）两类；另外按其分析方法可分为异常检测（Anomaly Detection，AD）和误用检测（Misuse Detection，MD）两类，其分类架构图如图8-9所示。

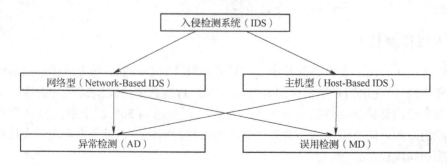

图8-9　入侵检测系统分类架构图

（1）主机型入侵检测系统　基于主机的入侵检测系统（Host-based Intrusion Detection

System，HIDS）是早期的入侵检测系统结构，其检测的目标主要是主机系统和系统本地用户，检测原理是根据主机的审计数据和系统日志发现可疑事件。检测系统可以运行在被检测的主机或单独的主机上，系统机构如图 8-10 所示。

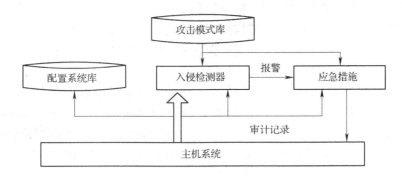

图 8-10　基于主机的 HIDS 结构

其优点是：确定攻击是否成功；检测特定主机系统活动；较适合有加密和网络交换器的环境；不需要另外添加设备。

其缺点是：可能因操作系统平台提供的日志信息格式不同，必须针对不同的操作系统安装的特别的入侵检测系统；如果入侵者通过系统漏洞入侵系统并取得管理者的权限，那将导致主机型入侵检测系统失去效用；可能会因分布式攻击而失去作用；当监控分析时可能会增加该台主机的系统资源负荷，影响被检测主机的效能，甚至成为入侵者利用的工具而使被检测的主机负荷过重而死机。

（2）网络型入侵检测系统　基于网络的入侵检测系统（Network-Based Intrusion Detection System，NIDS）是通过分析主机之间网线上传输的信息来工作的，它通常利用一个工作在"混杂模式"（Promiscuous Mode）下的网卡来实时监视并分析通过网络的数据流。它的分析模块通常使用模式匹配、统计分析等技术来识别攻击行为。其结构如图 8-11 所示。

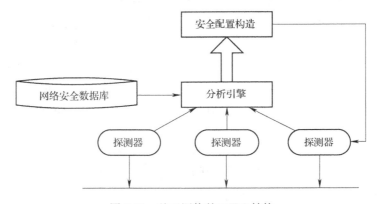

图 8-11　基于网络的 NIDS 结构

探测器的功能是按一定的规则从网络上获取与安全事件相关的数据包，然后传递给分析引擎进行安全分析判断。分析引擎从探测器上接收到的数据包结合网络安全数据库进行分析，把分析的结果传递给配置构造器。配置构造器按分析引擎的结果构造出探测器所需要的配置规则。一旦检测到了攻击行为，NIDS 的响应模块就做出适当的响应，比如报警、切断相关用户的网络连接等。不同入侵检测系统在实现时采用的响应方式也可能不同，但通常都包括通知管理员、切断连接、记录相关的信息以提供必要的法律依据等。

其优点是：成本低；可以检测到主机型检测系统检测不到的攻击行为；入侵者消除入侵证据困难；不影响操作系统的性能；架构网络型入侵检测系统简单。

其缺点是：如果网络流速高时可能会丢失许多封包，容易让入侵者有机可乘；无法检测加密的封包；对于直接对主机的入侵无法检测出。

（3）混合入侵检测系统 主机型和网络型入侵检测系统都有各自的优缺点，混合入侵检测系统（Hybrid）是基于主机和基于网络的入侵检测系统的结合，许多机构的网络安全解决方案都同时采用了基于主机和基于网络的两种入侵检测系统，因为这两种系统在很大程度上互补，两种技术结合能大幅度提升网络和系统面对攻击和错误使用时的抵抗力，使安全实施更加有效。

3. 入侵检测的方法

（1）误用检测 误用检测（Misuse Detection）又称特征检测（Signature-based detection），这一检测假设入侵者活动可以用一种模式来表示，系统的目标是检测主题活动是否符合这些模式。它可以将已有的入侵方法检测出来，但对新的入侵方法无能为力。其难点在于如何设计模式既能够表达"入侵"现象，又不会将正常的活动包含进来。

设定一些入侵活动的特征（Signature），通过现在的活动是否与这些特征匹配来检测。常用的检测技术为：

1）专家系统：采用一系列的检测规则分析入侵的特征行为。所谓的规则，即是知识，不同的系统与设置具有不同的规则，且规则之间往往无通用性。专家系统的建立依赖于知识库的完备性，知识库的完备性又取决于审计记录的完备性与实时性。入侵的特征抽取与表达，是入侵检测专家系统的关键。在系统实现中，将有关入侵的知识转化为 if-then 结构（也可以是复合结构），if 条件部分为入侵特征，then 部分是系统防范措施。运用专家系统防范有特征入侵行为的有效性完全取决于专家系统知识库的完备性。

2）基于模型的入侵检测方法：入侵者在攻击一个系统时往往采用一定的行为序列，如猜测口令的行为序列。这种行为序列构成了具有一定行为特征的模型，根据这种模型所代表的攻击意图的行为特征，可以实时地检测出恶意的攻击企图。基于模型的入侵检测方法可以仅检测一些主要的审计事件。当这些事件发生后，再开始记录详细的审计，从而减少审计事件处理负荷。这种检测方法的另外一个特点是可以检测组合攻击（Coordinate Attack）和多层攻击（Multi-stage Attack）。

3）简单模式匹配（Pattern Matching）：基于模式匹配的入侵检测方法，将已知的入侵特征编码成为与审计记录相符的模式。当新的审计事件产生时，这一方法将寻找与它匹配的已知入侵模式。

4）软计算方法：软计算方法包括了神经网络、遗传算法与模糊技术。

（2）异常检测 异常检测（Anomaly Detection）是检测入侵者异常于正常主体的活动。根据这一理念建立主体正常活动的"活动简档"，将当前主体的活动状况与"活动简档"相比较，当违反其统计规律时，认为该活动可能是"入侵"行为。异常检测的优点之一是具有抽象系统正常行为从而检测系统异常行为的能力。这种能力不受系统以前是否还知道这种入侵与否的限制，所以能够检测新的入侵行为。大多数的正常行为的模型使用一种矩阵的数学模型，矩阵的数量来自于系统的各种指标。比如 CPU 使用率、内存使用率、登录的事件和次数、网络活动、文件的改动等。异常检测的缺点是：若入侵者了解到检测规律，就可以小心地避免系统指标的突变，而是用逐渐改变系统指标的方法逃避检测。另外检测效率也不高，检测时间比较长。最重要的这是一种"事后"的检测，当检测到入侵行为时，破坏早已经发生了。

统计方法是当前产品化的入侵检测系统中常用的方法，它是一种成熟的入侵检测方法，它是入侵检测系统能够学习主体的日常行为，将那些与正常活动之间存在较大统计偏差的活动表示成为异常活动。

常用的入侵检测统计模型为：

1）操作模型。该模型假设异常可通过将测量结果与一些固定指标相比较得到。固定指标可以根据经验值或一段时间内的统计平均得到，举例来说，在短时间内的多次失败的登录很有可能是口令尝试攻击。

2）方差模型。计算参数的方差，设定其置信区间，当测量值超过置信区间的范围时表明有可能是异常。

3）多元模型。操作模型的扩展，通过同时分析多个参数事件检测。

4）马尔科夫过程模型。将每种类型的事件定义为系统状态，用状态转移矩阵来表示状态的变化，当一个事件发生时，如果状态矩阵转移的概率较小，则可能是异常事件。

5）事件序列分析。将事件计数与资源耗用根据时间排成序列，如果一个新事件在该时间发生的概率较低，则该事件可能是入侵。

统计方法的最大优点是它可以"学习"用户的使用习惯，从而具有较高检出率与可用性，但是它的"学习"能力也给入侵者以机会通过逐步"训练"使入侵事件符合正常操作的统计规律，从而透过入侵检测系统。

4. 入侵检测系统的主要功能

对一个成功的入侵检测系统来讲，它不但可使系统管理员时刻了解网络系统（包括程序、文件和硬件设备等）的任何变更，还能给网络安全策略的制定提供指南。更为重要的一点是，它易于管理、配置简单，从而可以使非专业人员能够很容易地获得网络的安全。而且，入侵检测的规模还应根据网络威胁、系统构造和安全需求的改变而改变。入侵检测系统在发现入侵后，会及时做出响应，包括切断网络连接、记录事件和报警等，具体来说，入侵检测系统的主要功能有：

- 检测并分析用户和系统的活动
- 核查系统配置和漏洞
- 评估系统关键资源和数据文件的完整性
- 识别已知的攻击行为
- 统计分析异常行为
- 操作系统日志管理，并识别违反安全策略的用户活动

5. 入侵检测技术的发展方向

1）分布式入侵检测：第一层含义，即针对分布式网络攻击的检测方法；第二层含义即使用分布式的方法来检测分布式的攻击，其中的关键技术为检测信息的协同处理与入侵攻击

的全局信息的提取。

2）智能化入侵检测：即使用智能化的方法与手段来进行入侵检测。所谓的智能化方法，现阶段常用的有神经网络、遗传算法、模糊技术、免疫原理等方法，这些方法常用于入侵特征的辨识与泛化。

3）全面的安全防御方案：即使用安全工程风险管理的思想与方法来处理网络安全问题，将网络安全作为一个整体工程来处理。从管理、网络结构、加密通道、防火墙、病毒防护、入侵检测多方位对所关注的网络做全面的评估，然后提出可行的全面解决方案。

第 9 章　病毒与黑客防范技术

计算机网络的安全问题已经成为计算机用户最为关注的问题之一，计算机病毒和黑客则是对计算机网络重大的安全威胁。计算机一旦感染病毒或者被黑客攻击，轻则损坏文件，破坏系统，严重的可导致计算机和网络的瘫痪甚至丢失重要文件。本章将对计算机病毒和黑客的概念、产生、特点、种类、清除以及防范方法进行系统地介绍。

9.1　计算机病毒防范技术

9.1.1　计算机病毒概述

通过了解计算机病毒的相关知识，可以帮助我们采取措施消除计算机安全隐患，提高网络安全防患意识，加强网络安全保护。

1. 计算机病毒的概念及产生

（1）计算机病毒的概念　计算机病毒（Computer Virus）通常是指能够破坏计算机正常工作的、人为编制的一组计算机指令或程序。根据《中华人民共和国计算机信息系统安全保护条例》，对计算机病毒的定义为："计算机病毒，是指编制或者在计算机程序中插入的破坏计算机功能或者毁坏数据、影响计算机使用、并能自我复制的一组计算机指令或者程序代码。"

计算机病毒利用硬件或软件的缺陷进入计算机中，通过不断地复制自身，占据存储空间来降低计算机性能，使其瘫痪。除此之外，计算机病毒还可以将自身附着在不同类型的文件上，使其作为病毒的载体，通过染毒文件的传播与传送，达到破坏计算机文件和系统的目的，给计算机用户带来麻烦，造成其信息财产的巨大损失。

（2）计算机病毒的产生　1983 年 11 月 3 日，就读南加州大学的博士研究生弗雷德·科恩（Fred Cohen）在 UNIX 系统下编写了一个会自动复制，并且在计算机间进行传播从而引起系统死机的小程序。此后，科恩为了证明其理论而将这些程序以论文的形式在学术研讨会上发表，因此而引起轰动。此前，虽然有不少计算机专家都发出过计算机病毒可能会出现的警告，但科恩才是真正通过实践让计算机病毒具备破坏性的概念具体成形的第一人。他的一位教授将他编写的那段程序命名为"病毒（Virus）"。

2. 计算机病毒的特点

计算机病毒与普通计算机程序不同，它主要有以下特点：

（1）潜伏性　一般情况下，计算机病毒感染系统后，并不会立即发作攻击计算机，而是具有一段时间的潜伏期。潜伏期的长短一般由病毒程序编制者所设定的触发条件来决定。

（2）传染性　计算机病毒入侵系统后，在一定条件下破坏系统本身的防御功能，迅速地进行自我复制，从感染存储位置扩散至未感染存储位置，更可以通过网络进行计算机与计算机之间的病毒传染。

（3）破坏性　计算机系统一旦感染了病毒程序，系统的稳定性将受到不同程度的影响。一般情况下，计算机病毒发作时，由于其连续不断的自我复制，大部分系统资源被占用，从而减缓了计算机的运行速度，使用户无法正常使用。严重者，可使整个系统瘫痪，无法修复，造成损失。

（4）隐蔽性　计算机病毒通常会以人们熟悉的程序形式存在。有些病毒名称往往会被命名为类似系统文件名，例如，假 IE 图标 Internet Explorer，其中 Internet 单词的一个"n"被假图标改为了两个"n"，很难被用户发现，一旦单击访问这些图标指向的网站，很有可能面临钓鱼或木马威胁；又如文件夹 EXE 病毒，其图标与 Windows XP 默认的文件夹图标是一样的，十分具有迷惑性，当用户双击打开此文件夹时就会激活病毒。

（5）多样性　由于计算机病毒具有自我复制功能和传播的特性，加上现代传播媒介的多元化，计算机病毒的发展在数量与种类上均呈现出多样性特点。

（6）触发性　一般情况下，计算机病毒侵入系统后并不会立刻发作，而是较为隐蔽地潜伏在某个程序或某个磁盘中。病毒程序设定了其触发条件（例如设定日期为触发条件，或设定操作为触发条件），当条件满足预设时，病毒程序立即自动执行，并且不断地进行自我复制和传染其他磁盘，对系统进行破坏。例如，March 25th 病毒，在每年的 3 月 25 日，如果该病毒在内存中便会激活。

3. 计算机病毒的种类

2010 年上半年，据江民反病毒中心、江民全球病毒监测预警系统、江民客户服务中心联合统计的数据，截止 2010 年 6 月，共截获新增各种计算机病毒（样本）数（包括木马、后门、广告程序、间谍木马、脚本病毒、漏洞病毒和蠕虫病毒）总计 7584737 个，其中新增木马（样本）4454277 个，新增后门（样本）623791 个，新增广告程序（样本）223639 个，新增漏洞病毒（样本）166359 个，其他病毒（样本）1063255 个，各种新型病毒及变异还在不断变化。

（1）根据病毒的破坏程度划分

1）无害型病毒。无害型病毒主要是对系统和数据无破坏目的的病毒。此类病毒往往以画面或声音的形式使感染病毒的用户知道其存在，并不会造成严重破坏。但通常此类病毒的存在会使 CPU 占用率大幅升高，增加系统负荷，降低其工作性能。典型的无害型病毒有"台湾一号"病毒、"维也纳"病毒等。

2）危险型病毒。危险型病毒是指会对系统和数据进行破坏，造成数据丢失，甚至整个计算机系统崩溃的一类计算机病毒。典型的危险型病毒有"熊猫烧香"病毒、"极虎"病毒等。

3）毁灭型病毒。毁灭型病毒会删除程序、破坏数据、清除系统内存区，甚至是操作系统中重要的数据信息。除了会对软件系统造成巨大程度的破坏外，毁灭型病毒对硬件系统的破坏同样不容忽视，显示器、CPU、光驱、显卡、主板和硬盘等都有可能成为其攻击破坏的计算机硬件。典型的毁灭型病毒有著名的 CIH 病毒、克里兹病毒（W32. Kriz）和拜默病毒（W32. HLLW. Bymer）及其变种病毒等。

（2）根据病毒侵入操作系统划分

1）DOS 病毒。DOS 病毒是指在 DOS 环境下运行、传染的计算机病毒。该病毒在目前普遍使用的 Windows 环境下发作的几率很小。

2）Windows 病毒。Windows 病毒是指能感染 Windows 可执行程序并可在 Windows 下运行的一类病毒。目前绝大部分用户安装的都是 Windows 系统，此类病毒不仅能感染 Windows XP 操作系统，更会感染安装 Windows NT 操作系统的计算机。

3）Linux 等系统病毒。此类病毒为针对 Linux、UNIX 等操作系统开发的病毒。此类病毒受系统免疫力及用户群数量影响，相对来说病毒量及发作率要小。

（3）根据病毒依附载体划分

1）引导区型病毒。引导区型病毒是指以磁盘引导区或主引导区作为依附载体的病毒。该类病毒在系统启动过程中入侵系统，并依附于内存之中，达到监视和控制整个系统的目的，随时可以发作和进行传染。此类病毒又被称为操作系统型病毒。

2）文件型病毒。文件型病毒以其数量多、传播广的特点成为计算机病毒中最为常见的一类病毒。此类病毒依托于系统中各种类型的文件，对宿主文件进行篡改，一旦运行则激活病毒发作。此类病毒又称为外壳型病毒。较为普遍感染的文件类型有 DOC 文件、EXE 文件、COM 文件、DLL 文件和 SYS 文件等。

3）复合型病毒。复合型病毒兼具引导区型病毒和文件型病毒的特点。该类病毒利用系统漏洞感染正常的可执行文件、本地网页文件和电子邮件等，同时又感染引导区，例如，"艾妮"复合型病毒。

4）宏病毒。宏病毒是一类以文档或模板的宏为传播载体的计算机病毒。宏病毒影响对文档的各种操作。打开带有宏的文档，病毒就会立即发作，并置留在模板中。通过该模板打开的文档或自动保存的文档会立刻被传染上宏病毒，并可随移动设备传播扩散至其他计算机。

5）蠕虫病毒。蠕虫病毒虽不用将自身依附于宿主程序，但此类病毒需要通过网络这个载体进行复制和传播。其主要传染途径有网络共享文件、电子邮件、恶意网页、存在着漏洞的服务器等。随着网络的发展和编程技术的不断创新，蠕虫病毒呈爆炸式增长趋势，同时衍生出了大量病毒变种。典型的蠕虫病毒如"熊猫烧香"病毒、"超级工厂"（Stuxnet 病毒）病毒和快捷方式蠕虫等。

4. 计算机中毒后的异常现象

当计算机在感染病毒后，根据中毒的情况会出现不同的症状，例如，系统运行速度变慢、无故弹出对话框或网页、用户名和密码等用户信息被篡改、甚至是死机、系统瘫痪等。

一般当计算机出现了表 9-1 所列异常现象，则有可能是计算机感染了病毒。

表 9-1　计算机感染病毒常见现象

非联网状态下	联网状态下
无法开机	不能上网
计算机蓝屏	杀毒软件不能正常升级
开机启动速度变慢	自动弹出多个网页
系统运行速度慢	非联网状态下的一切异常现象
无法找到硬盘分区	（以下类似不联网情形）
开机后弹出异常提示信息或声音	
文件名称、扩展名、日期以及属性等被非人为更改过	

（续）

非联网状态下	联网状态下
数据非常规丢失或损坏	
无法打开、读取、操作文件	
硬盘存储空间意外变小	
计算机无故死机或自动重启	
CPU 利用率接近 100％或内存占用率居高不下	
计算机自动关机	

9.1.2 计算机病毒的构成与传播

1. 计算机病毒的构成

计算机病毒一般由 3 个单元构成：引导单元、传染单元、触发单元。

（1）引导单元 病毒程序在感染计算机前首先要将病毒的主体安装在计算机内存中，为其传染程序做好铺垫。不同类型的病毒程序会使用不同的安装方法。

（2）传染单元 传染单元主要包括三部分内容：

1）传染控制模块。病毒在安装至内存后获得控制权并监视系统的运行。

2）传染判断模块。监视系统，当发现被传染的目标时，开始判断是否满足传染条件。

3）传染操作模块。一旦满足传染条件，则将病毒写入磁盘的特定位置。

（3）触发单元 触发单元包括两部分：一是触发控制，当病毒满足一个触发条件，病毒就发作；二是破坏操作，满足破坏条件，病毒立刻进行破坏。不同病毒有不同的操作方法，如不满足触发条件或破坏条件，则携毒潜伏或消散。

2. 计算机病毒的传播

计算机病毒的传染性是计算机病毒最危险的特点之一。计算机病毒潜伏在系统内，用户在不知情的情况下进行相应的操作激活触发条件，使其得以由一个载体传播至另一个载体，完成传播过程。随着计算机的广泛普及应用以及因特网的飞速发展，计算机病毒的传播也从传统的常用交换媒介传播逐渐发展到通过因特网进行全球化的传播。目前，计算机病毒的主要传播途径有以下两种：

（1）移动式存储介质 移动存储介质主要包括软盘、光盘、DVD、硬盘、闪存、U 盘、CF 卡、SD 卡、记忆棒（Memory Stick）和移动硬盘等。移动存储介质以其便携性和大容量存储性为病毒的传播带来了极大的便利，这也是它成为目前主流病毒传播途径的重要原因。例如，"U 盘杀手"病毒是一个利用 U 盘等移动设备进行传播的蠕虫。Autorun. inf 文件一般存在于 U 盘、MP3、移动硬盘和硬盘各个分区的根目录下，当用户双击 U 盘等设备的时候，该文件就会利用 Windows 系统的自动播放功能优先运行 Autorun. inf 文件，而该文件就会立即执行所要加载的病毒程序，从而破坏用户计算机，使用户计算机遭受损失。

（2）网络传播

1）电子邮件。电子邮件是病毒通过因特网进行传播的主要媒介。病毒主要依附在邮件的附件中，而电子邮件本身并不产生病毒。当用户下载附件时，计算机就会感染病毒，使其入侵至系统中，伺机发作。由于电子邮件一对一、一对多的这种特性，使其在被广泛应用的同时，也为计算机病毒的传播提供了一个良好的渠道。

2）下载文件。病毒被捆绑或隐藏在因特网上共享的程序或文档中，用户一旦下载了该类程序或文件而不进行查杀病毒，感染计算机病毒的概率将大大增加。病毒可以伪装成其他程序或隐藏在不同类型的文件中，通过下载操作感染计算机。

3）浏览网页。当用户浏览不明网站或误入挂马网站，在访问的同时，病毒便会在系统中安装病毒程序，使计算机不定期地自动访问该网站，或窃取用户的隐私信息，给用户造成损失。

4）聊天通信工具。QQ、MSN、飞信和 Skype 等即时通信聊天工具无疑是当前人们进行信息通信与数据交换的重要手段，成为网上生活必备软件。由于通信工具本身安全性的缺陷，加之聊天工具中的联系列表信息量丰富，给病毒的大范围传播提供了极为便利的条件。目前，仅通过 QQ 这一种通信聊天工具进行传播的病毒就达百种。

5）移动通信终端。通过移动通信终端进行病毒传播也是当前病毒发作的一种流行趋势，手机作为最典型的移动通信终端，以其高普及率及低安全防御能力成为当前一种新型病毒传播途径。具有传染性和破坏性的病毒会利用发送手机的短信、彩信、无线网络下载歌曲、图片、文件等方式传播。由于手机用户往往在不经意的情况下接收读取短信、彩信、直接单击网址链接等方式获取信息，让病毒毫不费力地侵入手机进行破坏，使之无法正常使用。

3. 计算机病毒的触发与生存

（1）计算机病毒的触发　计算机病毒的触发条件一般是指时间或操作条件，也就是说，当处于病毒程序规定的某一时间点或某一种操作时，程序中的发作指令被激活，从而在计算机上反映出不同的中毒症状。

以日期病毒为例，当特定的日期、月份、年份达到触发条件时，病毒就会发作。例如"七月杀手（July Killer）"病毒是一种针对中文 Word 97 的宏病毒。每逢七月，用户使用 Word 时会弹出对话框强调用户选择"确定"操作，一旦选择取消操作，就会造成系统文件自动删除，使计算机瘫痪。"七月杀手"病毒正是一种既包括时间触发又包括操作触发多重条件的恶性病毒。

以电子邮件病毒为例，"欢乐时光"病毒（VBS. Haptime. A@mm）作为电子邮件的附件，利用 Outlook Express 的性能缺陷把自己传播出去，可以在用户没有运行任何附件时就运行自己。同时它还可以利用 Outlook Express 的信纸功能，将自己复制在信纸的 Html 模板上，以便传播。一旦用户收到这种含有病毒的邮件，无论是否打开附件，只要浏览了邮件内容，即达到了该病毒的触发条件，计算机就会立刻感染病毒。

此外，还有融合多个触发条件的病毒程序，这类病毒程序将多个触发条件精心搭配，使其更具威胁性、隐蔽性和杀伤力。某些多触发条件的病毒只需满足其中一个条件即可发作，有些是满足部分触发条件即会发生破坏，其余是必须满足所有条件病毒才能触发。

（2）计算机病毒的生存

1）计算机病毒的寄生对象。计算机病毒同普通应用程序一样，需要存储在磁盘上才得以感染和传播。但具体寄生在何处，则取决于病毒必须达到完成自身主动传播的目的。

计算机病毒为了进行自身的主动传播，必须使自身寄生在可以获得执行权的寄生对象上。就目前出现的各种计算机病毒来看，其寄生对象有两种：一种是磁盘引导区；另一种则是可执行文件，比如 .EXE 文件。它们都有获得执行权的能力，病毒寄生其中，可以在一定条件下获得执行权，使病毒进一步感染计算机系统，实施传播破坏活动。

2）计算机病毒的生存方式。病毒侵入计算机系统后，将自身部分或全部代码替代磁盘引导区或可执行程序文件的部分或所有内容，此种生存方式一般称为替代式生存方式。另一种生存方式为链接式生存方式，是指病毒程序将自身代码作为一部分与原正常程序链接至一起的方式生存。一般来讲，引导区病毒适用替代式，而可执行文件病毒则采用链接式。

4. 特种及新型病毒实例

（1）木马　木马一词源于古希腊传说中的"特洛伊木马（Trojan horse）"，引申至计算机领域，可以理解为一类恶意程序。木马和病毒一样，均是人为编写的应用程序，都属于计算机病毒的范畴。相对于普通计算机病毒来说，木马具有更快的传播速度以及更加严重的危害性，但其最大的破坏性在于它通过修改图标、捆绑文件、仿制文件等方式进行伪装和隐藏自己，误导用户下载程序或打开文件，同时收集用户计算机信息并将其泄露给黑客供其远程控制，甚至进一步向计算机发动攻击。

2010 年之前，绑架型木马已经出现，但并没有大规模爆发。进入 2010 年，绑架型木马增长迅猛，仅 2010 年前 9 个月即新增绑架型木马 943862 个，占据新增木马的 84.2%。

2010 年以来，绑架型木马增长迅猛，几乎占据了因特网新增木马的主流。无论是木马启动方式，还是对用户计算机系统的破坏性，绑架型木马均超出了传统木马以及感染型木马。而且杀毒软件对此类木马查杀技术也面临着严峻的考验。

实例：冰河木马

冰河木马，诞生伊始是作为一款正当的网络远程控制软件被国人认可，但随着升级版本的发布，其强大的隐蔽性和使用简单的特点越来越受国内外黑客们的青睐，最终演变成为黑客进行破坏活动所使用的工具。

1）冰河木马的主要功能：

连接功能。木马程序可以理解为一个网络客户端/服务器程序。由一台主机提供服务（服务器），另一台主机接受服务（客户端），服务器一般会打开一个默认的端口并进行监听，一旦服务器端口接到客户端的连接请求，服务器上的相应程序就会自动运行，接受连接请求。

控制功能。可以远程控制对方的鼠标、键盘，并监视对方的屏幕，远程关机、远程重启机器等。

口令的获取。查看远程计算机口令信息，浏览远程计算机上的历史口令记录。

屏幕抓取。监视对方屏幕的同时进行截图。

远程文件操作。打开、创建、上传、下载、复制、删除和压缩文件等。

冰河信使。冰河木马提供的一个简易点对点聊天室，客户端与被监控端可以通过信使进行对话。

2）冰河木马的原理。激活冰河木马的服务端程序 G-Server. exe 后，它将在目标计算机的 C：\Windows\system 目录下自动生成两个可执行文件，分别是 Kernel32. exe 和 Sysexplr. exe。如果用户只找到 Kernel32. exe，并将其删除，那么冰河木马并未完全根除，只要打开任何一个文本文件或可执行程序，Sysexplr. exe 就会被激活而再次生成一个 Kernel32. exe，这就是导致冰河木马的屡删无效、死灰复燃的原因。

（2）蠕虫　蠕虫病毒是计算机病毒的一种，它具有计算机病毒的共性，如传播性、隐蔽性和破坏性等，同时还具有一些个性特征，如它并不依赖宿主寄生，而是通过复制自身在网络环境下进行传播。同时，蠕虫病毒较普通病毒的破坏性更强，借助共享文件夹、电子邮件、恶意网页、存在漏洞的服务器等伺机传染整个网络内的所有计算机，破坏系统，并使系统瘫痪。

1) I-WORM/EMANUEL 网络蠕虫。该病毒通过 Microsoft 的 Outlook Express 自动传播给受感染计算机的地址簿里的所有人，给每人发送一封带有附件的邮件。该网络蠕虫长度为 16896～22000B，有多个变种。在用户执行该附件后，该网络蠕虫程序在系统状态区域的时钟旁边放置一个"花"一样的图标，如果用户单击该"花"图标，就会出现一个消息框，内容是不要单击此按钮。如果单击该按钮会出现一个以 Emmanuel 为标题的信息框，当用户关闭该信息框时又会出现一些别的提示信息。

该网络蠕虫程序与其他常见的网络蠕虫程序一样，是通过网络上的电子邮件系统 Outlook 来传播的，同样是修改 Windows 系统下的主管电子邮件收发的 wsock32.dll 文件。它与别的网络蠕虫程序的不同之处在于它可以不断地通过网络自动发送网络蠕虫程序本身，而且发送的文件名称是变化的。它同时也是世界上第一个可自我将病毒体分解成多个大小可变化的程序块（插件），分别潜藏在计算机内的不同位置，以便躲避查毒软件。该病毒可将这些碎块聚合成一个完整的病毒，再进行传播和破坏。

2)"熊猫烧香"病毒。"熊猫烧香"是一种经过多次变种的蠕虫病毒，曾在 2006～2007 年间肆虐因特网，被列为我国 2006 年十大病毒之首，一度称为"毒王"。自爆发后，短时间内出现 90 余个变种，上百万台计算机感染此毒，并深受其害。

感染中毒的计算机系统中，可执行文件会出现"熊猫烧香"图案，其他更为明显的中毒症状表现为计算机蓝屏、反复重启、硬盘数据遭破坏等。同时，作为蠕虫病毒的一种变种，"熊猫烧香"病毒同样可以通过网络进行传播，感染网络内所有计算机系统，造成不同程度的局域网和因特网瘫痪。

9.1.3 计算机病毒的检测、清除与防范

1. 计算机病毒的检测

根据计算机病毒的特点，要想彻底检查出计算机是否感染病毒，必须利用多种方法进行检查，主要有根据异常现象判断以及利用专业查杀软件。

（1）根据异常现象初步检测　虽然不能准确判断系统感染了何种病毒，但是可通过异常现象来判断病毒的存在。根据异常现象进行初步检测是计算机病毒清除防范十分重要的一个环节。计算机出现的异常现象主要包括下面几个方面：

1）计算机运行异常。包括无法开机、开机速度变慢、系统运行速度慢、频繁重启、无故死机、自动关机等。

2）屏幕显示异常。包括计算机蓝屏、弹出异常对话框、产生特定的图像（如小球计算机病毒）等。

3）声音播放异常。出现非系统正常声音等，如"杨基（Yangkee）"计算机病毒和中国的"浏阳河"计算机病毒。

4）文件/系统异常。无法找到硬盘分区、文件名称等相关属性遭更改、硬盘存储空间意外变小、无法打开/读取/操作文件、数据丢失或损坏、CPU 利用率或内存占用过高。

5）外设异常。鼠标、打印机等外部设备出现异常，无法正常使用等。

6）网络异常。联网状态下不能正常上网、杀毒软件无法正常升级、自动弹出网页、主页被篡改、自动发送电子邮件以及其他异常现象等。

当以上异常现象出现，则可以判断计算机极有可能感染了病毒，需要利用专业检测工具进一步检查病毒的存在及杀毒。

（2）利用专业工具检测查毒　由于病毒具有较强的隐蔽性，必须使用专业工具对系统进行查毒，主要是指针对包括特定的内存、文件、引导区、网络在内的一系列属性，能够准确地报出病毒名称。常见的杀毒软件基本都含有查毒功能，例如，瑞星免费在线查毒、金山毒霸查毒和卡巴斯基查毒等。

当前，查毒软件使用的最主要的病毒查杀方式为病毒标记法。此种方式首先将新病毒加以分析，编成病毒码，加入资料库中，然后通过检测文件、扇区和内存，利用标记，也就是病毒常用代码的特征来查找已知病毒与病毒资料库中的数据并进行对比分析，即可判断是否中毒。既可在系统运行时检测出计算机病毒，又能够在计算机病毒出现时立刻发现。

2. 常见病毒的清除方式

虽然有多种杀毒软件和防火墙的保护，但计算机中毒情况还是很普遍，如果意外中毒，一定要及时清理病毒。根据病毒对系统被破坏的程度，可采取以下措施进行病毒清除：

（1）一般常见流行病毒　此种病毒对计算机危害较小，一般运行杀毒软件进行查杀即可。若可执行文件的病毒无法根除，可将其删除后重新安装。

（2）系统文件破坏　多数系统文件被破坏将导致系统无法正常运行，破坏程度较大。若删除文件重新安装后仍未解决问题，则需请专业计算机人员进行清除和数据恢复。在数据恢复前，要将重要的数据文件进行备份，当出现误杀时方便进行恢复。有些病毒如"新时光脚本病毒"，运行时内存中不可见，而系统则会认为其为合法程序而加以保护，保证其继续运行，这就造成了病毒不能清除。而在 DOS 下查杀，Windows 系统无法运行，所以病毒也就不可能运行，在这种环境下可以将病毒彻底清除干净。

3. 计算机病毒的防范

杀毒不如搞好防毒，如果能够采取全面的防护措施，则会更有效地避免病毒的危害。因此，计算机病毒的防范应该采取预防为主的策略。

首先要在思想上有反病毒的警惕性，依靠使用反病毒技术和管理措施，这些病毒就无法逾越计算机安全保护屏障，从而不能广泛传播。个人用户要及时升级可靠的反病毒产品，因为病毒以每日 4～6 个的速度产生，反病毒产品必须适应病毒的发展，不断升级，才能识别和杀灭新病毒，为系统提供真正安全环境。每一位计算机使用者都要遵守病毒防治的法律和制度，做到不制造病毒，不传播病毒。养成良好的上机习惯，如定期备份系统数据文件；外部存储设备连接前先杀毒再使用；不访问违法或不明网站，不下载传播不良文件等。

4. 木马的检测清除与防范

（1）木马的检测　木马程序不同于一般的计算机病毒程序，并不像病毒程序那样感染文件。木马是以寻找后门、窃取密码和重要文件为主，还可以对计算机进行跟踪监视、控制、查看、修改资料等操作，具有很强的隐蔽性、突发性和攻击性。由于木马具有很强的隐蔽性，用户往往是在自己的密码被盗、机密文件丢失的情况下检查 win. ini 和 system. ini 才知道已中木马。

检测自己的计算机是否中了木马，可以从如下 4 点进行检测：

1）查看开放端口。当前最为常见的木马通常是基于 TCP/UDP 进行 Client 端与 Server 端之间通信的，这样就可以通过查看在本机上开放的端口，看是否有可疑的程序打开了某个可疑的端口，如果查看到有可疑的程序在利用可疑端口进行连接，则很有可能就是中了木马。

2）查看 win. ini 和 system. ini 系统配置文件。查看 win. ini 和 system. ini 文件是否有被修改的地方。例如，有的木马通过修改 win. ini 文件中的语句进行自动加载。

3）查看系统进程。木马也是一个应用程序，需要进程来执行。可以通过查看系统进程来推断木马是否存在。在 Windows XP 系统下，按下<Ctrl＋Alt＋Delete>组合键，进入任务管理器，就可以看到系统正在运行的全部进程。力求对每个系统运行的进程要知道它是做什么用的，这样木马运行时就不难看出来哪个是木马程序的活动进程了。

4）查看注册表。木马一旦被加载，一般都会对注册表进行修改。一般来说，木马在注册表中实现加载文件是在以下几个位置：

- HKEY_LOCAL_MACHINE\Software\Microsoft\Windows\Current Version\Run
- HKEY_LOCAL_MACHINE\Software\Microsoft\Windows\Current Version\RunOnce
- HKEY_LOCAL_MACHINE \Software\Microsoft\Windows\Current Version\Run Services
- HKEY_LOCAL_MACHINE\Software\Microsoft\Windows\CurrentVersion\RunServicesOnce
- HKEY_CURRENT_USER\Software\Microsoft\Windows\Current Version\Run
- HKEY_CURRENT_USER\Software\Microsoft\Windows\Current Version\RunOnce
- HKEY_CURRENT_USER\Software\Microsoft\Windows\Current Version\RunServices

（2）木马的清除　一般来说，木马的清除可以通过手动清除和杀毒软件清除两种方式。

根据检测的结果来手动清除木马，包括删除可疑的启动程序、恢复 win. ini 和 system. ini 系统配置文件的原始配置、停止可疑的系统进程和修改注册表等方式。另外，利用常用的杀毒软件如瑞星、诺顿等，这些软件对木马的查杀比较有效。有些木马并不能彻底地被查杀出来，在系统重新启动后还会自动加载，所以要注意经常更新病毒库。

（3）木马的防范　在检测清除木马的同时，还要注意对木马的预防，做到防患于未然。

1）不打开来历不明的邮件。当前很多木马都是通过邮件来传播的，当收到来历不明的邮件时，请不要打开，应尽快删除。同时，要将邮箱设置为拒收垃圾邮件状态。

2）不下载不明文件。如需下载必须常备软件，最好找一些知名的网站下载，而且不要下载和运行来历不明的软件。在安装软件前最好用杀毒软件查看有没有病毒，再进行安装。

3）及时修复漏洞和堵住可疑端口。一般木马都是通过漏洞在系统上打开端口留下后门，以便上传木马文件和执行代码。在把漏洞修复上的同时，需要对端口进行检查，把可疑的端口封堵住，不留后患。

4）使用实时监控程序。网上冲浪时，最好运行反木马实时监控程序和个人防火墙，并定时对系统进行病毒检查。还要经常升级系统和更新病毒库，注意关注关于木马病毒的新闻公告等，提前做好防木马准备。

5. 病毒和防毒技术的发展趋势

防范与解决计算机病毒已是迫在眉睫，但想要防范计算机病毒，首先要对计算机病毒进行系统的了解，才能控制、预防和铲除计算机病毒。

(1) 计算机病毒的发展趋势　近年来伴随着因特网的高速发展，病毒也进入了越来越猖狂和泛滥的阶段，目前计算机病毒的发展主要体现在以下 4 个方面：

1) 病毒的种类和数量迅速增长。计算机病毒的种类及数量不断快速增加。根据国家计算机病毒应急处理中心病毒样本库的统计，2009 年新增病毒样本 299 万个，是 2008 年新增病毒数的 3.2 倍，其中木马程序巨量增加。截至 2009 年年底木马样本共 330 万多个，占病毒木马样本总数的 72.9%，而 2008 年这一比例只有 54%；2009 年发现新增木马 246 万多个，是 2008 年新增木马的 5.5 倍。

2) 病毒传播手段呈多样化、复合化趋势。根据《第九次全国信息网络安全状况与计算机病毒疫情调查报告》调查结果和研究分析表明：计算机病毒木马本土化趋势加剧，变种速度更快、变化更多，潜伏性和隐蔽性增强，识别更难，与防病毒软件的对抗能力更强，攻击目标明确，趋利目的明显。因此，计算机用户账号密码被盗现象日益增多。病毒木马传播的主要渠道是网页挂马和移动存储介质，其中网页挂马出现复合化趋势。

3) 病毒制作技术水平不断攀升。病毒制造者不断更新着病毒的制造技术，不断推出病毒的新变种，利用新的技术手段隐藏自身进程，通过不断更新的技术终止杀毒软件的运行，逃避杀毒软件对其查杀，达到传播有害程序、破坏数据文件、非法窃取利益的目的。更值得关注的是，进入 2008 年以来，大部分主流病毒技术都进入了驱动级，开始与杀毒软件争抢系统驱动的控制权，从而控制杀毒软件，致使杀毒软件功能失效。

4) 病毒的危害日益增大。越来越多的木马和病毒破坏计算机系统、造成死机、蓝屏、数据丢失、窃取用户账号密码等，给用户造成巨大的损失和破坏。"熊猫烧香"等病毒迅速在因特网上疯狂肆虐，被感染的计算机数量急速增长，严重影响着个人用户和企业用户的信息安全。

(2) 防病毒技术的发展趋势　随着实时监控技术的日益发展完善，能够达到监控文件、邮件、网页、即时通信、木马修改注册表、隐私信息维护的目的。但随着病毒制造者不断推出新变种，防病毒技术也取得了一定的进步和突破，由被动防御向主动防御转变势在必行。这是因为如果用户不及时对网络病毒库进行更新，会滞后于病毒制造者及病毒发作时间，加之近年网络新兴病毒频发，反病毒领域已经认识到必须由被动使用杀毒软件向主动防御新型病毒转变。所以，云概念、云计算机、云安全和云杀毒等新兴概念应运而生。

"云安全 (Cloud Security)"计划是网络时代信息安全的最新体现，它融合了并行处理网络计算机、未知病毒行为判断等新兴技术和概念，通过网状的大量客户端对网络中软件行为的异常监测，获取因特网中木马、恶意程序的最新信息，传送到 Server 端进行自动分析和处理，再把病毒和木马的解决方案分发到每一个客户端。病毒库不再保存在本地，而是保存在官方服务器中，在扫描的时候和服务器交互后，做出判断是否有病毒。依托"云安全"进行杀毒能降低升级的频率，降低查杀的占用率，减小本地病毒数据库的容量。

云安全技术应用的最大优势就在于识别和查杀病毒不再仅仅依靠本地硬盘中的病毒库，而是依靠庞大的网络服务，实时进行采集、分析以及处理。整个因特网就是一个巨大的"杀毒软件"，参与者越多，每个参与者就越安全，整个因特网就会更安全。

9.1.4 恶意软件的危害和清除

1. 恶意软件概述

恶意软件主要是指在未明确提示用户或未经用户许可的情况下，在用户计算机或其他终端上强行安装运行，侵害用户合法权益的软件。

根据中国因特网协会颁布的《"恶意软件定义"细则》，更加明确细化了恶意软件的定义和范围：满足以下 8 种情况之一即可被认定为是恶意软件，分别为强制安装、难以卸载、浏览劫持、广告弹出、恶意收集用户信息、恶意卸载、恶意捆绑以及其他侵犯用户知情权和选择权的恶意行为。

恶意软件通常难以清除，影响计算机用户正常使用，无法正常卸载和删除给用户造成了巨大困扰，因此又获别名"流氓软件"。

2. 恶意软件的危害与清除

目前，恶意软件充斥着整个因特网，让网络用户时刻提心吊胆，网上生活变得危机四伏。很多网站推出了一些插件，只要浏览该网站，就会不知不觉地在用户计算机中安装插件。另外，还有破坏者和不法分子在网上散布一些恶意程序，严重破坏了因特网的安全和秩序。除了通过因特网外，一些恶意软件还会捆绑在一些软件里，在安装软件的同时恶意软件也被放置在客户计算机中。这些恶意软件不但会占用大量的系统资源，同时还可能带有木马、病毒甚至泄露用户个人隐私。

（1）恶意软件的危害

1）强制安装，难以卸载。多数恶意软件在未经用户许可或没有明确提示的情况下，在用户计算机上安装软件。此类软件通常难以卸载，包括通用卸载方式和人为破坏卸载方式，均难以根除。

2）劫持浏览器。很多用户都遭到过浏览器主页被篡改的侵扰，这就是恶意软件利用系统漏洞修改用户浏览器主页或相关设置，强迫用户改变使用习惯，使其访问特定网站，更严重者还会出现无法上网的问题。

3）弹出广告。在使用计算机的过程中，经常遇到弹出窗口，一些是对应我们的操作必须出现的，而有些则是被动接受的。尤其是各种广告窗口更是无孔不入，防不胜防，这些弹出窗口严重影响了计算机的正常使用，甚至会造成计算机出现一定时间内"假死"的现象。

4）非正常渠道收集用户信息。有些恶意软件在后台偷偷收集用户在网上消费时的行为习惯、账号密码等，使用户的虚拟财产安全存在潜在危险。

（2）恶意软件的清除　通常清除恶意软件的方法就是利用专业恶意软件清除工具进行清理，例如 Wopti 流氓软件清除大师、完美卸载、360 安全卫士、Windows 清理助手、超级兔子魔法设置、恶意软件清理助手、金山清理专家、瑞星卡上网安全助手、卸载精灵等，这些清理工具以其操作简单、实用性强的优势深受广大计算机用户的欢迎。

9.2　黑客攻防与检测技术

黑客对计算机系统的入侵与攻击现象频频出现，严重威胁着计算机网络安全。网络安全问题成为学者、使用者和安全保卫者研究的重要课题之一。为保证计算机网络和信息安全，维护社会的稳定和国家、人民利益，网络安全管理的重要工作之一是防范黑客攻击与入侵检测技术的研究。

9.2.1 网络黑客概述

目前，黑客攻击是网络面临最严重的安全问题。近几年，国内外网络资源遭破坏和攻击现象呈现出急剧上升态势，而且种类多变。系统漏洞、网络资源应用已经成为黑客的攻击目标。黑客由产生初期的正义的"网络大侠"演变成计算机情报间谍和破坏者，是利用计算机系统和网络存在的缺陷，使用手中计算机，通过网络强行侵入用户的计算机，肆意对其进行各种非授权活动，给社会、企业和用户的生活及工作带来了很大烦恼。

1. 黑客的概念及类型

（1）黑客及其演变　　"黑客"是英文"Hacker"的译音，源于 Hack，本意为"干了一件非常漂亮的事"，原指一群专业技能超群、聪明能干、精力旺盛、对计算机信息系统进行非授权访问的人。后来成为专门利用计算机进行破坏或入侵他人计算机系统的人的代名词。

"骇客"是英文"Cacker"的译音，意为"破坏者和搞破坏的人"，指那些在计算机技术上有一定特长、非法闯入他人计算机及其网络系统、获取和破坏重要数据或为私利而制造麻烦的具有恶意行为特征的人。骇客的出现玷污了黑客，使人们把"黑客"和"骇客"混为一体。

现在，黑客一词已经被用于那些专门利用计算机进行破坏或入侵他人计算机系统的人的代名词，指少数凭借掌握的计算机技术，怀着不良的企图，采用非法手段获得系统访问权或逃过计算机网络系统的访问控制，进入计算机网络进行未授权或非法访问的人。

在虚拟的网络世界里，黑客已经成为一个特殊的社会群体。在世界上很多国家，有不少完全合法的黑客组织，经常召开黑客技术交流会，利用因特网在自己的网站上介绍黑客攻击手段，免费提供各种黑客工具软件，出版网上黑客杂志，致使普通用户也很容易下载并学会使用一些简单的黑客手段或工具对网络进行某种程度的攻击，进一步地恶化了网络安全环境。据统计数据显示，世界上平均每 5s 就有一起黑客事件发生，无论是政府机构、军事部门，还是各大银行和公司，只要与因特网接轨，就难逃黑客的"黑手"。

（2）中国黑客的形成与发展　　1994 年 4 月 20 日，中国国家计算机与网络设施工程（The National Computing and Networking Facility of China，NCFC）通过美国 Sprint 公司联入 Internet 的 64K 国际专线开通，实现了与 Internet 的全功能连接。中国成为直接接入 Internet 的国家，因特网终于面向中国人民开放了。从那时起，中国黑客开始了原始萌动。1998 年，印度尼西亚爆发了大规模排华事件，中国"黑客"开始组织起来，用 Ping 的方式攻击印尼网站。这次行动造就了中国黑客最初的团结与合作精神。这事件之后，有些人又回到了现实生活中，有些人则从此开始了对黑客理想的执著追求。1999 年是网络泡沫高度泛滥的顶峰时期，刚刚起步的中国黑客开始筹建规划自己的势力范围。从 1999 年到 2000 年，中国黑客联盟、中国鹰派、中国红客联盟等一大批黑客网站兴起。时至今日，在国内黑客中，为了牟取暴利而散发木马等行为的"毒客"占了主流。已逐步形成了惊人完善的黑客病毒产业链，在制造木马、传播木马、盗窃账户信息、第三方平台销赃、洗钱等各个方面分工明确。从带着理想主义和政治热情的红客占主流到非法牟利的毒客横行，这是一个无奈的变化。

（3）黑客的类型　黑客的分类众说纷纭，各种分类方法都有其道理。如把黑客大致分为"正"、"邪"两类，也就是我们经常听说的"黑客"和"红客"。把黑客分为红客、破坏者和间谍3种类型，红客是指"国家利益至高无上"的、正义的"网络大侠"；破坏者也称"骇客"；间谍是指"利益至上"的计算机情报"盗猎者"。

2. 黑客攻击的常用方法

黑客和黑客技术对大多数用户而言还是非常模糊的，为了揭开黑客的神秘面纱，下面介绍有关黑客基础知识。

（1）黑客攻击的主要原因——漏洞　漏洞又称缺陷。漏洞是指在硬件、软件、协议的具体实现或系统安全策略上存在的缺陷，从而可使攻击者能够在未授权的情况下访问或破坏系统。从某种意义上来讲，黑客的产生与生存是由于计算机及通信技术不成熟，计算机及网络系统不健全，存在许多漏洞，才使黑客攻击有机可乘。造成漏洞的原因如下：

1）计算机网络协议本身的缺陷。如目前应用的 Internet 基础协议 TCP/IP 协议组，早期没有考虑安全方面的问题，偏重于开放和互联而过分信任协议，使得协议的缺陷更加突出。

2）系统开发的缺陷。软件开发没有很好地解决保证大规模软件可靠性问题，致使大型系统都可能存在 Bug（缺陷）。Bug 是指操作系统或系统程序在设计、编写或设置时考虑不周全，在遇到看似合理但实际上无法处理的问题时引发了不可预见的错误。漏洞产生主要有4个方面：操作系统基础设计错误、源代码错误（缓冲区、堆栈溢出及脚本漏洞等）、安全策略施行错误、安全策略对象歧义错误。

3）系统配置不当。有许多软件是针对特定环境配置开发的，当环境变换或资源配置不当时，就可能使本来很小的缺陷变成漏洞。

4）系统安全管理中的问题。快速增长的软件的复杂性、训练有素的安全技术人员的不足以及系统安全策略的配置不当增加了系统被攻击的机会。

（2）黑客入侵通道——端口　计算机通过端口实现与外部通信的连接。黑客攻击是将系统和网络设置中的各种端口作为入侵通道。这里所指的端口是逻辑意义上的端口，是指网络中面向连接服务和无连接服务的通信协议端口（Protocol port），是一种抽象的软件结构，包括一些数据结构和 I/O（输入输出）缓冲区。

TCP/IP 中的端口指的是什么？如果把 IP 地址比作一栋楼的一户房子，端口就是出入这间房子的门。端口通过端口号标记（只有整数），范围为 $0\sim65535$（即 $2^{16}-1$）。在 Internet 上，各主机间通过 TCP/IP 发送和接收数据包，各数据包根据其目的主机的 IP 地址进行互联网络中的路由选择。

端口机制的由来。由于大多数操作系统都支持多程序（进程）同时运行，目的主机需要知道把接收到的数据包再回传给众多同时运行的进程中的哪一个。本地操作系统给那些有需求的进程分配协议端口。当目的主机接收到数据包后，根据报文首部的目的端口号，把数据发送到相应端口，与此端口相对应的那个进程将会领取数据并等待下一组数据的到来。事实上，不仅接收数据包的进程需要开启它自己的端口，发送数据包的进程也需要开启端口，这样，数据包中将会标示有源端口号，以便接收方能顺利地回传数据包到这个端口。目的端口号用来通知传输层协议将数据送给哪个软件来处理。源端口号一般是由操作系统自己动态生成的一个 $1024\sim65535$ 之间的号码。

端口分类标准有很多种方法，按端口号分布可分为三段：

1）公认端口（0~1023），又称常用端口，为已经公认定义或将要公认定义的软件保留的。这些端口紧密绑定一些服务且明确表示了某种服务协议。如 80 号端口表示 HTTP。

2）注册端口（1024~49151），又称保留端口，这些端口松散绑定一些服务。

3）动态/私有端口（49152~65535）。理论上不应为服务器分配这些端口。

按协议类型可以将端口划分为 TCP 和 UDP 端口。

1）TCP 端口是指传输控制协议端口，需要在客户端和服务器之间建立连接，提供可靠的数据传输。如 Telnet 服务的 23 号端口。

2）UDP 端口是指用数据报协议端口，不需要在客户端和服务器之间建立连接。常见的端口有 DNS 服务的 53 号端口。

9.2.2　黑客攻击的目的及步骤

黑客实施攻击的步骤根据其攻击的目的、目标和技术条件等实际情况而不尽相同。本节概括性地介绍网络黑客攻击的目的及过程。

1. 黑客攻击的目的

黑客实施攻击，其目的概括地说有两个：其一，为了得到物质利益；其二，为了满足精神需求。物质利益是指获取金钱和财物；精神需求是指满足个人心理欲望。

常见的黑客行为有盗窃资料、攻击网站、进行恶作剧、告知漏洞以及获取目标主机系统的非法访问权。

2. 黑客攻击的步骤

黑客的攻击步骤变幻莫测，但其整个攻击过程有一定的规律，一般可分为"攻击五部曲"。

（1）隐藏 IP　隐藏 IP，就是隐藏黑客的位置，以免被发现。典型的隐藏真实 IP 地址的技术是利用被侵入的主机作为跳板，有两种方式。

方式一：先入侵到因特网上的一台计算机（俗称"肉鸡"或"傀儡机"），利用这台计算机进行攻击，即使被发现，也是"肉鸡"的 IP 地址。

方式二：做多级跳板"Sock 代理"，这样在入侵的计算机上留下的是代理计算机的 IP 地址。如攻击某国的站点，一般选择远距离的另一个国家的计算机作为"肉鸡"，进行跨国攻击，这类案件很难侦破。

（2）踩点扫描　踩点扫描，主要是通过各种途径对所要攻击的目标进行多方了解，确保信息准确，确定攻击时间和地点。踩点时黑客搜集信息，勾勒出整个网络的布局，找出被信任的主机（这些主机可能是管理员使用的机器或是一台被认为是很安全的服务器）。扫描是利用各种扫描工具寻找漏洞。扫描工具会进行下列检查：TCP 端口扫描，RPC 服务列表，NFC 输出列表，共享列表，默认账号检查，Sendmail、IMAP/POP3/RPC status 和 RPC Mountd 有缺陷版本检测，进行完这些扫描后，黑客对哪些主机有机可乘已胸有成竹。但这种方法是否成功要看网络内、外部主机间的过滤策略。

（3）获得特权　获得特权，即获得管理权限。目的是登录到远程计算机上，对其进行控制，达到攻击目的。获得权限的方式主要有 6 种：由系统或软件漏洞获得系统权限；由管理漏洞获取管理员权限；由监听获取敏感信息，进一步获得相应权限；以弱口令或穷举法获得远程管理员的用户密码；以攻破与目标主机有信任关系的另一台计算机，进而得到目标主机的控制权；由骗取获得权限以及其他方法。

（4）种植后门　种植后门是指黑客利用程序的漏洞进入系统安装后门程序，以便日后可以不被察觉地再次进入系统。多数后门程序（木马）是预先编译好的，只需要想办法修改时间和权限就可以使用。黑客一般使用特殊方法传递这些文件，以便不留下 FTP 记录。

（5）隐身退出　黑客一旦确认自己是安全的，就开始侵袭网络，为了避免被发现，黑客在入侵完毕后会及时清除登录日志以及其他相关日志，隐身退出。

9.2.3　常用黑客攻防技术

防范黑客攻击是网络安全管理工作的主要课题，掌握黑客攻击防御技术可以有效地预防攻击。本节将对端口扫描、网络监听、密码破解、特洛伊木马等常用黑客攻防技术进行分析。

1. 端口扫描攻防

端口扫描既是管理员发现系统的安全漏洞、加强系统的安全管理、提高系统安全性能的有效方法，同时，也是黑客发现获得主机信息的一种最佳手段。

（1）端口扫描及扫描器　端口扫描时使用端口扫描工具（程序）检查目标主机在哪些端口可以建立 TCP 连接，如果可以建立连接，则说明主机在那个端口被监听。端口扫描虽然不能进一步确定该端口提供什么样的服务，也不能确定该服务是否有众所周知的缺陷，但能够获得许多重要的信息，供用户发现系统的安全漏洞。

扫描器（也称扫描工具、扫描软件）是一种自动检测远程或本地主机安全性弱点的程序。扫描器通过选用远程 TCP/IP 不同端口的服务，记录目标给予的回答，搜索到很多关于目标主机的各种有用信息（如是否能用匿名登录，是否有可写的 FTP 目录，是否能用 TEL-NET，HTTPD 是用 ROOT 还是 nobady）。扫描器不是一个直接攻击网络漏洞的程序，它仅能帮助使用者发现目标机的某些内在弱点。一个好的扫描器能对它得到的数据进行分析，帮助查找目标主机的漏洞。

（2）端口扫描方式　端口扫描的方式有手工命令行方式和使用端口扫描工具进行扫描。在手工进行扫描时，需要熟悉各种命令，对命令执行后的输出进行分析。如 Ping 命令、Tracert 命令（跟踪一个消息从一台计算机到另一台计算机所走的路径）、rusers 和 finger 命令（这两个都是 UNIX 命令，能收集目标机上有关用户的消息）等。

端口扫描工具及方式有：

1）TCP connect 扫描。TCP connect 是最基本的一种扫描方式。connect（）是一种系统调用，由操作系统提供，用来打开一个连接。如果端口正在监听，connect（）就成功返回；否则，说明端口不可访问。使用 TCPconnect 不需要任何特权，任何 UNIX 用户都可以使用这个系统调用。

2）TCP SYN 扫描。SYN（synchronize）是 TCP/IP 建立连接时使用的握手信号。TCP SYN 扫描常被称为半开扫描，因为并不是一个全 TCP 连接。发送一个 SYN 数据包，就好像准备打开一个真正的连接，然后等待响应（一个 SYN/ACK 表明该端口正在被监听，一个 RST（复位）响应表明该端口没有被监听）。如果收到一个 SYN/ACK，则通过立即发送一个 RAT 来关闭连接。这样做的好处是极少有主机来记录这种连接请求。

目前，还有很多免费的端口扫描工具，如 SuperScan、X-Scan、Fluxay、Angry IP Scanner 和 NSE 等。

SuperScan 软件是一个免费软件，下载后直接解压就可以使用，没有安装程序，是一款绿色软件，与 IP 扫描有关的功能几乎全能做到，且每个功能都很专业。其功能如下：

- 通过 Ping 检验 IP 是否在线。
- IP 和域名相互转换。
- 检验目标计算机提供的服务类别。
- 检验一定范围目标计算机是否在线和端口情况。
- 工具自定义列表检验目标计算机是否在线和端口情况。
- 自定义要检验的端口，并可以保存为端口列表文件。
- 自带一个木马端口列表 trojans.lst，通过这个列表用户可以检测目标计算机是否有木马；同时，也可以自定义修改这个木马端口列表。

Angry IP Scanner 是 IP 扫描软件，可以在最短的时间内扫描远程主机 IP 的运作状况，并且快速地将结果整理完回报用户，可以扫描的项目包括远端主机的名称和 IP 的运作状况等。它是网管员的好帮手，允许扫描的范围大，只要不怕花费的时间比较长，可以从 1.1.1.1 一直扫到 255.255.255.255；会为用户详实地去 Ping 每个 IP，并且将状况回报给用户。

X-Scan 采用多线程方式对指定 IP 地址段（或单机）进行安全漏洞检测，支持插件功能，提供了图形界面和命令行两种操作方式。扫描内容包括远程操作系统类型及版本、标准端口状态及端口 Banner 信息，CGI（WebServers 程序设计时的漏洞）漏洞、IIS 漏洞、RPC 漏洞、SQL-SERVER、FTP-SERVER、SMTP-SERVER、POP3-SERVER、NT-SERVER 弱口令用户、NT 服务器 NetBIOS 信息等。扫描结果保存在/log/目录中，index_*.htm 为扫描结果索引文件。

安全管理员集成网络工具（Security Administrator's Integrated Network Tool, SAINT）是一种安全审计工具。SAINT 是一个集成化的网络脆弱性评估环境，可以帮助系统安全管理人员收集网络主机信息，发现存在或者潜在的系统缺陷，提供主机安全性评估报告，进行主机安全策略测试。

Nmap 由 Foydor 开发，可以从 http：//www.insecure.org 下载，安装到 Windows 和 UNIX 操作系统中。Nmap 支持的 4 种最基本的扫描方式有 TCP connect 端口扫描、TCP 同步端口扫描、UDP 端口扫描、Ping 扫描。Nmap 被用在大型网络中对端口进行扫描，同时也可以很好地为单个主机运作。

网络安全漏洞分析系统 NSE（手持式）由国家反计算机入侵和防病毒研究中心研发，运行于夏普 CECSL7500C 掌上计算机。该产品携带方便，即开即扫，可以在任何时间、任意地点进行漏洞检测，具有 GPRS 无线上网能力，能够随时随地检测连接到因特网的任意主机；检测漏洞能力强，拥有 1600 多种漏洞的检测能力，可查找出目前已知的大多数漏洞，并可随时升级漏洞扫描插件。

（3）端口扫描攻击　端口扫描攻击采用探测技术，攻击者可将它用于寻找他们能够成功攻击的服务。常用的端口扫描攻击有：

1）秘密扫描。不能被用户使用审查工具检测出来的扫描。

2）SOCKS 端口探测。SOCKS 是一种允许多台计算机共享公用 Internet 连接的系统。如果 SOCKS 配置有错误，将能允许任意的源地址和目标地址通行。

3）跳跃扫描。攻击者快速地在 Internet 中寻找可供他们进行跳跃攻击的系统。FTP 跳跃扫描使用了 FTP 自身的一个缺陷。其他的应用程序，如电子邮件服务器、HTTP 代理、指针等都存在着攻击者可用于进行跳跃攻击的弱点。

4）UDP 扫描。对 UDP 端口进行扫描，寻找开放的端口。UDP 的应答有着不同的方式，为了发现 UDP 端口，攻击者们通常发送空的 UDP 数据包，如果该端口正处于监听状态，将发回一个错误消息或不理睬流入的数据包；如果该端口是关闭的，大多数的操作系统将发回 "ICMP 端口不可到达" 的消息，这样就可以发现一个端口到底有没有打开，通过排除方法确定哪些端口是打开的。

（4）端口扫描的防范对策　端口扫描的防范又称系统 "加固"。网络的关键之处使用防火墙对来源不明的有害数据进行过滤可以有效减轻端口扫描攻击。除此之外，防范端口扫描的主要方法有两种。

1）关闭闲置及有潜在危险端口。在 Windows XP 中要关闭掉一些闲置端口是比较方便的，可以采用 "定向关闭指定服务的端口" 和 "只开放允许端口的方式"。

方式一：定向关闭指定服务的端口。

计算机的一些网络服务会有系统分配默认的端口，将一些闲置的服务关闭掉，其对应的端口也会被关闭。

例如，关闭 DNS 端口服务。

操作方式与步骤如下：

第一步：打开 "控制面板" 窗口。

第二步：打开 "服务" 窗口。

第三步：在 "服务" 窗口的右侧选择 DNS Client。

第四步：关闭 DNS 服务。

在服务选项中选择关闭掉计算机的一些没有使用的服务，如 FTP 服务、DNS 服务和 IIS Admin 服务等，它们对应的端口也被停用了。

方式二：只开放允许端口。

可以利用系统的 "TCP/IP 筛选" 功能实现，设置的时候，"只允许" 系统的一些基本网络通信需要的端口即可。这种方式有些 "死板"，它的本质是逐个关闭所有用户不需要的端口。就黑客而言，所有的端口都可能成为攻击的目标，而一些系统必要的通信端口，如访问网页需要的 HTTP（80 号端口）、QQ（8000 号端口）等不能被关闭。

2）屏蔽出现扫描症状的端口。检查各端口，有端口扫描症状时，立即屏蔽该端口。这种预防端口扫描的方式显然用户自己手工是不可能完成的，或者说完成起来相当困难，需要借助软件。这些软件就是我们常用的网络防火墙和入侵检测系统等。现在市面上几乎所有网络防火墙都能够抵御端口扫描。

注意：在默认安装后，应该检查一些防火墙所拦截的端口扫描规则是否被选中，否则它会放行端口扫描，而只是在日志中留下信息。

2. 网络监听攻防

（1）网络监听　网络监听是指通过某种手段监视网络状态、数据流以及网络上传输信息的行为。网络监听是主机的一种工作模式。在此模式下，主机可以接收到本网段在同一条物理通道上传输的所有信息，而不管这些信息的发送方和接收方是谁。此时，如果两台主机进行通信的信息没有加密，只要使用某些网络监听工具就可以轻而易举地截取包括口令和账号在内的信息资料（如 NetXray for Windows 95/98/nt、Sniffit for Linux 和 Solaries 等）。网络监听可以在网上的任何一个位置实施，如局域网中的一台主机、网关上或远程网服务器等。

网络监听技术原本是提供给网络安全管理人员进行管理的工具，用于监视网络的状态、数据流动情况以及网络上传输的信息等。黑客利用监听技术攻击他人计算机系统，获取用户口令、捕获专用的或者机密的信息，这是黑客实施攻击的常用方法之一。例如，以太网协议工作方式是将要发送的数据包发往连接在一起的所有主机，包括包含着应该接收数据包主机的正确地址，只有与数据包中目标地址一致的那台主机才能接收。但是，当主机工作在监听模式下，无论数据包中的目标地址是什么，主机都将接收（当然只能监听经过自己网络接口的那些包）。

要使主机工作在监听模式下，需要向网络接口发出 I/O 控制命令，将其设置为监听模式。在 UNIX 系统中，发送这些命令需要超级用户的权限。在 Windows 系列操作系统中，则没有这个限制。要实现网络监听，用户还可以使用相关的计算机语言和函数编写网络监听程序，也可以使用一些现成的监听软件，从事网络安全管理的网站上都有这类软件。

（2）网络监听的检测　网络监听是很难被发现的，因为运行网络监听的主机只是被动地接收在局域网上传输的信息，不主动与其他主机交换信息，也没有修改在网上传输的数据包。在 Linux 下对嗅探攻击的程序检测方法比较简单，一般只要检查网卡是否处于混杂模式就可以了；而在 Windows 平台中，并没有现成的函数可供实现这个功能，可以执行"C：\Windows\Drwatson.exe"程序检查一下是否有嗅探程序在运行即可。

Sniffer 软件是 NAI 公司推出的功能强大的协议分析软件，支持的协议丰富，解码分析速度快。Sniffer Pro 版可以运行在各种 Windows 平台上。Sniffer 是利用计算机的网络接口截获目标计算机数据报文的一种工具，可以作为捕捉网络报文的设备，也可以被理解为一种安装在计算机上的监听设备。Sniffer 通常运行在路由器或有路由器功能的主机上，这样就能对大量的数据进行监控。其功能如下：

1）监听计算机在网络上所产生的多种信息。

2）监听计算机程序在网络上发送和接收的信息，包括用户的账号、密码和机密数据资料等。这是一种常用的收集有用数据的方法。

3）在以太网中，Sniffer 将系统的网络接口设定为混杂模式，可以监听到所有流经同一以太网网段的数据包，而且不管它的接收者或发送者是不是运行 Sniffer 的主机。

对于怀疑运行监听程序的机器，可以采用多种方法预防。用正确的 IP 地址和错误的物理地址 Ping，运行监听程序的机器会有响应。运行 VLAN（虚拟局域网）技术将以太网通信变为点到点通信，可以防止大部分基于网络监听的入侵。以交换式集线器代替共享式集线器，这种方法使单播包仅在两个节点之间传送，从而防止非法监听。当然，交换式集线器只能控制单播包而无法控制广播包（Broadcast Packet）和多播包（Multicast Packet）。对于网络信息安全防范的最好方法是使用加密技术。

3. 密码破解攻防

由于网络操作系统及其各种应用软件的安全主要靠口令认证方式来实现，因此黑客入侵的前提是得到合法用户的账号和密码。只要黑客能破解得到这些机密信息，就能够获得计算机或网络系统的访问权，并能得到任何资源。

（1）密码破解攻击的方法

1）通过网络监听非法得到用户口令。这类方法有一定的局限性，但危害性极大。监听者往往能够获得其所在网段的所有用户账号和口令，对局域网安全威胁巨大。

2）利用 Web 页面欺骗。攻击者将用户所要浏览的网页 URL 地址改写成指向自己的服务器，当用户浏览目标网页的时候，实际上是一个伪造的页面，如果用户在这个伪造页面中填写有关的登录信息，如账户名称、密码等，这些信息就会被传送到攻击者的 Web 服务器，在获得一个服务器上的用户口令文件（此文件称为 Shadow 文件）后，用暴力破解程序破解用户口令。该方法的使用前提是黑客获得口令的 Shadow 文件，从而达到骗取的目的。

3）强行破解用户口令。当攻击者知道用户的账号后，就可以利用一些专门的密码破解工具进行破解。例如，采用字典穷举法，此法采用破解工具自动从定义的字典中取出一个单词作为用户的口令尝试登录，如果口令错误，就按序取出下一个单词再进行尝试，直到找到正确的口令或者字典的单词测试完成为止。这种方法不受网段限制，但攻击者要有足够的耐心和时间。

4）密码分析的攻击。对密码进行分析的尝试称为密码分析攻击。密码分析攻击方法需要有一定的密码学和数学基础。常用的密码分析攻击有 4 类：唯密文攻击、已知明文攻击、选择明文攻击、选择密文攻击。

5）放置木马程序。一些木马程序能够记录用户通过键盘输入的密码或密码文件并将其发送给攻击者。

（2）密码破解防范对策 防止密码被破解，保持密码安全性能，系统管理员必须定期运行破译密码的工具来尝试破译 Shadow 文件，若有用户的密码被破译出，说明这些用户的密码设置过于简单或有规律可循，应尽快通知用户及时更改密码，以防黑客攻击，造成财产和其他损失。通常情况下用户应注意如下要点：

1）不要将密码写下来，以免遗失。

2）不要将密码保存在计算机文件中。

3）不要选取显而易见的信息做密码。

4）不要让他人知道密码。

5）不要在不同系统中使用同一密码。

4. 特洛伊木马攻防

（1）特洛伊木马概述 特洛伊木马（Trojan horse），简称"木马"。据说这个名称来源于希腊神话《木马屠城记》。古希腊有大军围攻特洛伊城，久久无法攻下。于是有人献计制造一只高二丈的大木马，假装作战马神，让士兵藏匿于巨大的木马中大部队假装撤退而将木马摒弃于特洛伊城下。城中得知解围的消息后，遂将"木马"作为奇异的战利品拖入城内，全城饮酒狂欢。到午夜时分，全城军民尽入梦乡，匿于木马中的将士打开秘门游绳而下，开启城门并四处纵火，城外伏兵涌入，部队里应外合，焚毁特洛伊城，后世称这只大木马为"特洛伊木马"。黑客程序借用其名，将隐藏在正常程序中一段具有特殊功能的恶意代码称作特洛伊木马。木马是一些具备破坏和删除文件、发送密码、记录键盘和攻击 DoS 等特殊功能的后门程序。

特洛伊木马的特点是伪装、诱使用户将其安装在 PC 或者服务器上，直接侵入用户的计算机并进行破坏，没有复制能力。一般的木马执行文件非常小，如果把木马捆绑到其他正常文件上，用户很难发现。特洛伊木马可以和最新病毒、漏洞利用工具一起使用，几乎可以躲过各大杀毒软件，尽管现在越来越多的新版杀毒软件可以查杀一些木马，但不要认为使用有名的杀毒软件计算机就绝对安全，木马永远是防不胜防的，除非不上网。

一个完整的木马系统是由硬件部分、软件部分和具体连接部分组成。一般的木马程序都包括客户端和服务端两个程序，客户端用于远程控制植入木马，服务器端即是木马程序。

（2）特洛伊木马攻击过程　木马入侵的主要途径目前还是利用邮件附件、下载软件等，先设法把木马程序放置到被攻击者的计算机系统里，然后通过提示故意误导被攻击者打开可执行文件（木马）。木马也可以通过 Script、ActiveX 及 Asp. cgi 交互脚本的方式植入，以及利用系统的一些漏洞进行植入，如微软著名的 US 服务器溢出漏洞。

利用微软 Scripts 脚本漏洞对浏览者硬盘进行格式化的 HTML 页面。如果攻击者有办法把木马执行文件下载到被攻击主机的一个可执行 WWW 目录夹里面，他可以通过编制 CGI 程序在攻击主机上执行木马目录。

木马攻击途径：在客户端和服务器端通信协议的选择上，绝大多数木马使用的是 TCP/IP，但是，也有些木马由于特殊的原因，使用 UDP 进行通信。当服务器端程序在被感染机器上成功运行以后，攻击者就可以使客户端与服务器端建立连接，并进一步控制被感染的机器。木马会尽量把自己隐藏在计算机的某个角落里面，以防被用户发现；同时监听某个特定的端口，等待客户端与其取得连接，实施攻击。另外，为了下次重启计算机时仍然能正常工作，木马程序一般会通过修改注册表或者其他的方法让自己成为自启动程序。

使用木马工具进行网络入侵的基本过程可以分为 6 个步骤：配置木马、传播木马、运行木马、泄露信息、建立连接和远程控制。

（3）木马的防范对策　必须提高防范意识，在打开或下载文件之前，一定要确认文件的来源是否可靠；阅读 readme. txt，并注意 readme. exe；使用杀毒软件；发现有不正常现象出现立即挂断；监测系统文件和注册表的变化；备份文件和注册表；特别需要注意的是不要轻易运行来历不明软件或从网上下载的软件，即使通过了一般反病毒软件的检查也不要轻易运行；不要轻易相信熟人发来的 E-mail 不会有黑客程序；不要在聊天室内公开自己的 E-mail 地址，对来历不明的 E-mail 应立即清除；不要随便下载软件，特别是不可靠的 FTP 站点；不要将重要密码和资料存放在上网的计算机中，以免被破坏或窃取。

5. 其他攻防技术

（1）WWW 的欺骗技术　WWW 的欺骗技术是指黑客篡改访问站点页面内容或将用户要浏览的网页 URL 改写为指向黑客自己的服务器。例如，黑客将用户要浏览的网页的 URL 改写为指向黑客自己的服务器，当用户浏览目标网页的时候，实际上是向黑客服务器发出请求，那么黑客就可以达到欺骗的目的了。

一般 WWW 欺骗使用两种技术手段：URL 地址重写技术和相关信息掩盖技术。利用 URL 地址重写技术，攻击者可以将自己的 Web 地址加在所有 URL 地址的前面。由于浏览器一般均设有地址栏和状态栏，当浏览器与某个站点连接时，可以在地址栏和状态栏中获得连接中的 Web 站点地址及其相关的传输信息，所以攻击者往往在 URL 地址重写的同时，利用相关信息掩盖技术。一般用 JavaScript 程序来重写地址栏和状态栏。

"网络钓鱼（Phishing）"是指利用欺骗性很强、伪造的 Web 站点来进行诈骗活动，目的在于钓取用户的账户资料，假冒受害者进行欺诈性金融交易，从而获得经济利益。近几年来，这种网络诈骗在我国急剧攀升，接连出现了利用伪装成"中国银行"、"中国工商银行"主页的恶意网站进行诈骗钱财的事件。"网络钓鱼"的作案手法主要有发送电子邮件以虚假信息引诱用户中圈套；建立假冒的网上银行、网上证券网站、骗取用户账号密码实施盗窃；利用虚假的电子商务进行诈骗；利用木马和黑客技术等手段窃取用户信息后实施盗窃；利用用户弱口令的漏洞，破解、猜测用户账号和密码等。网络钓鱼从攻击角度上分为两种形式：一种是通过伪造具有"概率可信度"的信息来欺骗受害者；另一种则是通过"身份欺骗"信息来进行攻击。可以被用做网络钓鱼的攻击技术有 URL 编码结合钓鱼技术、Web 漏洞结合钓鱼技术、伪造 E-mail 地址结合钓鱼技术、浏览器漏洞结合钓鱼技术。

防范钓鱼攻击的方法有两种。其一，可以对钓鱼攻击利用的资源进行限制。如 Web 漏洞是 Web 服务提供商可以直接修补的；邮件服务商可以使用域名反向解析邮件发送服务器提醒用户是否收到匿名邮件。其二，及时修补漏洞。如浏览器漏洞，大家就必须打上补丁，防御攻击者直接使用客户端软件漏洞发起钓鱼攻击，各个安全软件厂商也可以提供修补客户端软件漏洞的功能。

（2）电子邮件攻击

1）电子邮件攻击方式。电子邮件欺骗是指攻击者佯装自己为系统管理员（邮件地址和系统管理员完全相同），给用户发送邮件要求用户修改口令（口令为指定字符串）或在貌似正常的附件中加载病毒或其他木马程序，这类欺骗只要用户提高警惕，一般危害性不是太大。

2）防范电子邮件攻击的方法。使用邮件程序的 Email-notify 功能过滤信件，它不会把信件直接从主机上下载下来，只会把所有信件的头部信息（Headers）发送过来，它包含了信件的发送者、信件的主题等信息；用 View 功能检查头部信息，可以看到文件，可直接下指令把它从主机 Server 端删除掉。拒收某用户信件方法：在收到某特定用户的信件后，自动退回（相当于查无此人）。

（3）利用默认账号进行攻击 黑客会利用操作系统提供的默认账户和密码进行攻击。例如，许多 UNIX 主机都有 FTP 和 Guest 等默认账户（其密码和账户名同名），有的甚至没有口令。黑客用 UNIX 操作系统提供的命令如 Finger 和 Ruser 等收集信息，不断提高自己的攻击能力。这类攻击只要系统管理员提高警惕，将系统提供的默认账户关掉或提醒无口令用户增加口令，一般都能克服。

9.2.4　防范攻击的措施

黑客攻击给网络信息安全带来了严重的威胁与严峻的挑战。积极有效的防范措施将会减少损失，提高网络系统的安全性和可靠性。普及网络安全知识教育，提高对网络安全重要性的认识，增强防范意识，强化防范措施，切实增强用户对网络入侵的认识和自我防范能力是抵御和防范黑客攻击、确保网络安全的基本途径。

1. 防范攻击的策略

防范黑客攻击要在主观上重视，客观上积极采取措施，制定规章制度和管理制度，普及网络安全教育，使用户掌握安全知识和有关的安全策略。管理上应当明确安全对象，设置强有力的安全保障体系，按照安全等级保护条例对网络实施保护。认真制定有针对性的防攻击方法，使用科技手段，有的放矢，网络中层层设防，使每一层都成为一道关卡，从而让攻击者无缝可钻、无计可施。防范黑客攻击的技术主要有数据加密、身份认证、数字签名、建立完善的访问控制策略、安全审计等。技术上要注重研发新方法，同时还必须做到未雨绸缪，预防为主，将重要的数据备份，并时刻注意系统运行状况。

2. 防范攻击的策略

具体的防范攻击措施与步骤如下：

1）提高安全防范意识。

2）及时下载、安装系统补丁程序。

3）尽量避免从 Internet 下载不知名的软件、游戏程序。

4）不要随意打开来历不明的电子邮件及文件，运行不熟悉的人给用户的程序。

5）不随便运行黑客程序，不少这类程序运行时会发出用户的个人信息。

6）在支持 HTML 的 BBS 上如发现提交警告，先看源代码，预防骗取密码。

7）设置安全密码。使用字母数字混排，常用的密码设置不同，重要密码经常更换。

8）使用防病毒、防黑客等防火墙软件，以阻挡外部网络的侵入。

9）隐藏自己的 IP 地址。可采取的方法有使用代理服务器进行中转，用户上网聊天、BBS 等不会留下自己的 IP；使用工具软件，如 Norton Internet Security 来隐藏主机地址，避免在 BBS 和聊天室暴露个人信息。

设置代理服务器。外部网络向内部网络申请某种网络服务时，代理服务器接受申请，然后它根据服务类型、服务内容、被服务的对象、服务者申请的时间、申请者的域名范围等来决定是否接受此项服务，如果接受，它就像内部网络转发这项请求。

10）切实做好端口防范。一方面安全端口监视程序，另一方面将不用的一些端口关闭。

11）加强 IE 浏览器对网页的安全防护。个人用户应通过对 IE 属性的设置来提高 IE 访问网页的安全性。

① 提高 IE 安全级别。打开 IE 浏览器，选择"工具"→"Internet 选项"命令，在"安全"选项卡中选中"Internet 区域"，将安全级别设置为"高"。

② 禁止 ActiveX 控件和 JavaApplets 的运行。打开 IE 浏览器，选择"工具"→"Internet 选项"命令，在"安全"选项卡中单击"自定义级别"按钮，在"安全设置-Internet 区域"对话框中找到 ActiveX 控件相关设置，将其设为"禁用"或"提示"即可。

③ 禁止 Cookie。由于许多网站利用 Cookie 记录网上客户的浏览行为及电子邮件地址等信息，为确保个人隐私的安全，可将其禁用。

操作方法：在任一网站上选择"工具"→"Internet 选项"命令，在"安全"选项卡中单击"自定义级别"按钮，在"安全设置-Internet 区域"对话框中找到 Cookie 相关设置，将其设为"禁用"或"提示"即可。

④ 将黑客网站列入黑名单，将其拒之门外。在任一网站上选择"工具"→"Internet 选项"命令，在"内容"选项卡中的"分级审查"选项区域中单击"启用"按钮，在"内容审

查程序"对话框中的"许可站点"选项卡下输入黑客网站地址，并设为"从不"即可。

⑤ 及时安装补丁程序，以强壮 IE。应及时利用微软网站提供的补丁程序来消除这些漏洞，提高 IE 自身的防入侵能力。

12）上网前备份注册表。许多黑客攻击会对系统注册表进行修改。

13）加强管理。将防病毒、防黑客形成惯例，当成日常例行工作，定时更新防毒软件，将防毒软件保持在常驻状态，以彻底防毒。由于黑客经常会针对特定的日期发动攻击，计算机用户在此期间应特别提高警戒。对于重要的个人资料做好严密的保护，并养成资料备份的习惯。

第 10 章　系统及应用安全

网络时代的信息安全保障取决于多种因素，而操作系统作为最核心的系统软件，其安全性是影响信息安全的关键因素之一。操作系统的一个安全漏洞，可能致使整个系统所有的安全控制变得毫无价值，并且一旦这个漏洞如果被蓄意入侵者发现，就会产生巨大危害，所以要求能及时发现这些安全漏洞并且对这些漏洞做出响应。

应用安全，顾名思义就是保障应用程序使用过程和结果的安全。简言之，就是针对应用程序或工具在使用过程中可能出现计算、传输数据的泄露和失窃，通过其他安全工具或策略来消除隐患。应用安全是安全建设最主要的目的之一，因为信息总是通过应用系统来存取的，所以，应用系统的安全是确保信息安全的根本。

本章从系统和应用两个方面简要阐述基于网络的信息安全保障的相关知识。

10.1　安全漏洞

提到信息安全，就不得不提安全漏洞，尤其是在我们当今所处的信息时代，只有知道什么是安全漏洞，才能堵上这个漏洞。

迄今为止，几乎所有的计算机系统及网络的软、硬件平台都存在着一些安全隐患，这种安全隐患是随着计算机及网络技术的发展而出现的，而且在今后很长的一段时间内也会一直存在着。美国威斯康星大学的 Miller 教授在一份有关操作系统和应用程序的研究报告中曾经指出：软件中不可能没有漏洞和缺陷。

在信息安全领域，安全漏洞是指任意的允许非法用户未经授权获得访问或提高其访问层次的硬件或软件特征。简单地说，安全漏洞就是某种形式的缺陷或脆弱性。每个平台（无论是硬件还是软件）都存在漏洞。不同的程序里面的漏洞种类和形式也有所不同，利用它们可使攻击者获取一定的系统权限。因此，如果系统管理员没有定期升级程序，没有安装最新补丁，系统就可能会被入侵。

10.1.1　安全漏洞的类型

（1）物理的　此类漏洞由未授权人员访问站点引起，使他能浏览那些不被允许的内容。例如，安置在公共场所的浏览器使得用户不仅能浏览 Web，而且可以改变浏览器的配置并取得站点信息，如 IP 地址、DNS 入口等。

（2）软件的　此类漏洞由"错误授权"的应用程序引起，它会执行不应执行的功能。例如，Daemons 是系统中与用户无关的一类进程，但却执行系统的许多功能，诸如控制、网络服务、与时间有关的活动和打印服务等。防止此类漏洞的一条首要规则是：不要轻易相信脚本和 Applet，使用时，应确信能掌握它们的功能，以及一些可能出现的意想不到的情况。

（3）不兼容问题　此类漏洞由不良的系统集成引起。一个硬件或软件单独运行时可能工作良好，一旦作为一个系统和其他设备集成后，就可能会出现问题。这类问题很难确认，所以对每一个部件在集成进入系统之前，都必须进行测试。

（4）缺乏安全策略　如果用户用他们的电话号码作为口令，无论口令授权体制如何安全都没用，必须有一个包含所有安全设备（如覆盖阻止等）的安全策略。

安全运行 Web 站点还要求 Web 专家及管理员养成一系列的良好习惯。这样有助于保持策略简单、易于维护、（必要时）易于修改。一旦满足安全的基本要求后，就应考虑用户的需求，如保密性就是最重要且最敏感的安全需求之一。

10.1.2　安全漏洞的利用

从早期的计算机入侵者开始，他们就努力开发能使自己重返被入侵系统的技术或后门。常见的后门有 UNIX 系统或 Windows NT 等系统的后门。通过了解复杂的漏洞机理和入侵者们如何利用漏洞的思路，给系统管理员提供如何防止入侵者重返的一些基础知识，使管理员懂得一旦入侵者入侵后要制止他们的难度是非常大的，所以应当更主动地预防第一次入侵。

1. 系统后门的使用

虽然管理员可以通过改变所有密码等类似的方法来提高安全性，但是入侵者还是能够再次侵入。大多数后门可设法躲过口令，大多数情况下即使入侵者正在使用系统也无法显示他已在线。在一些情况下，如果入侵者认为管理员可能会检测到已经安装的后门，他们就以系统的脆弱性作为唯一的后门，这样即使反复攻破机器，也不会引起管理员的注意。所以在这种情况下，一台机器的脆弱性就是它唯一未被注意的后门。

密码破解后门是入侵者使用的最古老的方法之一，它不仅可以获得对 UNIX 系统的访问，而且可以通过破解密码制造后门，这就是破解口令薄弱的账号。以后即使管理员封了入侵者的当前账号，这些新的账号仍然可能是重新侵入的后门。例如，入侵者寻找到口令薄弱的未使用账号后，将口令改得更复杂些，当管理员寻找口令薄弱的账号时，也不会发现这些密码已修改的账号，因而管理员很难确定该查封哪个账号。

后门技术越先进，管理员越难判断入侵者是否已经侵入、入侵者是否被成功封杀等。不过也有办法可有效抑制入侵者的侵入，如 MD5 基准线、入侵检测和从 CD-ROM 启动等。

有效地堵塞各种漏洞的第一步就是积极准确地估计运行网络的脆弱性，从而判定漏洞的存在并修复它。许多商业工具可用来帮助扫描和核查网络及系统的漏洞。如果能够及时安装提供商的安全补丁的话，许多公司网络将大大提高其安全性。

随着网络应用的日益广泛，入侵检测变得越来越重要。以前多数入侵检测技术是基于日志型的，而新的入侵检测技术（IDS）是基于实时侦听和网络通信安全分析的。这些新的 IDS 技术可以浏览 DNS 的 UDP 报文，并判断是否符合 DNS 协议请求。如果数据不符合协议，就发出警告信号并抓取数据进行进一步分析。同样的原则可以运用到 ICMP 包，检查数据是否符合协议要求，或者是否装载加密 shell 会话。

一些管理员考虑从 CD-ROM 启动，从而消除了入侵者在 CD-ROM 上做后门的可能性。这种方法存在的问题是实现的费用和时间。安全领域变化很快，每天都有新的漏洞被公布，而入侵者正不断设计新的攻击和安置后门技术，高枕无忧的安全技术是没有的。

2. 拒绝服务攻击

（1）拒绝服务攻击

拒绝服务是指通过反复向某个 Web 站点的设备发送过多的信息请求，堵塞该站点上的

网络基础与信息安全

系统，导致无法完成应有的网络服务。

拒绝服务分为资源消耗型、配置修改型、物理破坏型以及服务利用型。

拒绝服务攻击（Denial of Service，DoS）是指黑客利用合理的服务请求来占用过多的服务资源，使合法用户无法得到服务响应，直至瘫痪而停止提供正常的网络服务的攻击方式。单一的 DoS 是采用一对一方式的，当受攻击目标的 CPU 速度低、内存小或者网络带宽小等各项性能指标不高时，攻击的效果是明显的。否则，达不到攻击效果。

有一个攻击软件每秒钟可以发送 3000 个攻击包，但用户主机与网络带宽每秒钟可以处理 10000 个攻击包，这样一来攻击就不会产生什么效果。

分布式拒绝服务攻击（Distributed Denial of Service，DDoS）是指借助于客户端/服务器技术，将多个计算机联合起来作为攻击平台，对一个或多个目标发动 DoS 攻击，从而成倍地提高拒绝服务攻击的威力。DDoS 是在传统的 DoS 攻击基础之上产生的一类攻击方式。DDoS 的攻击原理是通过制造伪造的流量，使得被攻击的服务器、网络链路或是网络设备（如防火墙、路由器等）负载过高，从而最终导致系统崩溃，无法提供正常的 Internet 服务。

DDoS 的类型可分为带宽型攻击和应用型攻击。带宽型攻击也称流量型攻击，这类攻击通过发出海量数据包，造成设备负载过高，最终导致网络带宽或是设备资源耗尽。应用型攻击利用了诸如 TCP 或是 HTTP 协议的某些特征，通过持续占用有限的资源，从而达到阻止目标设备无法处理正常访问请求的目的。例如，HTTP Half Open 攻击和 HTTP Error 攻击就是该类型攻击。

高速广泛连接的网络给大家带来了方便，也为 DDoS 创造了极为有利的条件。现在电信骨干节点之间的连接都是以 G 为级别的，大城市之间更可以达到 2.5G 的连接，这使得攻击可以从更远的地方或其他城市发起，攻击者的傀儡机位置可以分布在更大的范围，选择起来更灵活。

（2）常见的拒绝服务攻击

在现实生活中，大多数拒绝服务攻击是黑客的小小尝试，以引起注意或获得认同，而没有任何特定的、更进一步的目标。下面讲述常见的拒绝服务攻击，以及介绍如何处理这些情况。

1）SYN 湮没。在客户机和服务器之间的网络连接正常时，客户机发出一个 SYN 消息，服务器以 SYN-ACK 响应（肯定收到响应），最后客户机响应一个 ACK 消息。这时，连接开放了，数据可以在客户机和服务器之间流动。

SYN 湮没攻击，最早在 1996 年被确认出来。向一台服务器发送许多 SYN 消息，仿佛它们是来自某个地址，而实际上，该地址根本不可用。当服务器试图通过分配连接记录来处理这些传入的 SYN 请求时，就如同真的已经创建了一个连接一样，服务器就不再有资源来处理来自真正用户的合法的 SYN 请求了。

现在许多操作系统已经有了补丁程序来处理 SYN 湮没了，而设置调整也已经公布以帮助服务器处理这个问题。

当前有一些技术被嵌进了操作系统以处理 SYN 湮没，这些技术被称为"SYN cookies"，或者是某种替代方式叫做"RST cookies"。收到一个 SYN 请求后，服务器并不分配一条连接记录，而是要求来自连接源的附加信息，用来验证是否是一个真正的连接发出的请求。

在 SYN cookies 的情况下，服务器发出一个仔细计算过的连接序列号。只有包含这个序列号的请求传回来，真正的连接才会存在，服务器才响应请求并分配一条连接记录。RST cookies 因为与 Windows 网络有冲突，另外还有其他一些原因，致使它的使用并不广泛。

2）Land 攻击。Land 攻击和其他 DoS 攻击相似，通过利用某些操作系统在 TCP/IP 实现方式上的漏洞来破坏主机。主要是：一个包含错误或者欺骗性源地址和端口号的 SYN 包（传送主机以启动一个连接的包）被发送出去，这些欺骗性的包可以引起主机崩溃或挂起。

对付 Land 攻击可以通过对系统升级或装上补丁程序以及修改防火墙以丢弃任何包含非网络内容地址的传出包来解决这个问题。

3）Smurf 攻击。Smurf 攻击类似于 ping 湮没，但 ping 包中的报头和地址已经被修改，这样的包看起来就像来自意图攻击的目标地址，结果是大量的欺骗性包被发送出去。因为每个包可能被几百个主机接收到，成倍的响应涌到目标系统，占住系统所有的资源，导致系统崩溃或挂起。

不仅意图攻击的目标（最后接受海量的返回包的主机）而且中间目标（必须响应无数 ping 请求的主机）都是这个攻击的牺牲品。从攻击者到牺牲品的包主要是通过路由器被错误配置以至于允许包直接广播的中间网络。通过正确配置网络路由器，用户可以确保用户的网络免遭这种攻击。当 Smurf 攻击首次被识别出来时，有一些组织开始产生，他们帮助扫描网络以查找易受攻击的地方，并通知网络的管理员，结果使这种攻击的发生率大大降低了。

4）IP 地址欺骗。IP 地址欺骗指的是发送一个包到一台主机，它看起来就像是来自别的地址，而不是实际的源地址。发起攻击的客户发送一个包含错误源地址和端口号的 SYN 消息（发送到一台主机以开始一个连接的包），那台主机用 SYN-ACK 消息回应，并使用半开放的连接以等待所期望的最终回答。

最后，这个半开放的连接就终止了（即主机放弃并关闭连接）。在 IP 地址欺骗性攻击中，很多新的假连接请求以比主机终止速度更快的速度传入到主机，主机忙着处理这些假连接而无法处理任何真正的连接请求，拒绝服务攻击就发生了。

尽管防止 IP 地址欺骗性攻击很困难，但还是有一些办法来减轻这种攻击的危害。例如，缩短连接试图终止的时间。另外，通过配置路由器来过滤掉任何不含用户的网络有效地址的传出包，可以防止用户的网络成为这种攻击的源头。

5）Teardrop（和 Bonk/Boink/Nestea/其他）。Teardrop 是一种 DoS 攻击，可以令目标主机崩溃或挂起。目前，大多数操作系统已经升级或有了补丁程序来修补这种攻击所使用的漏洞。

IP 包可以大到 64KB，但大多数网络硬件不能处理这么大的包。基于这个原因，包被分成容易管理的若干个部分，然后在目的地重新组合。IP 包的报头包含重新组合整个包的必要信息，包括该信息是否是一个包的一部分、整个包的大小和这部分信息属于包的哪一部分等。

Teardrop 攻击和其他类似的攻击发出 TCP 或 UDP 包，它们误传这个报头信息，这样主机就会基于错误的信息来试图重新组合成一个完整的包。结果使主机崩溃、挂起或者执行速度变得极其缓慢。

6）Ping 攻击。Ping 攻击是利用网络操作系统（包括 UNIX、Windows 等）的缺陷来完成的，当主机接收到一个大的不合法的 ICMP 回应请求包（大于 64KB）时，会引起主机挂起或崩溃。

目前较新版本的操作系统中，已经得到了修补或者加入了补丁程序。可是，为了避免各种基于 ICMP 的攻击，可以将防火墙配置成丢弃所有传入的 ICMP 请求，但不包括传入的 ICMP 响应或回应。这样做的结果是网络之外根本无人可以对网络内部的主机发出 Ping 请求，似乎更安全了，但网络内部的人可以进行 Ping 请求，Ping 响应将会成功地返回来。因此可能需要使用防火墙规则进行实验以获得最佳效果。

7) 其他拒绝服务攻击。大多数拒绝服务攻击都是前面提到的例子的变异。新的攻击通常基于网络操作系统以前没有发现的漏洞，而这些漏洞肯定会被坚持不懈的黑客所发现。所以用户应该及时关注供应商的安全公告和安全补丁，找到有关新的漏洞和解决方案，以及如何在新的攻击被发现时尽快得到解决。

3. 缓冲区溢出

缓冲区溢出是一种非常普遍和危险的漏洞，在各种操作系统、应用软件中广泛存在。利用缓冲区溢出攻击，可以导致程序运行失败、重新启动等后果。更为严重的是，可以利用它执行非授权指令，甚至可以取得系统特权，进而进行各种非法操作。缓冲区溢出攻击有多种英文名称，如 buffer overflow、buffer overrun、smash the stack、trash the stack、scribble the stack、mangle the stack、memory leak 和 overrun screw。

（1）缓冲区溢出　缓冲区溢出是指当计算机向缓冲区内填充数据时，超出了缓冲区本身的容量，溢出的数据覆盖在合法数据上。操作系统所使用的缓冲区又被称为"堆栈"，在各种操作系统之间，指令会临时储存在"堆栈"中，"堆栈"也会出现缓冲区溢出。而缓冲区溢出中，最为危险的是堆栈溢出，因为入侵者可以利用堆栈溢出的函数返回时改变返回程序的地址，让其跳转到任意地址，带来的危害一种是程序崩溃导致拒绝服务，另外一种就是跳转并且执行一段恶意代码。

（2）缓冲区溢出攻击　缓冲区溢出攻击是指通过向缓冲区写入超出其长度的内容造成缓冲区溢出，破坏程序的堆栈，使程序转而执行其他指令或使得攻击者取得程序的控制权。如果该程序具有足够的权限，那么整个主机就被控制了，使攻击者达到攻击的目的。

（3）缓冲区溢出攻击的防范方法　缓冲区溢出攻击占了远程网络攻击的绝大多数。如果能有效地消除缓冲区溢出的漏洞，则很大一部分的安全威胁可以得到缓解。保护缓冲区免受缓冲区溢出攻击和影响的方法是提高软件编写者的能力，强制编写正确代码。利用编译器的边界检测来实现缓冲区的保护，这个方法使得缓冲区溢出不可能出现，从而完全消除了缓冲区溢出的威胁，但是相对而言代价比较大。程序指针完整性检查是一种间接的方法，是在程序指针失效前进行完整性检查。虽然这种方法不能使得所有缓冲区溢出失效，但它能阻止绝大多数的缓冲区溢出攻击。

10.1.3　安全漏洞的影响

首先要知道，任何攻击者可利用的缺陷都可能导致别的缺陷。就是说，每个缺陷（或大或小）在网络链中都是一个环节，破坏一个环节，攻击者就有希望破坏所有其他的环节。真正的攻击者甚至为达到一个目标可能联合使用几种技巧。如果达到了一个目标，其他的目标也可以达到。例如，一位攻击者可能在他没有用户账号的网络上运行。在这种情况下，他必须首先获得某种形式的系统访问权限，而且高于或超越了他可能从 SATAN、ISS 或其他搜索器中选出的任意诊断信息的访问权限。他的第一个目标可能是网络上的一个用户。如果他得了用户账号，攻击者至少可以使用 shell，然后，攻击者就可以采取别的手段了。

允许过程用户未经授权访问的漏洞是威胁性最大的一种漏洞。这类漏洞主要是由于较差的系统管理或设置有误造成的。不同的系统配置直接影响系统的安全性。系统管理漏洞主要有两个方面：系统管理员对系统的设置存在安全漏洞，如弱口令等；系统的部分功能自身存在安全漏洞隐患。因此，完善的系统配置和严格的系统管理是减少安全漏洞、提高主机和网络系统安全性的主要手段。

10.2 系统安全

系统安全主要保护主机上的操作系统与数据库系统的安全，它们是两类非常成熟的产品，安全功能比较完善。本节选择应用较为广泛的两种基于网络的操作系统：Windows Server 2003 与 UNIX，简要阐述其安全管理机制，并对数据库安全做一简明介绍。

10.2.1 通用操作系统的保护

操作系统是计算机系统中所有软件得以运行的基础，没有操作系统的计算机仅仅是一些电子部件的堆积，无法完成任何工作。而操作系统的安全更是直接影响着在其基础上所有软件系统和数据的安全。

1. 操作系统的保护对象

操作系统除了要为各种应用层软件系统提供服务支持，还必须对操作系统所管理的关键对象提供必要的保护。操作系统需要保护的主要对象包括：内存、可共享的 I/O 设备（如磁盘等）可连续复用的 I/O 设备（如打印机和磁带驱动器等）可共享的程序和子程序、网络和可共享的数据等。

2. 操作系统的保护方法

操作系统为了保护上述对象，主要采用的方法是分离控制和多级保护。

（1）分离控制

在操作系统中最基本的防护是分离控制。分离控制是为了防止系统、不同用户或用户进程之间互相干扰，进而引发安全问题，而对系统、用户或进程进行分离的控制方法。在操作系统的分离控制中，主要包括物理分离、时间分离、逻辑分离和密码分离 4 种，这些分离控制的基本含义如下：

物理分离：指在操作系统中不同的进程使用不同的物理对象，这种分离方式实际是主体独占客体，不采用任何共享机制，由于每个主体使用各自不同的物理对象，因此主体之间互不影响，这种分离控制具有最强的分离能力，但是这种分离控制是以牺牲资源利用率为代价的，在具有极高安全性要求的信息系统环境中，可以采用物理分离的控制方法。

时间分离：主要是在分时系统中使用，在时间分离方法中，有着不同安全要求的进程，被要求在不同的时间段执行。因此，时间分离中虽然不同进程使用了相同的物理对象，但操作系统给不同的安全要求的进程指派不同的时隙，由于每个进程在不同的时隙执行，彼此之间被分离，时间分离与物理分离相比，其分离能力较弱，但是资源利用率方面却要远远高于物理分离。

逻辑分离：在逻辑分离中，操作系统为每个不同安全级的进程分配不同的许可域，进程只能在各自的许可域中执行，对于许可域之外的对象，进程不具有访问权。从安全性角度，逻辑分离与时间分离和物理分离相比要低，其原因在于相同安全等级的进程许可域可能重合，进而可能引发相互影响或感染，但是从资源利用率角度分析，逻辑分离要更高一些。

密码分离：密码分离主要用于对一些敏感等级很高的数据进行保护，只有授权的主体（进程）可以持有受保护数据的解密密钥，进而实现对高敏感数据的访问。

上述 4 种分离控制方法中除密码分离外，前 3 种分离方法的实现复杂度依次递增，提供的安全程度依次递减，但资源利用率依次递增。

（2）多级保护

在现实世界中，受保护资源往往呈现出多级的状态，如同在军事和政府应用领域，典型的多级安全是将受保护对象的安全等级划分为公开、内部、秘密、机密和绝密等级别，而不是简单的需要保护和不需要保护两种情况。而从第一个操作系统问世至今，操作系统对其受保护对象的保护也经历了不保护、隔离、共享一切或不共享、访问限制共享、访问权能共享和对象的限制使用等阶段，这些阶段逐步接近了现实世界的实际安全需求，下面分别对每种保护方法进行介绍。

不保护：操作系统对需要保护的对象完全不保护。在这种保护方式下，系统中各种资源，无论其安全等级如何，一概处于任何主体都可以任意访问的危险状态。

隔离：操作系统中各个进程虽然是并发运行，但由于采用了隔离机制，因此这些进程相互之间感觉不到其他进程的存在，在隔离方式下，每个进程具有自己的地址空间、文件和其他对象。

共享一切或不共享：在这种保护方法中，系统中资源对象所有者可以采用两种方法对其所属的对象进行共享，如果共享则任何主体都可以访问该对象，如果不共享，则任何主体都无法访问该对象。因此从这种保护方法开始，在多级保护中，开始注重对资源的利用率。

访问限制共享：在上述的各种保护方法中，仅仅是对主体确定是否能够访问客体。一旦允许主体访问客体，则授权主体可以任意访问客体，这种共享显然不够安全，因此，在访问限制共享方法中，系统可以限制共享主体的数量，并制定不同的访问权限，如读、写等。

访问权能共享：访问权能共享是对访问限制共享的扩展，在访问限制共享中，被共享的主体仅仅能够依据共享的权限实施对客体的访问，但是在访问权能共享保护方法中，被共享的主体可能被授予一种能力，这种能力可以将其获得的访问权限进一步转移给其他未被共享的主体，因此在访问权能共享中，共享具有两种含义，其一是访问权限的共享，即授予某主体访问某客体的访问权限；其二是访问权能的共享，即不仅允许被共享的主体具有访问客体的权限，同时还允许该主体进一步将该访问权限转移给其他主体。

对象的限制使用：对象的限制使用可用于那些对安全性具有较高要求的客体的保护，在这种保护方法下，系统不仅可以限制主体是否具有对客体的访问权限，在主体具有对高安全等级客体访问权的基础上，同时还对主体如何访问该客体进行了控制。如只许浏览，不得复制；只能统计，不得查询等。

10.2.2 Windows Server 2003 的安全特性

Windows Server 2003 系统是服务器上使用较为广泛、功能全面、安全可靠的系统。Windows Server 2003 是在 Windows Server 2000 经过考验的可靠性、可伸缩性和可管理性的基础上构建的，为加强联网应用程序、网络和 XML Web 服务的功能（从工作组到数据中心），提供了一个高效的结构平台。因此在 Windows Server 2003 系统中做好网络安全的工作不是容易的事情。

通过将 Intranet 和 Internet 站点的合成扩展了传统意义上的局域网（LAN）的含义。因此，扩大了的系统的安全问题比从前更为重要。为了提供一个安全的计算环境，Windows Server 2003 操作系统提供很多重要的新安全特性。Windows Server 2003 提供的服务可创建更安全的商务环境。它简单的敏感数据加密和软件限制策略可用于阻止病毒和特洛伊木马的侵害。Windows Server 2003 也是部署公钥架构的最佳选择，它的自动批准和自动更新证书的功能使得部署智能卡和证书服务更为简单。

Windows Server 2003 将为商务活动提供更安全、更经济的平台，其优势表现在下列 3 个方面：

1）更低的成本。简化的安全管理流程，如访问控制列表和凭证管理器导致了更低的支出。

2）开放标准的执行。IEEE 802.1X 协议更易于保护无线广域网，可以防止企业环境面临被窃听的威胁。

3）对移动计算机及其他新设备的保护。文件系统加密、证书服务及智能卡自动注册等安全特性使保护大量设备更加容易。EFS 是存储在 NTFS 上的文件加密和解密的核心技术。只有对文件加密的用户，才能打开并修改它。证书服务是核心操作系统的一部分，允许企业成为自己的认证中心（CA），发布并管理数字认证。智能卡自动注册和自注册机构通过增加另外的验证层为企业用户提供更强的安全性，这也为以安全为考绩的组织简化了安全处理流程。

1. Windows Server 2003 新增的安全功能

Windows Server 2003 的活动目录服务提供了单一登录的能力，并且为用户的整个网络架构提供了一个集中的信息知识库，它大大地简化了用户和计算机的管理，并且提供了对网络资源更好的访问方式。下面介绍 Windows Server 2003 系统中新增加的安全功能。

1）授权管理器。授权管理器为应用程序开发人员提供了用于将基于角色的访问控制集成到其应用程序中的灵活框架，使用这些应用程序的管理员通过该管理器采用一种自然直观的方式提供访问。

2）存储用户名和密码。此实用工具可为用户名和访问网络或 Internet 资源时所需的凭据提供安全存储。

3）软件限制策略。这一新的安全策略可使管理员防止软件应用程序基于软件的散列算法、软件的相关文件路径、软件发行者的证书或容纳该软件的 Internet 区域来运行。

4）证书颁发机构。证书颁发机构中含有大量的改进和新增的功能。

5）约束委派：通过这一新的安全功能，管理员可以指定一些特定服务或计算机账户能够委派到的服务主体名称（SPN）。服务主体名称是服务器上所运行的服务的唯一标志符。

6）有效权限工具。此工具将计算授予指定用户或组的权限。

7）加密文件系统（EFS）。不再需要恢复代理。

8）Everyone 成员身份。内置 Everyone 组包括 Authenticated Users 和 Guests，但不再包括 Anonymous 组的成员。

9）基于操作的审核：基于操作的审核提供了更多描述性的审核事件，而且可使用户选择在审核对象访问时要审核的操作。

2. Windows Server 2003 安全模型

Windows Server 2003 安全模型的主要功能是用户身份验证、基于对象的访问控制以及 Active Directory 和安全性。

（1）用户身份验证 Windows Server 2003 安全模型包括用户身份验证的概念，这种身份验证赋予用户登录系统访问网络资源的能力。在这种身份验证模型中，安全性系统提供了两种类型的身份验证，即交互式登录（根据用户的本地计算机或 Active Directory 账户确认用户的身份）和网络身份验证（根据此用户试图访问的任何网络服务确认用户的身份）。

为提供这种类型的身份验证，Windows Server 2003 安全系统包括了 3 种不同的身份验证机制：Kerberos V5、公钥证书和 NTLM（与 Windows NT 4.0 系统兼容）。

（2）基于对象的访问控制 通过用户身份验证，Windows Server 2003 允许管理员控制网上资源或对象的访问。Windows Server 2003 通过允许管理员为存储在 Active Directory 中的对象分配安全描述符实现访问控制。安全描述符列出了允许访问对象的用户和组，以及分配给这些用户和组的特殊权限。安全描述符还指定了需要为对象审核的不同访问事件。文件、打印机和服务都是对象的实例。通过管理对象的属性，管理员可以设置权限，分配所有权以及监视用户访问。

（3）Active Directory 和安全性 Active Directory 通过使用对象和用户凭据的访问控制提供了对用户账户和组信息的保护存储。由于 Active Directory 不仅存储用户凭据还存储访问控制信息，因此登录到网络的用户将同时获得访问系统资源的身份验证和授权。

例如，用户登录到网络时，Windows Server 2003 安全系统通过存储在 Active Directory 上的信息来验证用户。然后，当用户试图访问网络上的服务时，系统检查由任意访问控制列表为这一服务定义的属性。由于 Active Directory 允许管理员创建组账户，因此管理员可以更有效地管理系统的安全性。例如，通过调节文件属性，管理员可以允许组中的所有用户读取文件。这样，访问 Active Directory 中的对象以组成员为基础。

安全体系模型试图建立一个可控的安全体系结构，管理人员在合理的安全规范的指导下，把握网络的整体安全状况，有效地对安全设备和安全技术进行利用和管理，使得整个网络与信息的安全性是可控的。

图 10-1 所示为一个动态的 Windows Server 2003 安全体系性结构模型，实际上也说明工程实施的基本目标与方法。该模型的建立遵循以下原则：

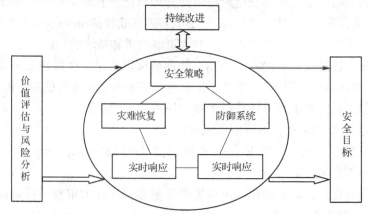

图 10-1　Windows Server 2003 安全体系性结构模型

- 整体原则
- 适度原则
- 持续改进原则
- 成本效益原则

10.2.3　Windows Server 2003 的安全策略

1. 账户保护安全策略

用户账户的保护主要围绕着密码的保护来进行。为了避免用户身份由于密码的破解而被夺取或盗用，通常可采取诸如提高密码的破解难度、启用账户锁定策略、限制用户登录、限制外部连接以及防范网络嗅探等措施。

（1）提高密码的破解难度

提高密码的破解难度主要是通过采用提高密码复杂性、增加密码长度及提高更换密码的频率等措施来实现，但这常常是用户很难做到的，对于企业网络中的一些安全敏感用户就必须采取一些相关的措施，以强制改变不安全密码的使用习惯。

在 Windows 系统中可以通过一系列的安全设置，并同时制定相应的安全策略来实现。在 Windows Server 2003 系统中，可以通过在安全策略中设定"密码策略"来设置。Window Server 2003 系统的安全策略可以根据网络的情况，针对不同的场合和范围有针对性地设置。例如，可以针对本地计算机、域及相应的组织单元来设置，这完全取决于该策略要影响的范围。

以域安全策略为例，其作用范围是企业网中所指定域的所有成员。在域管理工具中运行"域安全策略"工具，然后就可以针对密码策略进行相应的设置。

密码策略也可以在指定的计算机上用"本地安全策略"来设定，同时也可在网络中特定的组织单元通过组策略进行设置。

（2）启用账户锁定策略

账户锁定是指在某些情况下（例如账户受到采用密码词典或暴力猜测方式的在线自动登录攻击），为保护该账户的安全而将此账户锁定。使其在一定的时间内不能再次使用，从而挫败连续的猜测尝试。

Windows Server 2003 系统在默认情况下，为方便用户起见，这种锁定策略并没有进行设定，此时，对黑客的攻击没有任何限制。只要有耐心，通过自动登录工具和密码猜测字典进行攻击，甚至可以进行暴力模式的攻击，那么破解密码只是一个时间和运气的问题。账户锁定策略设定的第一步就是指定账户锁定的阈值，即锁定该账户无效登录的次数。一般来说，由于操作失误造成的登录失败的次数是有限的。在这里设置锁定阈值为 3 次，这样只允许 3 次登录尝试。如果 3 次登录全部失败，就会锁定该账户。

但是，一旦该账户被锁定后，即使是合法用户也就无法使用了。只有管理员才可以重新开启该账户，这就造成了许多不便。为方便用户，可以同时设定锁定的时间和复位计数器的时间。账户的锁定，可以有效地避免自动猜测工具的攻击，同时对于手动尝试者的耐心和信心也可造成很大的打击。锁定用户账户常常会造成一些不便，但系统的安全有时更为重要。

（3）限制用户登录

对于企业网的用户还可以通过对其登录行为进行限制，来保障用户账户的安全。这样限制以后，即使是密码出现泄漏，系统也可以在一定程度上将黑客阻挡在"门外"，对于 Windows Server 2003 网络来说，运行"Active Directory 用户和计算机"管理工具。然后选择相应的用户，并设置其账户属性。

在账户属性对话框中，可以限制其登录的时间和地点。单击其中的"登录时间"按钮，在这里可以设置允许该用户登录的时间，这样就可防止非工作时间的登录行为。单击其中的"登录到"按钮，在这里可以设置允许该账户从哪些计算机登录。另外，还可以通过"账户"选项来限制登录时的行为。例如，使用"用户必须用智能卡登录"，就可避免直接使用密码验证。除此之外，还可以引入指纹验证等更为严格的手段。

（4）限制外部连接

对于企业网络来说，通常需要为一些远程拨号的用户（业务人员或客户等）提供拨号接入服务。远程拨号访问技术实际上是通过低速的拨号连接来将远程计算机接入到企业内部的局域网中。由于这个连接无法隐藏，因此常常成为黑客入侵内部网络的最佳入口。但是，采取一定的措施可以有效地降低风险。

对于基于 Windows Server 2003 的远程访问服务器来说，默认情况下将允许具有拨入权限的所有用户建立连接。因此，安全防范的第一步就是合理地、严格地设置用户账户的拨入权限，严格限制拨入权限的分配范围。对于网络中的一些特殊用户和固定的分支机构的用户来说，可通过回拨技术来提高网络安全性。这里所谓的回拨，是指在主叫方通过验证后立即挂断线路，然后由被叫方回拨到主叫方的电话上。这样，即使账户及其密码被破解，也不必有任何担心。

在 Windows Server 2003 网络中，如果活动目录工作在 Native-mode（本机模式）下，这时就可以通过存储在访问服务器上或 Internet 验证服务器上的远程访问策略来管理。针对各种应用场景的不同，可以设置多种不同的策略。

（5）限制特权组成员

在 Windows Server 2003 网络中，还有一种非常有效的防范黑客入侵和管理疏忽的辅助手段，就是利用"受限制的组"安全策略。该策略可保证组成员的组成固定。在域安全策略的管理工具中添加要限制的组，在"组"对话框中输入或查找要添加的组。一般要对管理员组等特权组的成员加以限制。下一步就是要配置这个受限制的组的成员。在这里选择受限制的组的"安全性"选项。然后，就可以管理这个组的成员组成，可以添加或删除成员，当安全策略生效后，可防止黑客将后门账户添加到该组中。

（6）防范网络嗅探

由于局域网采用广播的方式进行通信，因而信息很容易被窃听。网络嗅探就是通过侦听所在网络中所传输的数据来嗅探有价值的信息。对于普通的网络嗅探的防御并不困难，可通过以下手段来进行：

1）采用交换网络。一般情况下，交换网络对于普通的网络嗅探手段具有先天的免疫能力。这是由于在交换网络环境下，每一个交换端口就是一个独立的广播域，同时端口之间通过交换机进行桥接，而非广播。网络嗅探主要针对的是广播环境下的通信，因而在交换网络中就失去了作用。

随着交换网络技术的普及，网络嗅探所带来的威胁也越来越低，但仍不可忽视。通过 ARP 地址欺骗仍然可以实现一定范围的网络嗅探。

2）加密会话。在通信双方之间建立加密的会话连接也是非常有效的方法，特别是在企业网络中。这样，即使黑客成功地进行了网络嗅探，但由于捕获的都是密文，因而毫无价值。网络中进行会话加密的手段有很多，可以通过定制专门的通信加密程序来进行，但是通用性较差。因此，完善 IP 通信的安全机制才是最根本的解决办法。

由于历史原因，基于 IP 的网络通信技术没有内建的安全机制。随着互联网的发展，安全问题逐渐暴露出来。现在经过各个方面的努力，标准的安全架构也已经基本形成。那就是 IPSec 机制，并且它将作为下一代 IP 网络标准 IPv6 的重要组成。IPSec 机制在新一代的操作系统中已经得到了很好的支持。在 Windows Server 2003 系统中，其服务器产品和客户端产品都提供了对 IPSec 的支持。从而增强了安全性、可伸缩性以及可用性，同时使部署和管理更加方便。

在 Windows Server 2003 系统的安全策略相关的管理工具集（例如本地安全策略、域安全策略和组策略等）中，都集成了相关的管理工具。为清楚起见，可通过 Microsoft 管理控制台 MMC 定制的管理工具了解。

具体方法是，首先在"开始"菜单中单击"运行"选项，然后输入"mmc"，单击"确定"按钮。在"控制台"菜单中选择"添加删除管理单元"命令，然后，单击"添加"按钮。在可用的独立管理单元中，选择"IP 安全策略管理"选项，双击或单击"添加"按钮，在这里选择被该管理单元所管理的计算机，然后单击"完成"按钮。关闭添加管理单元的相关窗口，就得到了一个新的管理工具，在这里可以为其命名并保存。

此时可以看到已有的安全策略，用户可以根据情况来添加、修改和删除相应的 IP 安全策略。其中 Windows Server 2003 系统自带的有以下 3 个策略：

• 安全服务器（要求安全设置）
• 客户端（只响应）
• 服务器（请求安全设置）

其中的"客户端"策略是根据对方的要求来决定是否采用 IPSec；"服务器"策略要求支持 IP 安全机制的客户端使用 IPSec，但允许不支持 IP 安全机制的客户端来建立不安全的连接；而"安全服务器"策略则最为严格，它要求双方必须使用 IPSec 协议。

不过，"安全服务器"策略默认允许不加密的受信任的通信，因此仍然能够被窃听。直接修改此策略或定制专门的策略，就可以实现有效的防范。选择其中的"所有 IP 通信"选项，在这里可以编辑其规则属性。

打开"筛选器操作"选项卡，选择其中的"要求安全设置"选项。

2. 系统监控安全策略

尽管不断地在对系统进行修补，但由于软件系统的复杂性，安全漏洞问题仍然存在。因此，除了对安全漏洞进行修补之外，还要对系统的运行状态进行实时监视，以便及时发现利用各种漏洞的入侵行为。如果已有安全漏洞但还没有全部得到修补，这种监视就显得尤其重要。

（1）启用系统审核机制

系统审核机制可以对系统中的各类事件进行跟踪记录并写入日志文件，以供管理员进行分析、查找系统和应用程序故障以及各类安全事件。

所有的操作系统、应用系统等都带有日志功能，可以根据需要实时地将发生在系统中的事件记录下来。可以通过查看与安全相关的日志文件的内容，发现黑客的入侵行为。当然，若要达到这个目的，就必须具备一些相关的知识。首先必须要学会如何配置系统，以启用相应的审核机制，并同时使之能够记录各种安全事件。

对 Windows Server 2003 的服务器和工作站来说，为了不影响系统性能，默认的安全策略并不对安全事件进行审核。从"安全配置和分析"工具用 SecEdit 安全模板进行的分析结果可知，有红色标记的审核策略应该已经启用，这可用来发现来自外部和内部的黑客入侵行为。对于关键的应用服务器和文件服务器来说，应同时启用剩下的安全策略。

如果已经启用了"审核对象访问"策略，那么就要求必须使用 NTFS 文件系统。NTFS 文件系统不仅提供对用户的访问控制，而且还可以对用户的访问操作进行审核。但这种审核功能，需要针对具体的对象来进行相应的配置。

首先在被审核对象"安全"属性的"高级"属性中添加要审核的用户和组。在该对话框中选择好要审核的用户后，就可以设置对其进行审核的事件和结果。在所有的审核策略生效后，就可以通过检查系统的日志来发现黑客的蛛丝马迹。

（2）日志监视

在系统中启用安全审核策略后，管理员应经常查看安全日志的记录，否则就失去了及时补救和防御的时机。除了安全日志外，管理员还要注意检查各种服务或应用的日志文件。在 Windows Server 2003 IIS 6.0 中，其日志功能默认已经启动，并且日志文件存放的路径默认在 System32/LogFiles 目录下，打开 IIS 日志文件，可以看到对 Web 服务器的 HTTP 请求，IIS 6.0 系统自带的日志功能从某种程度上可以成为入侵检测的得力助手。

（3）监视开放的端口和连接

对日志的监视只能发现已经发生的入侵事件，但是它对正在进行的入侵和破坏行为是无能为力的。这时，就需要管理员掌握一些基本的实时监视技术。

通常在系统被黑客或病毒入侵后，就会在系统中留下木马类后门。同时它和外界的通信会建立一个 Socket 会话连接，可用 netstat 命令进行会话状态的检查，可以查看已经打开的端口和已经建立的连接。当然也可以采用一些专用的检测程序对端口和连接进行检测。

（4）监视共享

通过共享来入侵一个系统不失为一种方便的手段，最简单的方法就是利用系统隐含的管理共享。因此，只要是黑客能够扫描到的 IP 和用户密码，就可以使用 net use 命令连接到共享上。另外，当浏览到含有恶意脚本的网页时，计算机的硬盘也可能被共享，因此，监测本机的共享连接是非常重要的。

监测本机的共享连接具体方法为，在 Windows Server 2003 的计算机中，打开"计算机管理"工具，并展开"共享文件夹"选项。单击其中的"共享"选项，就可以查看其右面窗口，以检查是否有新的可疑共享，如果有可疑共享，就应该立即删除。另外，还可以通过选择"会话"选项，来查看连接到机器所有共享的会话。

（5）监视进程和系统信息

对于木马和远程监控程序，除了监视开放的端口外，还应通过任务管理器的进程查看功能进行进程的查找。在安装 Windows Server 2003 的支持工具（从产品光盘安装）后，就可以获得一个进程查看工具 Process Viewer；通常，隐藏的进程寄宿在其他进程下，因此查看进程的内存映象也许能发现异常。现在的木马越来越难发现，它常常会把自己注册成一个服务，从而避免了在进程列表中现形。因此，还应结合对系统中的其他信息的监视，这样就可对系统信息中的软件环境下的各项进行相应的检查。

10.2.4　UNIX 安全简介

UNIX/Linux 是适用于多种硬件平台的多用户、多任务操作系统，其安全性是很高的。系统提供了 3 层的防御体系，账号安全、权限设置和文件系统安全。下面分别对这 3 个方面进行阐述。

由于 Linux 是一种与 UNIX 安全兼容的操作系统，所以下面所讨论的 UNIX 系统的安全性问题，基本上也适用于 Linux 系统。

1. UNIX 安全概述

（1）用户账号和口令

1）默认账号。所有的 UNIX 系统安装完毕后都有默认账号，有时这些账号有默认的口令或者根本没有口令，这样，它们就成为攻击者最好的突破口。所以，安装完后，系统管理员一定要及时修改系统账号及其登录口令。

2）共享账号。UNIX 系统的每个用户都应该有自己的专用账号。如果允许用户使用共享，即多个用户使用相同的账号，该账号的安全就被破坏了。

3）口令安全。用户的口令是对系统安全的最大安全威胁。如果入侵者获得一个用户的口令，那他就可以轻易地登录到系统上，并且拥有这个用户的所有权限。任何登录 UNIX 系统的人，都必须输入口令，而口令文件只有超级用户可以读写。攻击者的目的主要是通过破解口令文件，寻找出口令，从而可以冒充合法用户访问主机，因此一旦用户发现系统的口令文件被非法访问过，一定要及时更换所有的用户口令。

实际上 UNIX 的口令设计还是十分完善的，一般用户不可能把自己的密码改成用户名、小于 4 位或简单的英文单词。这是 UNIX 系统默认的安全模式，是除了系统管理员（超级用户）以外不可改变的。因此，安装 UNIX 后必须更改初始的 root 口令。

尽管如此，黑客还是能通过其他途径获得口令，主要有以下两种途径：

• 利用技术漏洞。如缓冲区溢出、send mail 漏洞、finger、AIX 的 rlogin 等。

• 利用管理漏洞。如 root 身份运行 http、建立 shadow 的备份但是忘记更改其属性、用电子邮件寄送密码等。

（2）用户和用户组

虽然每个 UNIX 用户都有一个长达 8 个字符以上的用户名，但在 UNIX/Linux 内部只用一个数字来标识每个用户，即用户的标识符（UID）。通常，系统为每一个用户分配一个不同的 UID。

UID 被规定为一个无符号的 16 位整数，这意味着其取值范围是 0～65535。

UID 是操作系统用于识别用户的实际信息，系统提供用户名仅仅是出于方便用户考虑。如果两个用户被分配给相同的 UID，系统将他们视为同一个用户，即使他们有不同的用户名和口令也是如此。特别要注意的是，两个具有相同 UID 的用户可以自由地读取和删除对方的文件。

出于管理的方便，UNIX/Linux 系统还划分了用户组，每个用户都位于一个或者多个用户组中。与用户标识一样，每一个用户组在系统内部也用了一个整数标识，称为用户组标识

（GID）。

每一个 UNIX/Linux 系统都有一个 UID 为 0 的特殊用户，它被称作超级用户并且被赋予用户名 root，其口令通常称为"root 口令"。

UNIX 系统管理员经常需要用超级用户去执行各种系统管理任务。这可以通过 su 命令建立一个特权 shell 来实现。执行超级用户的操作必须格外小心。当超级用户的操作执行完毕，系统管理员应该从这个特权 shell 中退出。

在前面提到，用户名在系统内部是以用户标识来表示的。两个 UID 相同的用户名在系统看来是同一个用户，因此，任何 UID 为 0 的用户都是超级用户。用户名 root 仅仅是一个通常的约定。

很多 UNIX/Linux 系统可以配置为禁止远程终端登录。任何想具有超级用户权限的用户，必须首先登录到自己的账户，然后，再通过 su 命令进入 root 账号。这个特点使得对那些使用 root 账户的用户跟踪变得容易，因为 su 命令记录了调用它的用户名以及调用时间。这个特点也增加了系统的安全度，因为登录者必须知道两个口令才能得到超级用户的特权。

2. UNIX 安全体系结构

UNIX 的安全体系结构可以按照 ISO/OSI 网络模型的层次结构将它分成 7 层，如下所述：

（1）External Demark（外部连接层） 外部连接层定义用户系统如何与设备、电话线路或其他用户不能直接控制的介质进行连接。完整的用户安全策略应包括这一部分，因线路本身可允许非授权访问。

（2）Packet-Filter（包过滤层） 它对应于 OSI 的第 1 层到第 3 层，本层不仅提供第 1 层的物理连接，更主要的是根据安全策略，通过用户层的进程和包过滤规则对网络层中的 IP 包进行过滤。一般的包过滤算法是采用查规则表来实现的，它根据"条件/动作"的规则序列来判断是将包传给路由还是将包丢弃。

（3）Gateway（嵌入的 UNIX 网关层） 嵌入的 UNIX 网关层定义了整体平台包括第 4 层的网络接口以及第 3 层的路由器。它用于为广域网提供防火墙服务。

（4）Internal Demark（内部区分层） 内部区分层定义了用户如何将局域网连接到广域网以及如何将局域网连接到防火墙上。

（5）LAN（局域网层） 局域网层定义用户的安全程序要保护的设备和数据，包括计算机互联设备，如路由器、单一的 UNIX 主机等。

（6）Personnel（用户层） 用户层定义了 UNIX 的安装、操作、维护、使用以及通过其他方法访问网络的人员。从广义上讲，对 UNIX 多用户环境下的应用进程也应算在其中。这一层的安全策略应该反映出用户对总体系统安全的期望值。

（7）Policy（策略层） 策略层主要定义组织的安全策略，包括安全策略的需求分析、安全方针的制定。

3. 保障 UNIX 安全的具体措施

（1）防止缓冲区溢出 据统计，约 80% 以上的安全问题来自缓冲区溢出。攻击者通过写一个超过缓冲区长度的字符串，然后植入到缓冲区，有可能会出现两个结果，一是过长的字符串覆盖了相邻的存储单元，引起程序运行失败，严重的可能导致系统崩溃；另外可能的一个结果就是利用这种漏洞可以执行任意指令，甚至可以取得系统 root 特级权限。一些版本的 UNIX 系统（如 Solaris 2.6 和 Solaris 7）具备把用户堆栈设成不可执行的功能，以使这种攻击不能得逞，但要注意：这样设置可能导致有些合法使用可执行堆栈的程序不能正常运行。

（2）在 inetd. conf 中关闭不用的服务　UNIX 系统中有许多用不着的服务自动处于激活状态。有部分服务存在的安全漏洞会使攻击者根本不需要账户就能控制机器。为了系统的安全，应把不用的功能关闭，以限制的文件限制访问权限。

以"♯"符号注释掉不需要的服务，使其处于不激活的状态。在需要很高安全性的机器上，最好注释掉 Telnet 和 FTP，即使要使用此两项服务，也要对使用情况进行限制，如用 TCP Wrapper 对使用 Telnet 或 FTP 的 IP 地址进行限制。

（3）给系统打补丁　UNIX 系统被发现的漏洞，几乎都有了相应的补丁程序。因此，系统管理员需对系统漏洞做及时的修补。

（4）重要主机单独设立网段　从安全角度考虑，应当将重要机密信息应用的主机单独设立一个网段，以避免某一台计算机被攻破时，造成整个系统全部暴露。

（5）定期检查　定期检查系统日志文件，在备份设备上及时备份。定期检查关键配置文件（最长不超过 1 个月）。

重要用户的口令应该定期修改（不长于 3 个月），不同主机必须使用不同的口令。

10.2.5　数据库安全简介

计算机技术的飞速发展，使得数据库的应用十分广泛，已深入到各个领域，但随之而来产生了数据的安全问题。各种应用系统的数据库中大量数据的安全问题、敏感数据的防窃取和防篡改问题，越来越引起人们的高度重视。数据库系统作为信息的聚集体，是计算机信息系统的核心部件，其安全性至关重要，关系到企业兴衰、国家安全。因此，如何有效地保证数据库系统的安全，实现数据的保密性、完整性和有效性，已经成为业界人士探索研究的重要课题之一，下面就安全防范入侵技术做简要的讨论。

数据库系统的安全除依赖自身内部的安全机制外，还与外部网络环境、应用环境、从业人员素质等因素息息相关，因此，从广义上讲，数据库系统的安全框架可以划分为 3 个层次：

- 网络系统层
- 宿主操作系统层
- 数据库管理系统层

这 3 个层次构筑成数据库系统的安全体系，与数据安全的关系是逐步紧密的，防范的重要性也逐层加强，从外到内、由表及里保证数据的安全。下面就安全框架的 3 个层次展开论述。

1. 网络系统层次安全技术

从广义上讲，数据库的安全首先依赖于网络系统。随着 Internet 的发展和普及，越来越多的公司将其核心业务向互联网转移，各种基于网络的数据库应用系统如雨后春笋般涌现出来，面向网络用户提供各种信息服务。可以说网络系统是数据库应用的外部环境和基础，数据库系统要发挥其强大作用离不开网络系统的支持，数据库系统的用户（如异地用户、分布式用户）也要通过网络才能访问数据库的数据。网络系统的安全是数据库安全的第一道屏障，外部入侵首先就是从入侵网络系统开始的。网络入侵是试图破坏信息系统的完整性、机密性或可信任的任何网络活动的集合，具有以下特点：

1）没有地域和时间的限制，跨越国界的攻击就如同在现场一样方便。

2）通过网络的攻击往往混杂在大量正常的网络活动之中，隐蔽性强。

3）入侵手段更加隐蔽和复杂。

从技术角度讲，网络系统层次的安全防范技术有很多种，大致可以分为身份验证、防火墙、物理隔离、入侵检测、VLAN 技术等。

2. 宿主操作系统层次安全技术

操作系统是大型数据库系统的运行平台，为数据库系统提供一定程度的安全保护。目前操作系统平台大多数集中在 Windows 和 UNIX，安全级别通常为 C1、C2 级。主要安全技术有操作系统安全策略、安全管理策略、数据安全等方面。

操作系统安全策略用于配置本地计算机的安全设置，包括密码策略、账户锁定策略、审核策略、IP 安全策略、用户权利指派、加密数据的恢复代理以及其他安全选项。具体可以体现在用户账户、口令、访问权限、审计等方面。

• 用户账户：用户访问系统的"身份证"，只有合法用户才有账户。

• 口令：用户的口令为用户访问系统提供一道验证。

• 访问权限：规定用户的权限。

• 审计：对用户的行为进行跟踪和记录，便于系统管理员分析系统的访问情况以及事后的追查使用。

安全管理策略是指网络管理员对系统实施安全管理所采取的方法及策略。针对不同的操作系统、网络环境需要采取的安全管理策略一般也不尽相同，其核心是保证服务器的安全和分配好各类用户的权限。

数据安全主要体现在以下几个方面：数据加密技术、数据备份、数据存储的安全性、数据传输的安全性等。可以采用的技术很多，如 Kerberos 认证、IPSec、SSL、TLS、VPN（PPTP、L2TP）等技术。

3. 数据库管理系统层次安全技术

数据库系统的安全性很大程度上依赖于数据库管理系统。如果数据库管理系统安全机制非常强大，则数据库系统的安全性能就较好。目前市场上流行的是关系式数据库管理系统，其安全性功能较弱，这就导致数据库系统的安全性存在一定的威胁。

由于数据库系统在操作系统下都是以文件形式进行管理的，因此入侵者可以直接利用操作系统的漏洞窃取数据库文件，或者直接利用 OS 工具来非法伪造、篡改数据库文件内容。这种隐患一般数据库用户难以察觉，分析和堵塞这种漏洞被认为是 B2 级的安全技术措施。

数据库管理系统层次安全技术主要是用来解决这一问题，即当前面两个层次已经被突破的情况下仍能保障数据库数据的安全，这就要求数据库管理系统必须有一套强有力的安全机制。解决这一问题的有效方法之一是数据库管理系统对数据库文件进行加密处理，使得即使数据不幸泄露或者丢失，也难以被人破译和阅读。

可以考虑在 3 个不同层次实现对数据库数据的加密，这 3 个层次分别是 OS 层、DBMS 内核层和 DBMS 外层。

• 在 OS 层加密：由于在 OS 层无法辨认数据库文件中的数据关系，从而无法产生合理的密钥，对密钥合理的管理和使用也很难。因此，对大型数据库来说，在 OS 层对数据库文件进行加密很难实现。

• 在 DBMS 内核层实现加密：这种加密是指数据在物理存取之前完成加密/解密工作。这种加密方式的优点是加密功能强，并且加密功能几乎不会影响 DBMS 的功能，可以实现加密功能与数据库管理系统之间的无缝耦合。其缺点是加密运算在服务器端进行，加重了服务器的负载，而且 DBMS 和加密器之间的接口需要 DBMS 开发商的支持。

• 在 DBMS 外层实现加密：比较实际的做法是将数据库加密系统做成 DBMS 的一个外层工具，根据加密要求自动完成对数据库数据的加密/解密处理。采用这种加密方式进行加密，加密/解密运算可在客户端进行，它的优点是不会加重数据库服务器的负载并且可以实现网上传输的加密，缺点是加密功能会受到一些限制，与数据库管理系统之间的耦合性稍差。

按外层加密方式实现的数据库加密系统具有很多优点：首先，系统对数据库的最终用户是完全透明的，管理员可以根据需要进行明文和密文的转换工作；其次，加密系统完全独立于数据库应用系统，无须改动数据库应用系统就能实现数据加密功能；第三，加密/解密处理在客户端进行，不会影响数据库服务器的效率。

数据库加密/解密引擎是数据库加密系统的核心部件，它位于应用程序与数据库服务器之间，负责在后台完成数据库信息的加密/解密处理，对应用开发人员和操作人员来说是透明的。数据加密/解密引擎没有操作界面，在需要时由操作系统自动加载并驻留在内存中，通过内部接口与加密字典管理程序和用户应用程序通信。数据库加密/解密引擎由三大模块组成：加密/解密处理模块、用户接口模块和数据库接口模块，其中，"数据库接口模块"的主要工作是接收用户的操作请求，并传递给"加密/解密处理模块"，此外还要代替"加密/解密处理模块"去访问数据库服务器，并完成外部接口参数与加密/解密引擎内部数据结构之间的转换。"加密/解密处理模块"完成数据库加密/解密引擎的初始化、内部专用命令的处理、加密字典信息的检索、加密字典缓冲区的管理、SQL 命令的加密变换、查询结果的解密处理以及加密/解密算法实现等功能，另外还包括一些公用的辅助函数。

数据加密/解密处理的主要流程如下：

1）对 SQL 命令进行语法分析，如果语法正确，转下一步；如不正确，则转 6），直接将 SQL 命令交数据库服务器处理。

2）是否为数据库加密/解密引擎的内部控制命令？如果是，则处理内部控制命令，然后转 7）；如果不是则转下一步。

3）检查数据库加密/解密引擎是否处于关闭状态或 SQL 命令是否只需要编译？是则转 6），否则转下一步。

4）检索加密字典，根据加密定义对 SQL 命令进行加解密语义分析。

5）SQL 命令是否需要加密处理？如果是，则将 SQL 命令进行加密变换，替换原 SQL 命令，然后转下一步；否则直接转下一步。

6）将 SQL 命令转送数据库服务器处理。

7）SQL 命令执行完毕，消除 SQL 命令缓冲区。

以上以一个例子说明了在 DBMS 外层实现加密功能的原理。

10.3　应用安全

10.3.1　Web 安全

1. Web 服务的概念

随着因特网的发展，客户机/服务器结构逐渐向浏览器/服务器结构发展，Web 服务在很短时间内成为因特网上的主要服务。Web 文本发布的特点是：简洁、生动、形象，所以无论是单位还是个人，都更加倾向于使用 Web 来发布信息。

Web 服务是基于超文本传输协议（HTTP）的服务，HTTP 是一个面向连接的协议，在 TCP 的端口 80 上进行信息的传输。大多数 Web 服务器和浏览器都对 HTTP 进行了必要的扩展，一些新的技术接口 CGI 通用网关程序、Java 小程序、ActiveX 控件、虚拟现实等，也开始应用于 Web 服务，使 Web 文本看上去更生动、更形象，信息交互也显得更加容易。

Web 服务在方便用户发布信息的同时，也给用户带来了不安全因素。尤其是在标准协议基础之上扩展的某些服务，在向用户提供信息交互的同时，也使得 Web 基础又增加了新的不安全因素。

2. Web 服务的安全威胁

Web 服务所面临的安全威胁可归纳为两种：一种是机密信息所面临的安全威胁，另一种是 WWW 服务器和浏览器主机所面临的安全威胁。其中，前一种安全威胁是因特网上各种服务所共有的，而后一种威胁则是由扩展 Web 服务的某些软件所带来的。这两种安全隐患不是截然分开，而是共同存在并相互作用的，尤其是后一种安全威胁的存在，使得信息保密更加困难。

（1）机密信息的安全威胁　通过 Web 服务传递信息时，对于机密信息需要防止搭线窃听，防止外部用户入侵主机。如果无法保证信息仅为授权用户阅读，致使机密信息泄露，必将给被侵入方带来巨大损失。

（2）主机面临的威胁

1）CGI 程序带来的威胁。通用网关接口（Common Gateway Interface，CGI）在服务器端与 Web 服务器相互配合，响应远程用户的交互性请求。允许用户选择一种语言，如 C/C++、VB 等进行编程，提供服务器端和远程浏览器之间的信息交互能力。

CGI 程序是 Web 安全漏洞的主要来源，其安全漏洞表现为以下几方面：

① 泄露主机系统信息，帮助黑客入侵。

② 当服务器处理远程用户输入的某些信息（如表格）时，易被远程用户攻击。

③ 不规范的第三方 CGI 程序，或存有恶意的客户向 Web 服务器发布的 CGI 程序，将对 Web 服务器造成物理或逻辑上的损坏，甚至将 Web 服务器上的整个硬盘信息复制到因特网的某一台主机上。

2）Java 小程序带来的威胁。Java 是由美国 Sun MicroSystem 公司于 1995 年推出的一种跨平台和具有交互能力的计算机程序语言，具有简单、面向对象、分布式、健壮、安全、结构中立、可移植、高效、多线程和动态等优点。其中 Java 小程序为 Web 服务提供了相当好的扩展能力，并为各种通用的浏览器，如 IE、NetScape 2.0 所支持。Java 小程序由浏览器进行解释，并在客户端执行，因而把安全风险直接从服务器端转移到了客户端。

尽管在实现 Java 小程序时考虑了很多安全因素，但在发行后不长时间，仍在 Java 中发现了很多安全漏洞。在 NetScape 2.0 中的 Java 的实现中存在一些特殊的安全漏洞。例如，任意执行机器指令的能力，Java 小程序的相互竞争力，与任意的主机建立连接的能力等。

此外，Java 小程序作为协议程序在 IE、NetScape 中的实现语言，还存在着下述安全漏洞：

① 可以欺骗用户，将本地硬盘或联入网络的磁盘上的文件传送到因特网上的任意主机。

② 能获得用户本地硬盘和任何网络盘上的目录列表。

③ 能监视用户在某段时间内访问过的所有网页，捕捉并传送到因特网上的任意主机。

④ 能够在未经用户允许的情况下触发 NetScape 或 Explore 发送 E-mail。

3）ASP 所带来的威胁。微软的 Internet Information Server（IIS）提供了利用 Active Server Pages（ASP）动态产生网页的服务。一个 ASP 文件就是一个在 HTML 网页中直接含有程序代码的文件。回传一个监视文件，会促使 IIS 运行网页中内嵌的程序代码，然后将运行结果直接回送到浏览器上。此外，静态的 HTML 网页是按其原来的样子回传到浏览器上，而不经过任何解析处理。IE 是利用文件的扩展名来区别文件的形态。扩展名为 .htm 或 .html 的文件属于静态 HTML 文件，扩展名为 .asp 的文件则是一个 Active Server Pages 文件。

在所有网络安全漏洞里，很容易忽略的一个就是未经解析的文件内容或程序代码无意中被显示出来。简单地说，就是使用者能够从网页服务器上骗取动态网页里的程序代码。

利用 Windows NT 的数据传输串行的特性存取文件是利用监视安全漏洞的最早方式。

只需利用一个简单的参数（＄DATA）便可看到 ASP 的原始程序。

4）Cookie 所带来的威胁。Cookie 指的是一个保存在客户机中的简单的文本文件，它与特定的 Web 文档关联在一起，保存了该客户机访问这个 Web 文档时的信息，当客户机再次访问这个 Web 文档时这些信息可供该文档使用。在 Documents and Settings 文件夹中任意打开一个用户，便可以看到一个名为 Cookies 的文件夹，此文件夹中所包含的 TXT 文件就是 Cookie 文件。

由于 Cookie 可以保存在客户机上，因此它具有记录用户个人信息的功能，而不必使用复杂的 CGI 等程序实现。

Cookie 可以制定个性化空间，用于记录站点轨迹。当用户访问一个站点时，由于费用、带宽限制等原因，可能并不希望浏览网页所有的内容。Cookie 可根据个人喜好进行栏目设定，实时、动态地产生用户所需的内容，从而满足了不同层次用户的需求，减少用户选择项目的次数，更加合理地利用网页服务器的传输带宽。此外，由于 Cookie 可以保存在用户机上，具有当用户再次访问该 Server 时读回的特性，利用这一特性可以实现很多设计功能，如显示用户访问该网页的次数；显示用户上一次的访问时间；甚至记录用户以前在本页中所做的选择等，从而不必研究复杂的 CGI 编程。

Cookie 在给用户带来方便的同时，也带来了一定的安全隐患。这些安全隐患在很正规的大网站是不必担忧的，但在互联网上还是要谨慎防范的。

对 Cookie 的限制，可采用下述两种方法：

• 如果用户使用的浏览器是 IE，可选择 Internet Explore "属性"命令，在弹出的对话框中选中"禁止所有 Cookie 使用"单选按钮即可。

• 另一种简单的方法是把 Cookie 文件夹的属性设为只读。

5）ActiveX 控件所带来的威胁。ActiveX 是微软在其组件对象模型的基础之上建立的一种理论和概念，同时也是一种新的编程标准，可以用任何一种面向对象的语言加以实现，如 VC、VB 等，用这种规范建立起来的 ActiveX 控件真正实现了多语言编程的无缝连接，同时，这种控件也可以嵌入到 HTML 文本中，形成一定功能的程序模块。

由于 ActiveX 控件被嵌入到 HTML 页面中，并下载到浏览器端加以执行，因此会对浏览器造成一定程度的安全威胁。此外，在客户端的浏览器，如 IE 中插入某些 ActiveX 控件，也会对服务器端造成意想不到的安全威胁。

从某个角度上讲，ActiveX 和 Java 很像，二者的区别在于，ActiveX 一定要存放在用户的硬盘中才能执行，即当浏览器遇到一个不在用户系统中的 ActiveX 控件时，浏览器将其下载到用户硬盘，并存入一个 ActiveX 控件副本。因而 ActiveX 比 Java 的安全性更差。

ActiveX 为出版商和用户提供了两个补充机制：安全性和认证。安全性让用户了解在什么样的环境中使用某个元件是安全的。而认证为软件提供了电子包，使用户可以迅速鉴别某个元件是否应该信任，中途是否被篡改过。

一般浏览器运行的外来应用程序或控件都是基于"沙箱"安全模式的。"沙箱"提供了一个虚拟的运行环境，限制用户访问除了该环境之外的其他任何资源，只要不超越"沙箱"便是安全的。

ActiveX 能够使 Java 程序访问"沙箱"以外的对象，ActiveX 把这些"沙箱"以外的程序和库称为"沙箱"信任的 Java 程序和库，但并不保证其安全性，因此，必须确认此程序和库是由谁开发的。

在下载和使用 ActiveX 时必须记住以下两个危险：一个是恶意的或没有署名的 ActiveX 控件，另一个是已署名但仍是恶意的控件。采取的最佳措施是在 IE 的安全设置中将安全设置为禁止使用任何 ActiveX 控件。具体步骤是右击 IE 图标执行"属性"命令，在弹出的对话框中打开"安全"选项卡，单击"自定义级别"按钮，并在弹出的对话框中选择对 ActiveX 是否禁用，是否提示等。

3. 防御措施

为了确保 Web 服务的安全，通常采用以下几种技术措施：在现有的网络上安装防火墙，对需要保护的资源建立隔离区；对机密敏感的信息进行加密存储和传输；在现有网络协议的基础上，为 C/S 通信双方提供身份认证并通过加密手段建立秘密通道；对没有安全保证的软件实施数字签名，提供审计、追踪手段，确保一旦出现问题可立即根据审计日志进行追查等。

（1）安装防火墙

为局域网或站点提供隔离保护，是目前普遍采用的一种安全有效的防御措施，这种方法不仅对 Web 服务有效，对其他服务也同样有效。

防火墙是位于内部网络与因特网之间的计算机或网络设备中的一个功能模块，是按照一定的安全策略建立起来的硬件和软件的有机结合体，其目的是为内部网络或主机提供安全保护，控制可以从外部访问内部受保护的对象，哪个用户可以从内部网络访问因特网，以及相互之间以哪种方式进行访问。按运行机制上防火墙可以分为包过滤和代理两种。

包过滤主要是针对特定地址的主机所提供的服务，其基本原理是在网络传输的 TCP 层截获 IP 包，查找出 IP 包的源和目的地址、源和目的端口号，以及包头中其他一些信息，并根据一定的过滤原则，确定是否对此包进行转发。简单的包过滤在路由器上即可实现，通常放置在路由器的后面，同时在过滤的基础上可以加入其他安全技术，如加密、认证等，从而实现较高的安全性。

代理在应用层实现，其基本原理是对 Web 服务单独构造一个代理程序，它不允许客户程序与服务器程序直接交互，必须通过双方代理程序才能进行信息的交互；还可以在代理程序中实现其他的安全控制措施，如用户认证和报文加密等，从而达到更高的安全性能。代理根据所代理的对象及所处的位置，又可分为客户端代理和服务器端代理。客户端代理主要是保护浏览器的安全，服务器端代理则主要是保护服务器的安全。

（2）加密保护

对机密信息进行加密存储和传输是传统而有效的方法，这种方法能够有效地确保机密信息的安全，并防止搭线窃听和黑客入侵，在基于 Web 服务的一些网络安全协议中得到了广泛应用。

Web 服务中的传输加密一般是在应用层实现的。WWW 服务器在发送机密数据时，首先根据接收方的 IP 地址或其他标识选取密钥，对数据进行加密运算；浏览器在接收到加密数据后，根据 IP 包中信息的源地址或其他标识对加密数据进行解密运算，从而得到所需的数据。在目前流行的 WWW 服务器和浏览器中，如微软公司的 IIS 服务器和 IE 浏览器，都可以对信息进行加解密运算，同时也留有接口，使用户可以对加解密算法进行重载，构造自己的加解密模块。此外，传输加解密也可以在 IP 层实现，对进出的所有信息进行加解密，以确保网络层的数据安全。

10.3.2 电子邮件安全

随着因特网的发展，电子邮件作为一种通信方式逐渐普及。当前电子邮件的用户已经从科学和教育行业发展到普通家庭中的用户，电子邮件传递的信息也从普通文本信息发展到包含声音、图像在内的多媒体信息。随着用户的增多和使用范围的逐渐扩大，保证邮件本身的安全以及电子邮件对系统安全性的影响越来越重要。

电子邮件在因特网上传输，从一台计算机传输到另一台计算机。在电子邮件所经过网络上的任一系统管理员或黑客都有可能截获和更改该邮件，甚至伪造某人的电子邮件。与传统邮政系统相比，电子邮件与密封邮寄的信件并不相像，而与明信片更为相似。因此电子邮件本身的安全性是以邮件经过的网络系统的安全性和管理人员的诚实、对信息的漠不关心为基础的。

邮件本身的安全首先要保证邮件不被无关的人窃取或更改，同时接收者也必须能确定该邮件是由合法发送者发出的。针对电子邮件采用的安全技术主要是加密技术和邮件内容过滤。

1. PGP

美国人 Phil Zimmermann 提出的 PGP（Pretty Good Privacy）是一种混合密码系统，包括 4 个密码单元，即分组密码（IDEA、CAST、三重 DES）、公开密码、单向散列算法

（SHA、MD5）和一个随机数发生算法。可以用 PGP 对邮件加密，以防止非授权者阅读，还能对邮件加上数字签名从而使收信人可以确信邮件是谁发出的。它让用户可以安全地和从未见过的人们通信，事先并不需要任何保密的渠道用来传密钥。

PGP 的优点在于把 RSA 公钥密码系统的方便和传统密码系统的高速度结合起来，并且在数字签名和密钥的认证管理机制上有巧妙的设计，因此 PGP 成为几乎最流行的公钥加密软件包。PGP 提供 5 种功能：鉴别、保密性、压缩、E-mail 兼容性和分段功能。

2. 邮件过滤技术

（1）垃圾邮件定义　中国互联网协会的对垃圾邮件的定义如下：

• 收件人事先没有提出要求或者同意接收的广告、电子刊物、各种形式的宣传品等宣传性的电子邮件。

• 收件人无法拒收的电子邮件。

• 隐藏发件人身份、地址、标题等信息的电子邮件。

• 含有虚假的信息源、发件人、路由等信息的电子邮件。

这个定义过于宽泛，无法依此形成实用的防护技术和产品，实际上，仍然无法判断一封邮件是否是垃圾邮件，可能每个人针对每封邮件会得出不同的结论。

国内外技术专家和反垃圾邮件组织对"垃圾邮件"的定义是：批量发送的未征得收信人同意的电子邮件。

中国电信对"垃圾邮件"的定义是：向未主动请求的用户发送的电子邮件广告、刊物或其他资料；没有明确的退信方法、发信人、回信地址等的邮件；利用中国电信的网络从事违反其他 ISP 的安全策略或服务条款的行为；其他预计会导致投诉的邮件。

（2）防垃圾邮件技术分析　在中国反垃圾邮件联盟（http：//anti-spam. org. cn）网站上，整理了 5 个方面的内容：实时黑名单（RBL）技术、邮件过滤技术、主流邮件服务器反垃圾邮件技术、Open-Relay 与 Open-Proxy、反垃圾邮件资源。实际只有两种技术：实时黑名单和邮件过滤。

1）实时黑名单。实时黑名单（Realtime Blackhole List，RBL）是一个网站提供的、借助 DNS 解析技术实现（伪 DNS，只是使用了 DNS 协议）的黑名单查询技术，当邮件系统需要确认某个 IP 地址是否被列入黑名单时，就向 RBL 服务器发出一个 DNS 解析请求（比如要查 1. 2. 3. 4 这个 IP 是否在黑名单中，就向 RBL 服务器请求解析 1. 2. 3. 4. rbl. domain），RBL 服务器将返回一个 IP 地址，邮件服务器就知道该 IP 是否被列入黑名单。

实时黑名单是使用最早的技术，尤其对于拥有合法域名的服务器、专门从事垃圾邮件转发或开放 OpenRelay 的邮件服务器非常有效。当一台邮件服务器虽然是 OpenRelay 或未开放 OpenRelay，但其合法用户发送垃圾邮件时，该服务器将可能被投诉，通过 RBL 机构确认其大量发送或转发垃圾邮件后，被列入黑名单。当接收邮件的邮件服务器在收到邮件时，可以向 RBL 查询发送邮件的服务器是否被列入黑名单，如果是，邮件将被拒收。

但这种技术存在巨大的局限性，无法防止宽带用户自行发出的邮件，尤其是动态 IP 的（比如拨号用户和 ADSL），这样经常导致整个 IP 区域都可能被列入黑名单，因此有时反而形成了垄断和不正当竞争。中国互联网协会就曾因国外将中国大量 IP 列入黑名单而提出抗议。

2）邮件过滤。邮件过滤按照邮件系统的角色结构可以分为三类：

- MTA（邮件传输代理）过滤：信封检查。
- MDA（邮件传递代理）过滤：信头检查、信体检查。
- UA（邮件用户代理）过滤：客户端检查。

邮件过滤技术作为一个有效的对抗垃圾邮件的手段，就如同杀毒软件对病毒的查杀一样，也是需要不断根据情况更新邮件过滤规则的。通常都是管理员自行根据垃圾邮件监测情况来更新过滤规则。

邮件过滤实际上只针对"规矩"的垃圾邮件有效，这些规矩的垃圾邮件常常是网络营销公司的广告，有些更规矩的广告在邮件主题上提示"ADV"，这种邮件其实反而不是我们主要防范的邮件，如果用户不想接收广告邮件，只需简单过滤邮件主题，发现 ADV 即拒收。而目前的用程序自动生成和发送的垃圾邮件对于发件人、收件人、邮件主题甚至邮件内容都是随机生成的，在邮件内容中经常被过滤的词汇，例如"免费"、"赚钱"、"裸体"或者一个和政治相关的词汇，经常被随机变形，比如"免费"被变为"免…赞"或"免　费"等，令防垃圾过滤防不胜防，如果采用"免＋费"这样的模式匹配来发现变形，有时反而导致了正常邮件被误拒绝（例如邮件中可能有这样一句话："要免除处罚是很费劲的"，并没有免费的意思，但被拒绝）。实际上，日前的邮件内容过滤还很不成熟，难以实用。

3）客户端防垃圾。这里对客户端过滤的方法不做太多讨论，因为这种方法只是方便最终用户管理和分离垃圾邮件，对降低网络流量、防止垃圾泛滥没有任何意义。而人的智能远高于目前最先进的机器智能，因此单独的客户端防垃圾没有任何意义。

客户端最合适的工作是协助服务器端（或网关级）防垃圾系统，当系统不直接丢弃垃圾邮件，而是打了标记发给用户时，为最终用户分离垃圾提供了便利。

（3）邮件服务器的安全配置　作为电子邮件服务器的系统管理员，防范垃圾邮件可做的事情包括以下 4 个方面：

1）限制邮件的转发功能。凡是来自管理域范围之外的 IP 地址通过本地 SMTP 服务进行的中转一概拒绝。如果只是依赖 SMTP 转发限制机制，则用户出差在外时发送电子邮件会很不方便，一般要结合发邮件认证功能。

2）发邮件认证功能。扩展的 SMTP 通信协议（RFC 2554）中包含了一种基于 SASL 的发邮件认证方法，目前多数邮件系统都支持明文口令、MD5 认证、甚至基于公钥证书的认证方式。发邮件认证功能只是在方便用户使用的条件下限制了邮件转发功能，但是无法拒绝接收以本地账号为地址的垃圾邮件。

3）邮件服务器的反向域名解析功能。启动该功能，拒绝接收所有没有注册域名的地址发来的信息。目前，多数垃圾邮件发送者使用动态分配或者没有注册域名的 IP 地址来发送垃圾邮件，以逃避追踪。因此邮件服务器上拒绝接收来自没有域名的站点发来的信息可以大大降低垃圾邮件的数量。

4）垃圾邮件的过滤。垃圾邮件的过滤是防范垃圾邮件重要的技术之一。垃圾邮件的过滤可以基于 IP 地址、邮件的信头或者邮件的内容，可以在用户、MUA、MDA、MTA、网关/路由器/防火墙等多个层次实施。

基于 IP 地址的过滤是目前 ISP 和反垃圾邮件组织普遍采用的方法，用于控制那些长期发送或转发垃圾邮件的服务器。ISP 和邮件管理员可以配置路由器或者邮件服务器，拒绝所有这些 IP 地址的通信流量。

国际上的反垃圾邮件组织（如 MAPS、ORBS、SpamCop 等）都提供 IP 地址数据库（或黑名单），其中以 RBL（Realtime Blackhole List）形式最为常见。垃圾邮件地址黑名单以 DNS 记录的形式存储在 DNS 服务器中，可以配置邮件服务器订阅 RBL 的黑名单，邮件服务器在收到 SMTP 的请求后用源发的 lP 地址实时检索 RBL，如果该 IP 地址在 RBL 黑名单中则拒绝接收。也可以在路由器上使用黑名单进行过滤，MAPS RBLSM 就提供了这种订阅方法。

基于 IP 地址的控制方法容易导致正常的应用也受影响，基于内容的过滤可以避免这一缺点。目前市场上也出现了很多过滤垃圾邮件的产品，如 MaiIShield、Internet Mail Scanner 等，它们的目标都是从邮件服务器上过滤掉垃圾邮件。这些产品通常可以对邮件的信头进行详细分析，比如对来源的 IP 地址进行域名解析，判断 E-Mail 地址来源的真实性；限制同一封电子邮件发送给多个人、按照关键字或者规则进行过滤等。对过滤的邮件支持多种处理，比如删除、标记为垃圾邮件反馈给发信人，甚至对邮件进行杀病毒。基于内容的过滤会使通信的性能受到影响，只能在末端的邮件服务器上进行。

10.3.3　电子政务安全

随着"金盾"、"金审"、"金财"、"金税"等电子政务工程网络建设的逐步完善，越来越多的网络应用已在电子政务的平台上得以实现。这使得电子政务的安全隐患问题已经逐渐显现出来。电子政务外网是政务机关的"业务专网"，它属于非涉密网，主要运行政务部门面向社会的专业性服务业务和不宜在内网上运行的业务。

如何保障外网的安全是电子政务安全建设的一个重要组成部分，目前一些网络安全厂商提出了各自的电子政务网络安全解决方案，但是大部分都是简单片面地从网络安全的角度去考虑电子政务建设，这些方案中只是罗列了一系列的网络安全产品，这仅仅是一个真正的电子政务外网安全网络建设的一个层面，下面将全面系统地阐述如何构建一个电子政务外网的安全网络。

一个电子政务外网的安全网络应当包含如下层面的安全技术和解决方案：

对于电子政务外网物理层的安全，必须考虑底层设备的可靠性，比如防火墙系统、VPN 网关、身份认证系统、交换机设备和路由器设备都属于网络节点关键设备，一旦这些设备出现故障，整个网络将无法正常运行。这些设备在设计和网络部署时必须考虑结构和系统的冗余性，一旦出现故障，可以实现无缝的故障切换；审计设备、入侵监控设备、网页监控系统和邮件安全系统等设备虽然不属于网络关键设备，但是一旦这些设备出现故障，会使电子政务外网的安全性大幅度下降，使入侵者有机可乘。

为了保障电子政务外网链路的可靠性，设备需具备故障自愈和负载均衡功能。政府外网对外服务器和内部办公系统服务器可通过专用负载均衡系统或防火墙设备实现网络的流量负载分摊，提高办公系统的效率。

链路故障是网络中断的常见故障，当发生链路层故障时，必须采用多种方法提供对电子政务外网的安全保护。例如，802.lad 通过捆绑多条链路提供链路的冗余，802.lw 则显著提高 802.ld 生成树协议的收敛时间来缩短网络故障时间。此外，相应交换设备必须提供多种标准协议的支持如 802.lw（快速生成树协议）、802.ls（多进程生成树协议）和 802.lad（链路聚合协议）等。

一旦电子政务外网发生拒绝服务攻击，交换路由设备上运行的 BGP、OSPF 路由会发生重启。一旦发生重启，所有 BGP、OSPF 的 Peers 都会察觉到这个路由会话发生中断，然后重新恢复。路由的重新恢复会使交换路由设备的控制层耗费大量资源，会对电子政务外网性能造成极大的影响。因此在搭建一个安全网络时，必须考虑如何避免路由振荡。

应用层的安全需要考虑若干方面因素，对于电子政务外网而言，大体可分成如下几个部分：ACL、VPN、QOS、认证、内容过滤、审计、病毒防护和灾难恢复等。

ACL：电子政务外网中重要区域之间都必须进行访问控制，比如内部办公网络和对外业务网络的访问控制、外部用户同对外业务网络的访问控制等。防火墙设备是最直接基于策略的网络访问控制系统，此外也可有效地利用交换机设备和路由器设备上面的 ACL，多方位地保障电子政务外网安全。

VPN：为了保障信息传输的加密和移动用户的安全接入，电子政务外网可有效地使用 VPN 系统。VPN 系统可集成于防火墙系统中，也可独立使用。在部署时，必须考虑如下两个方面：①VPN 系统对地址转换（NAT）的穿透能力，不能使 VPN 在防火墙、路由器等这些提供 NAT 的设备处终结；②VPN 系统对协议的支持能力，比如对 H.323、VOIP 等协议的支持。

QOS：电子政务外网相应设备需支持为了不同网络服务要求的语音、视频以及数据应用通信，根据需求区分不同通信，并为之提供不同等级的服务。比如需要通过一系列技术，保障视频会议系统的带宽优先级，不会由于网络流量阻塞影响视频会议系统的正常运行。电子政务外网可通过防火墙系统实现部分的带宽控制和带宽保障；可通过支持端口的带宽控制、流量监控的交换设备，保障内部用户上网的带宽限制；可通过支持 FIFO、PQ 和 CQ 等队列算法调度的路由设备避免电子政务外网对外业务的流量拥塞。

认证：电子政务外网可通过认证解决用户网络访问的有效控制、认证用户的行为审计和计费等需求。

内容过滤：应用层的内容过滤对于电子政务外网是很重要的一个需求，主要针对如下服务类型：SMTP、POP3、HTTP、FTP 和 Telnet 等。针对邮件服务，可通过专用的邮件安全系统实现邮件的内容关键字过滤，过滤掉一些反动和不良的邮件；针对上网的内容过滤，可通过防火墙系统和入侵检测系统实现用户上网的 URL 管理和内容过滤；针对 FTP 和 Telnet 协议可通过防火墙系统命令级的过滤方式。

审计：对于电子政务外网中内部办公的重要服务器、对外业务的服务器、所有的网络设备（交换、路由和安全设备）必须采取有效的管理审计手段，一旦网络设备由于配置方面出现的网络故障，可通过审计数据在很短时间内查找出问题的原因。此外，对于 HTTP、FTP、Telnet、SMTP 和 POP3，可以通过入侵检测系统进行监控和审计，实现协议的还原，比如用户访问网页的内容、FTP/Telnet 到对外业务服务器上面的操作和所有发送、接收到的邮件内容等。

病毒防护：为了保护电子政务外网中所有服务器和办公用机免受病毒的困扰，可通过防病毒网关或网络防病毒系统进行解决，可将内部一台服务器作为防病毒系统的域服务器，负责病毒库的更新、病毒库分发和策略分发；内部办公用机可通过防病毒客户端的方式解决病毒的困扰；另外针对特殊类型的服务器，比如邮件系统、UNIX 服务器，需要安装相对应的防病毒软件系统。

灾难恢复：电子政务外网中对外业务的服务器区域在整个结构中应该是危险级别最高的区域，因此可通过专用的防页面篡改系统防止对外的 Web 服务器页面被黑客修改，一旦发现 Web 页面被改动，会自动进行页面的恢复工作，当然防页面篡改系统还必须可区分正常的页面更新行为。

安全策略管理系统主要包含如下几个功能：安全系统的集中策略配置；安全系统的升级（比如病毒库的升级、入侵检测库的升级和安全评估升级）；安全策略的分发，通过安全策略管理系统分发策略和升级库；安全系统的日志审计。

安全网络联动管理系统主要包含如下几个功能：安全网络联动策略配置；安全网络联动事件审计；实现安全网络联动响应。

网管平台、安全网络策略管理中心和安全网络联动管理中心的融合可很大程度地改善电子政务外网的安全管理难度。

安全管理制度：除了相应的网络设备保障电子政务外网的安全外，还必须根据电子政务外网的实际情况，制定出一套完善的安全管理制度，一般包含如下方面：办公用机和服务器的密码管理制度；网络设备的密码管理制度，使用健全的密码；对外业务服务器维护和更新制度；办公网络服务器维护和更新制度；通过网络安全评估系统，定期地检查所有服务器和办公机器的安全性，对存在安全隐患的机器提出安全建议和解决方案，同时实现隔离，避免安全隐患或病毒造成的危害；对拨号上网的管理制度。

通过多方位、多层面和多结构的电子政务外网的安全网络构建，使得应用和数据在电子政务外网的平台上安全可靠地运行和传输。电子政务外网的安全性问题不能仅仅从网络安全设备的角度上去解决，而是需要一个安全网络的架构来解决多方面的需求。网络安全仅仅是安全网络的一个层面，安全网络还必须考虑物理层、链路层、路由协议层、应用层和管理层的安全。安全网络建设必须融合到电子政务外网的搭建过程中，而不能作为一个单独的部分去设计和考虑。电子政务外网管理层的安全也是目前安全厂商面临的一个难题，如何使网管系统、安全网络策略管理系统和安全网络联动管理系统进行融合也需要各网络安全厂商和网络设备厂商的共同努力和协同工作。

10.3.4 公共密钥基础设施

公钥基础设施（Public Key Infrastructure，PKI）是一种遵循既定标准的密钥管理平台，它能够为所有网络应用提供加密和数字签名等密码服务及所必需的密钥和证书管理体系。PKI 的技术开始于 20 世纪 70 年代中期，但开发基于 PKI 的产品还刚起步不久，安全分析家 Victor Wheatman 说："随着越来越多的企业网和电子商务以不安全的 Internet 作为通信基础平台，PKI 所带来的保密性、完整性和不可否认性的重要意义日益突出。"

1. PKI 的定义、组成及功能

从广义上讲，PKI 就是一个用公钥概念和技术实现的、为网络的数据和其他资源提供具有普适性安全服务的安全基础设施。所有提供公钥加密和数字签名服务的系统都可以叫做 PKI 系统。PKI 的主要目的是通过自动管理密钥和证书，为用户建立起一个安全的网络运行环境，使用户可以在多种应用环境下方便地使用加密和数字签名技术，从而保证网络通信中数据的机密性、完整性和有效性。一个有效的 PKI 系统在提供安全性服务的同时，在应用上还应该具有简单性和透明性，即用户在获得加密和数字签名服务时，不需要详细地了解

PKI 内部的实现原理的具体操作方法，如 PKI 怎么管理证书和密钥等。

PKI 的概念和内容是动态的、不断发展的。完整的 PKI 系统必须具有权威认证机关（CA）、数字证书库、密钥备份及恢复系统、证书作废系统、应用接口等基本构成部分，构建 PKI 也将围绕着这五大系统来着手构建。

（1）认证机关（CA） CA 是一个基于服务器的应用，是 PKI 的核心组成部分，是数字证书的申请及签发机关。CA 从一个目录（Directory）获取证书和公钥并将之发给认证过身份的申请者。在 PKI 框架中，CA 扮演着一个可信的证书颁发者的角色，CA 必须具备权威性；用户相信 CA 的行为和能力对于保障整个系统的安全性和可靠性是值得信赖的。

（2）数字证书库 用于存储已签发的数字证书及公钥，用户可由此获得所需的其他用户的证书及公钥。PKI 系统对密钥、证书及废止证书列表的存储和管理，使用了一个基于 LDAP 协议的目录服务。与已注册证书的人进行安全通信，任何人都可以从该目录服务器获取注册者的公钥。

（3）密钥备份及恢复系统 如果用户丢失了用于解密数据的密钥，则数据将无法被解密，这将造成合法数据丢失。为避免这种情况的发生，PKI 提供备份与恢复密钥的机制。但要注意，密钥的备份与恢复必须由可信的机构来完成。并且，密钥备份与恢复只能针对解密密钥，签名私钥为确保其唯一性是不能够作备份的。

（4）证书作废系统 证书作废处理系统是 PKI 的一个必备的组件。与日常生活中的各种身份证件一样，证书在有效期内也可能需要作废，原因可能是密钥介质丢失或用户身份变更等。为实现这一点，PKI 必须提供作废证书的一系列机制。

（5）应用接口 PKI 的价值在于使用户能够方便地使用加密、数字签名等安全服务，因此一个完整的 PKI 必须提供良好的应用接口系统，使得各种各样的应用能够以安全、一致、可信的方式与 PKI 交互，确保安全网络环境的完整性和易用性。

PKI 具有 12 种功能操作：

- 产生、验证和分发密钥
- 签名和验证
- 证书的获取
- 证书的验证
- 保存证书
- 本地保存的证书的获取
- 证书废止的申请
- 密钥的恢复
- CRL 的获取
- 密钥更新
- 审计
- 存档

这些功能大部分是由 PKI 的核心组成部分 CA 来完成的。

2. CA 的功能

CA 的主要功能包括：证书颁发、证书更新、证书撤销、证书和证书撤销列表（CRL）的公布、证书状态的在线查询、证书认证和制定政策等。

（1）证书颁发　申请者在 CA 的注册机构（RA）进行注册，申请证书。CA 对申请者进行审核，审核通过则生成证书，颁发给申请者。证书的申请可采取在线申请和亲自到 RA 申请两种方式。证书的颁发也可采取两种方式，一是在线直接从 CA 下载，二是 CA 将证书制作成介质（磁盘或 IC 卡）后，由申请者带走。

（2）证书更新　当证书持有者的证书过期、被窃取或丢失时，通过更新证书的方法，使其使用新的证书继续参与网上认证。证书的更新包括证书的更换和证书的延期两种情况。证书的更换实际上是重新颁发证书，因此证书的更换过程和证书的申请流程基本一致。而证书的延期只是将证书有效期延长，其签名和加密信息的公/私密钥没有改变。

（3）证书撤销　证书持有者可以向 CA 申请撤销证书。CA 通过认证核实，即可履行撤销证书职责，通知有关组织和个人，并写入 CRL。有些人（如证书持有者的上级）也可申请撤销证书持有者的证书。

（4）证书和证书撤销列表（CRL）的公布　CA 通过 LDAP（Lightweight Directory Access Protocol）服务器维护用户证书和证书撤销列表（CRL）。它向用户提供目录浏览服务，负责将新签发的证书或废止的证书加入到 LDAP 服务器上。这样用户通过访问 LDAP 服务器就能够得到他人的数字证书或能够访问 CRL。

（5）证书状态的在线查询　通常 CRL 发布为一日一次，CRL 的状态同当前证书状态有一定的滞后。证书状态的在线查询通过向 OCSP（Online Certificate Status Protocol）服务器发送 OCSP 查询包实现，包中含有待验证证书的序列号、验证时间戳。OCSP 服务器返回证书的当前状态并对返回结果加以签名。在线证书状态查询比 CRL 更具有时效性。

（6）证书认证　CA 对证书进行有效性和真实性的认证，但在实际中，如果一个 CA 管理的用户太多，则很难得到所有用户的信赖并接受它所发行的所有用户公钥证书，而且一个 CA 也很难对大量的用户有足够全面的了解，为此需要采用一种多 CA 分层结构的系统。在多个 CA 的系统中，由特定 CA 发放证书的所有用户组成一个域。同一域中的用户可以直接进行证书交换和认证，不同域的用户的公钥安全认证和递送，则需要通过建立一个可信赖的证书链或证书通路实现。如图 10-2 所示为一个简单的证书链，若用户 U1 与用户 U2 进行安全通信，只需要涉及 3 个证书（UI、U2、CA1），若 U1 与 U3 进行安全通信，则需要涉及 5 个证书（UI、CA1、PCA、CA3、U3）。

跨域的证书认证也可通过交叉认证来实现。通过交叉认证机制会大大缩短信任关系的路径，提高效率。

（7）制定政策　CA 的政策越公开越好，信息发布越及时越好。普通用户信任一个 CA 除了它的技术因素之外，另一个重要的因素就是 CA 的政策。CA 的政策指的是 CA 必须对信任它的各方负责，它的责任大部分体现在政策的制定和实施上。CA 的政策包含以下几个部分：

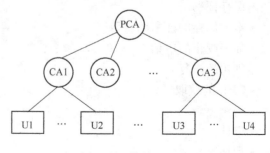

图 10-2　简单的证书链

1）CA 私钥的保护。CA 签发证书所用的私钥要受到严格的保护，不能被毁坏，也不能非法使用。

2）证书申请时密钥对的产生方式。在提交证书申请时，要决定密钥对的生成方式。生成密钥对有两种办法：一种是在客户端生成，另一种是在 CA 的服务器端生成。究竟采用哪一种申请方式，还要取决于 CA 的政策。用户在申请证书之前应仔细阅读 CA 这方面的政策。

3）对用户私钥的保护。根据用户密钥对的产生方式，CA 在某些情况下有保护用户私钥的责任。若生成密钥对在 CA 的服务器端完成，CA 就可提供对用户私钥的保护，以便以后用户遗失私钥后可恢复此私钥。但这最好在生成密钥对时由用户来选择是否需要这种服务。

4）CRL 的更新频率。CA 的管理员可以设定一个时间间隔，系统会按时更新 CRL。

5）通知服务。对于用户的申请和证书过期、废除等有关事宜的回复。

6）保护 CA 服务器。必须采取必要的措施以保证 CA 服务器的安全。必须保证该主机不被任何人直接访问，当然 CA 使用的 HTTP 服务端口除外。

7）审计与日志检查。为了安全起见，CA 对一些重要的操作应记入系统日志。在 CA 发生事故后，要根据系统日志做事后追踪处理，即审计。CA 管理员须定期检查日志文件，尽早发现可能出现的隐患。

3. PKI 的体系结构

CA 是 PKI 的核心，作为可信任的第三方，担负着为用户签发和管理证书的功能。根据 CA 间的关系，PKI 的体系结构可以有 3 种情况：单个 CA 的 PKI、分层结构 CA 的 PKI 和网状结构 CA 的 PKI。

（1）单个 CA 的 PKI

单个 CA 的 PKI 结构中，只有一个 CA，它是 PKI 中的所有用户的信任点，为所有用户提供 PKI 服务。在这个结构中，所有用户都能通过该 CA 实现相互之间的认证。单个 CA 的 PKI 结构简单，容易实现；但对于具有大量的、不同群体用户的组织不太适合，其扩展性较差。在现实生活中，一个 CA 很难使所有用户都信赖它并接受它所颁发的证书，同时一个 CA 也很难对所有用户的情况有全面的了解和掌握，当一个 CA 的用户过多时，就会难于操作和控制，因此，多 CA 的结构成为必然。通过使用主从结构或者对等结构将多个 CA 联系起来，扩展成为支持更多用户、支持不同群体的 PKI。

（2）分层结构 CA 的 PKI

一个以主从 CA 关系建立的 PKI 称为分层结构 CA 的 PKI。在这种结构中，所有的用户都信任最高层的 CA，上一层 CA 向下一层 CA 发放公钥证书。若一个持有由特定 CA 发证的公钥用户要与由另一个 CA 发放公钥证书的用户进行安全通信，需解决跨域的认证问题，这一认证过程在于建立一个从根出发的可信赖的证书链。

层次结构 CA 系统分两大类：①是 SET CA 系统；②是 non-SET CA 系统。一般的 PKI/CA 系统都为层次结构。下面以 non-SET CA 来描述这种分层结构，如图 10-3 所示。

第一层为根 CA（Root CA），简称 RCA。它负责制定和审批 CA 的总政策，为自己自签根证书，并以此为根据为二级 CA 签发并管理证书；与其他的 PKI 域的 CA 进行交叉认证。根 CA 是整个 PKI 域信任的始点，是验证该域中所有实体证书的起点或终点。

第二层为政策性 CA（Policy CA），简称 PCA。它根据根 CA 的各种规定和总策略制定具体的管理制度、运行规范等；安装根 CA 为其签发的证书，并为第三层 CA 签发证书、管

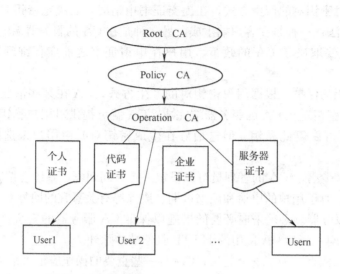

图 10-3　CA 的分层结构

理证书以及管理撤销证书列表（CRL）。

第三层为运营 CA（Operation CA），简称 OCA。它安装政策 CA 签发的证书；为最终用户颁发实体证书；负责认证和管理所发布的证书及证书撤销列表。

这种分层结构的 PKI 系统易于升级和增加新的认证域用户，因为只在根 CA 与该认证域的 CA 之间建立起信任关系，就把该 CA 信任的用户引入到整个 PKI 信任域中来了。证书路径由于其单向性，可生成从用户证书到可信任点的简单的、路径相对较短的认证路径。由于分层结构的 PKI 依赖于一个单一的可信任点——根 CA，所以根 CA 的安全性是至关重要的。根 CA 的安全如果受到威胁，将导致整个 PKI 系统的安全面临威胁。另外，建立全球统一的根 CA 是不现实的，而如果由一组彼此分离的 CA 过渡到分级结构的 PKI 也存在很多问题，如不同的分离 CA 的算法多样性、缺乏互操作性等。

（3）网状结构 CA 的 PKI 系统

以对等的 CA 关系建立的交叉认证扩展了 CA 域之间的第三方信任关系，这样的 PKI 系统称为网状结构 CA 的 PKI。

交叉认证包括两个操作：一个操作是两个域之间信任关系的建立，这通常是一个一次性操作。在双边交叉认证的情况下，每个 CA 签发一张"交叉证书"；第二个操作由客户端软件来完成，这个操作就是验证由已经交叉认证的 CA 签发的用户证书的可信赖性，是一个经常性执行的操作。举个例子来说明这个问题。

如图 10-4 所示，CA1 和 CA2 通过互相颁发证书来实现两个信任域内网络用户的相互认证。如果 User1 要验证 User2 证书的合法性，则首先要验证 CA2 对 User2 证书的签名，那它就要取得 CA2 的证书以获得 CA2 的公钥，因为 User1 信任 CA1，则它信任由 CA1 给 CA2 颁发的证书，通过该证书，User1 信任 User2 的证书，即形成一条信任路径：User1→CA1→CA2→User2。

（4）PKI 的安全性

PKI 是以公钥加密为基础的，为网络安全提供安全保障的基础设施。从理论上来讲，

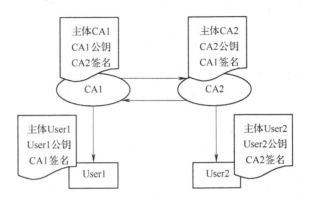

图 10-4　交叉认证

PKI 是目前比较完善和有效的实现身份认证和保证数据完整性、有效性的手段。但在实际的实施中，仍有一些需要注意的问题。

与 PKI 安全相关的最主要的问题是私有密钥的存储安全性。由于私有密钥保存的责任是由持有者承担的，而非 PKI 系统的责任。私钥保存丢失，会导致 PKI 的整个验证过程没有意义。另一个问题是废止证书时间与废止证书的声明出现在公共可访问列表的时间之间会有一段延迟，而无效证书可能在这一段时间内被使用。另外，Internet 使得获得个人身份信息很容易，如身份证号等，一个人可以利用别人的这些信息获得数字证书，而使申请看起来像是来自别人。同时，PKI 系统的安全在很大程度上依赖于运行 CA 的服务器、软件等，如果黑客非法侵入一个不安全的 CA 服务器，就可能危害整个 PKI 系统。因此，从私钥的保存到 PKI 系统本身的安全方面还要加强防范。在这几方面都有比较好的安全性的前提下，PKI 不失为一个保证网络安全的合理和有效的解决方案。

参 考 文 献

[1] 周贤善，王祖荣. 计算机网络技术与 Internet 应用 [M]. 北京：清华大学出版社，2011.

[2] 胡伏湘，邓文达. 计算机网络技术教程：基础理论与实践 [M]. 2 版. 北京：清华大学出版社，2007.

[3] 芮廷先，陈岗，曹风. 计算机网络 [M]. 北京：清华大学出版社，北京交通大学出版社，2009.

[4] 高焕芝，庞国莉. 新编计算机网络基础教程 [M]. 北京：清华大学出版社，北京交通大学出版社，2008.

[5] 王高平. 网络技术与应用教程 [M]. 北京：清华大学出版社，2007.

[6] 吴煜煌，汪军，等. 网络与信息安全教程 [M]. 北京：中国水利水电出版社，2007.

[7] 黄永峰，李星. 计算机网络教程 [M]. 北京：清华大学出版社，2006.

[8] 张连永，韩红梅，等. 计算机网络技术与应用教程 [M]. 北京：清华大学出版社，2010.

[9] 戚文静. 网络安全与管理 [M]. 2 版. 北京：中国水利水电出版社，2008.

[10] 王其良，高敬瑜. 计算机网络安全技术 [M]. 北京：北京大学出版社，2008.

[11] 张波云，鄢喜爱，范强. 操作系统安全 [M]. 北京：人民邮电出版社，2012.

[12] 许伟，廖明武. 网络安全基础教程 [M]. 北京：清华大学出版社，2009.